本书受到国家重点研发计划"绿色宜居村镇技术创新"重点专项项目"村镇聚落空间重构数字化模拟及评价模型"（2018YFD1100300）支持

村镇聚落空间重构规律与设计优化研究丛书

村镇聚落空间谱系理论与构建方法

杨俊宴　陈代俊　著

科学出版社

北　京

内 容 简 介

科学认知村镇聚落的空间形态类型,是开展"乡村振兴"等一系列乡村建设活动的前提。本书以复杂系统理论为基础,剖析村镇聚落空间形态的区域差异性与关联性表征、内涵与机制,提出村镇聚落空间谱系的概念内涵与构成框架;从体系和个体两个尺度,揭示村镇聚落空间谱系的主要构成要素,建立村镇聚落空间谱系的数字化建构路径;通过构建多因素空间耦合模型,分析村镇聚落空间谱系的内在机理,提出对村镇聚落空间规划实践的借鉴和启示。

本书适用于广大城乡规划设计工作者、建筑设计工作者、景观设计工作者、建筑院校师生以及广大城乡规划研究爱好者学习参考。

审图号:GS 京(2023)0264 号

图书在版编目(CIP)数据

村镇聚落空间谱系理论与构建方法 / 杨俊宴,陈代俊著. —北京:科学出版社,2023.9
(村镇聚落空间重构规律与设计优化研究丛书)
ISBN 978-7-03-074812-6

Ⅰ.①村… Ⅱ.①杨… ②陈… Ⅲ.①乡镇–聚落地理–空间规划–研究–中国 Ⅳ.①K92②TU984.2

中国版本图书馆 CIP 数据核字(2023)第 028451 号

责任编辑:李晓娟 / 责任校对:任云峰
责任印制:徐晓晨 / 封面设计:美 光

科学出版社 出版
北京东黄城根北街 16 号
邮政编码:100717
http://www.sciencep.com

北京中科印刷有限公司 印刷
科学出版社发行 各地新华书店经销

*

2023 年 9 月第 一 版 开本:787×1092 1/16
2023 年 9 月第一次印刷 印张:13 1/2
字数:350 000

定价:188.00 元
(如有印装质量问题,我社负责调换)

"村镇聚落空间重构规律与设计优化研究丛书"编委会

主　编　王建国
副主编　冯长春　刘云中　李和平
编　委　李贵才　杨俊宴　赵　亮　梁咏华
　　　　仝　德　张文佳　周文生　史　宜
　　　　肖　竞　张晓彤　周正旭　黄蔚欣
　　　　张国钦　史北祥　冯　献　荣　冲
　　　　左　力　李　旭　黄亚平　段德罡
　　　　郑晓伟　徐卫国　冯雅宇　林　军
　　　　陈秋晓　姜广辉　陈　春　孙　想
　　　　田　健　曾穗平　南艳丽　杜　巍
　　　　董　文

总　　序

村镇聚落是兼具生产、生活、生态、文化等多重功能，由空间、经济、社会及自然要素相互作用的复杂系统。村镇聚落及乡村与城市空间互促共生，共同构成人类活动的空间系统。在工业化、信息化和快速城镇化的背景下，我国乡村地区普遍面临资源环境约束、区域发展不平衡、人口流失、地域文化衰微等突出问题，迫切需要科学转型与重构。由于特有的地理环境、资源条件与发展特点，我国乡村地区的发展不能简单套用国外的经验和模式，这就需要我们深入研究村镇聚落发展衍化的规律与机制，探索适应我国村镇聚落空间重构特征的本土化理论和方法。

国家"十三五"重点研发计划"绿色宜居村镇技术创新"重点专项项目"村镇聚落空间重构数字化模拟及评价模型"，聚焦研究中国特色村镇聚落空间转型重构机制与路径方法，突破村镇聚落空间发展全过程数字模拟与全息展示技术，以科学指导乡村地区的经济社会发展和空间规划建设，为乡村地区的政策制定、规划建设管理提供理论指导与技术支持，从而服务于国家乡村振兴战略。在项目负责人重庆大学李和平教授的带领和组织下，由19家全国重点高校、科研院所与设计机构科研人员组成的研发团队，经过四年努力，基于村镇聚落发展"过去、现在、未来重构"的时间逻辑，遵循"历时性规律总结—共时性类型特征—实时性评价监测—现时性规划干预"的研究思路，针对我国村镇聚落数量多且区域差异大的特点，建构"国家—区域—县域—镇村"尺度的多层级样本系统，选择剧烈重构的典型地文区的典型县域村镇聚落作为研究样本，按照理论建构、样本分析、总结提炼、案例实证、理论修正、示范展示的技术路线，探索建构了我国村镇聚落空间重构的分析理论与技术方法，并将部分理论与技术成果结集出版，形成了这套"村镇聚落空间重构规律与设计优化研究丛书"。

本丛书分别从村镇聚落衍化规律、谱系识别、评价检测、重构优化等角度，提出了适用于我国村镇聚落动力转型重构的可持续发展实践指导方法与技术指引，对完善我国村镇发展的理论体系具有重要学术价值。同时，对促进乡村地区经济社会发展，助力国家的乡村振兴战略实施具有重要的专业指导意义，也有助于提高国土空间规划工作的效率和相关政策实施的精准性。

当前，我国乡村振兴正迈向全面发展的新阶段，未来乡村地区的空间、社会、经济发展与治理将逐渐向智能化、信息化方向发展，积极运用大数据、人工智能等新技术新方法，深入研究乡村人居环境建设规律，揭示我国不同地区、不同类型乡村人居环境发展的地域差异性及其深层影响因素，以分区、分类指导乡村地区的科学发展具有十分重要的意义。本丛书在这方面进行了卓有成效的探索，希望宜居村镇技术创新领域不断推出新的成果。

2022年11月

前　言

中国地域广阔，村镇聚落所处的地理环境和资源禀赋，以及社会经济发展具有普遍的区域不均衡性和差异性，"乡村振兴"战略背景下村镇聚落的转型发展和空间重构主要面临三个问题：一是如何客观识别村镇聚落的发展规律；二是如何科学评价村镇聚落的发展现状；三是如何高效优化村镇聚落的未来空间。"村镇聚落空间类型谱系识别"是客观识别村镇聚落空间发展规律的重要环节，也是分区、分类进行村镇聚落监测评价与转型重构的基本前提。本书为国家重点研发计划项目"村镇聚落空间重构数字化模拟及评价模型"之课题2"村镇聚落空间类型谱系识别与数字交互仿真"资助的研究成果。课题针对传统以聚落单体为分析对象的定性研究导致既有聚落空间谱系划分标准多样、谱系类型科学性与兼容性不足等问题，开展村镇聚落空间谱系构建的关键技术研究。通过综合考虑我国自然、经济、文化区划与地域完整性，确定"国家—区域—县域—镇村尺度"的多层级样本系统，通过典型村镇聚落空间数据的批量采集，构建村镇聚落空间谱系基础数据库；从聚落体系和聚落个体两个尺度，解析村镇聚落空间谱系的关键构成特征，建立村镇聚落空间谱系的数字化建构路径；基于村镇聚落数字大模型，构建村镇聚落空间谱系的全息展示模型和交互仿真平台，支持村镇聚落空间谱系的展示、检索、分析与研究。重点开展了以下5个子课题的研究：①村镇聚落空间类型谱系的关键识别特征研究；②村镇聚落空间类型谱系特征的智能识别与数据库构建研究；③村镇聚落体系谱系研究；④村镇聚落个体谱系研究；⑤村镇聚落空间谱系数字化模拟与交互展示研究。受限于篇幅，在样本选取上，本书主要选取华南、西南地区典型县域进行村镇聚落空间谱系构建技术的应用示范，在内容上，主要对村镇聚落空间谱系的理论和构建方法进行探讨。

该课题由东南大学杨俊宴教授牵头，东南大学作为课题承担单位，清华大学、华中科技大学、浙江大学、中国科学院空天信息创新研究院作为主要课题参加单位完成。其中：

中国科学院空天信息创新研究院负责村镇聚落遥感影像的获取与解译、以及村镇聚落空间谱系基础数据库的构建工作，负责人为李毅研究员，骨干成员包括孙麋助理研究员，以及其他参与的中国科学院空天信息创新研究院学生，包括：杨颖频、刘浩等硕士研究生和申申博博士研究生。

东南大学负责村镇聚落空间谱系构建方法、村镇聚落空间谱系数字化模拟与交互展示等工作，负责人为杨俊宴教授，骨干成员包括王桥教授、李铁香教授、李迎成教授、史宜副教授、汪鹏副教授、王海卉副教授、徐寅飞讲师、曹俊讲师、郑屹讲师、章飙讲师，博士研究生包括邵典、朱骁等，硕士研究生包括金探花、秦诗文、陈奕良、李鹏鹏、武凡、钟正、张方圆、谭梦扬、曹悦、陈旭阳、王暄晴、吴琳琅、周柳伶等。

华中科技大学负责华中地区村镇聚落体系谱系和个体谱系的构建研究，负责人为黄亚平教授，骨干成员包括耿虹教授、彭翀教授、朱霞副教授、王智勇副教授，博士研究生包括郑加伟、马子路、郑有旭等，硕士研究生包括陈永、万舸、刘晨阳等。

清华大学负责华北地区村镇聚落体系谱系和个体谱系的构建研究，负责人为徐卫国教授，博士研究生包括李煜茜、左杰、刘洁、张鹏宇、罗丹等，硕士研究生包括李柯颖等。

浙江大学负责华东地区村镇聚落体系谱系和个体谱系的构建研究，负责人为陈秋晓教授，骨干成员包括杨建军教授、章明宇副研究员，陈信博士后等，以及王晨、吴佳一等硕士研究生。

作　者

2023 年 5 月

目 录

总序
前言

第1章 村镇聚落空间谱系 1
  1.1 谱系视角的思考 1
  1.2 村镇聚落空间谱系的概念内涵 3
  1.3 村镇聚落空间谱系的发展脉络 7
  1.4 研究工作概述 15

第2章 村镇聚落空间谱系的理论框架 18
  2.1 村镇聚落空间谱系形成机理 18
  2.2 村镇聚落空间谱系构成框架 22
  2.3 村镇聚落空间谱系构建路径 25

第3章 村镇聚落体系的空间谱系构建与解析 37
  3.1 村镇聚落体系的提取 37
  3.2 村镇聚落体系的空间特征识别 48
  3.3 村镇聚落体系的特征类型生成 91
  3.4 村镇聚落体系的空间谱系构建 100

第4章 村镇聚落个体的空间谱系构建与解析 128
  4.1 村镇聚落个体的空间特征识别 128
  4.2 村镇聚落个体的特征类型生成 146
  4.3 村镇聚落个体的空间谱系构建 153

第5章 村镇聚落空间谱系的内在机理解析 164
  5.1 村镇聚落空间谱系的形成因素分析 164

  5.2 村镇聚落空间谱系的多因素空间耦合模型构建 …………………… 166

  5.3 村镇聚落空间谱系的多因素空间耦合机理解析 …………………… 190

第6章 结语 ………………………………………………………………… 194

  6.1 研究创新与贡献 ………………………………………………… 194

  6.2 规划实践启示 …………………………………………………… 195

参考文献 ……………………………………………………………………… 199

第1章　村镇聚落空间谱系

1.1　谱系视角的思考

1.1.1　村镇聚落空间形态的关联现象

村镇聚落也叫乡村聚落，是在特定的地理条件下，经过长期的自然、经济和社会文化等多种因素共同作用的复杂"空间-自然-人文"系统（杨忍等，2016）。中国幅员辽阔，人居历史悠久，以自然环境与社会环境干扰下形成的差异性与多样性（彭一刚，1992），以及以集体无意识建造活动形成的普遍性与同一性，共同形成了村镇聚落空间形态特征体系。

由于地理环境和社会文化等普遍存在区域差异性，村镇聚落呈现出地区差异显著、乡土特色鲜明的多样性特征。在传统时期小农经济的封闭模式下，地理环境成为村镇聚落存在和发展的决定性因素，在影响其位置、分布的同时，还将聚落与地理环境的适应过程直接反映到村镇聚落的密度、高度等空间形态中（杨保清等，2021）。不仅如此，地域文化的差异也潜移默化地影响村镇聚落的空间形态以及内在的生产生活方式，文化习俗、民族民系和宗教语言等构成了村镇聚落形态分异的重要符号（熊万胜，2021）。

但是，如果去除各种民居建筑类型和具体空间环境呈现出的表象个性因素（杨贵庆，2014），中国村镇聚落整体上具备不同于西方聚落空间形态特征体系的特点（刘沛林，2014），存有同一性的内在关联特征，将自然和人类活动两类事物的现象与变化统一在区域的秩序中（郑冬子和郑慧子，2010），共同表达地理空间、文化脉络等地理事物间的普遍联系。首先，中国的村镇聚落是在独立的文化体系和自然环境下衍生和进化的，因此地域类型多样的村镇聚落存在着一种"整体"的逻辑，通过一种人居环境营造与社会文化治理的整体意识，强调自上而下所建构的区域聚落格局的统一性（丰顺和刘沛林，2022）。其次，人口的迁移和村落的自然繁殖意味着文化的有序传播与发展，村镇聚落营建模式随着人类经济活动文化的交流，通过水系、陆路等重要交通路线进行远距跳跃传播（常青，2016），也促成了一定区域范围内具有相似文化特征的村镇聚落空间形态的形成，表现为村镇聚落局部特征的关联性。

综上所述，多样性是我国村镇聚落存在的普遍现象，在多样性表象下同时存在有别于其他国家和地区的同一性与关联性，这种关联性反映的是一定区域范围内村镇聚落对统一的社会性构造所形成的原型空间的承袭和把控，因此，形成对村镇聚落空间规律的认知不仅需要关注其地域差异性，同时也需要从关联性视角解析村镇聚落空间形态的同一性及形成机理。

1.1.2 关联视角解析村镇聚落空间形态的必要性

与城镇化进程同步，近几十年美丽乡村、田园综合体、乡村振兴等一系列乡村建设活动方兴未艾，村镇聚落在这场振兴运动中获得新的发展契机，人类活动和地理事物越来越普遍的联系打破了过去乡村营建相对封闭的状态，城乡要素资源的流动得到了进一步提升，村镇聚落空间形态的关联性意义也得到了进一步扩展。与此同时，政府主导干预下的乡村规划成为不能忽视的介入力量，成为村镇聚落从整体上进行乡土特色整合关联与保护发展的重要手段，但是在乡村建设过程中无地域差别地归并整合，或者不合时宜地引入破坏乡土风貌的异质建构，也使得村镇聚落乡土特色衰微、风貌特征趋同，面临"千村一面"的窘境。

村镇聚落的空间发展是一个自下而上的自组织过程，而"规划"具有较强的自上而下控制性机制，两者之间本质上存在着逻辑矛盾。如何避免让"千村一面"的规划技术运用到"千村千面"的村镇聚落中，规划者必须对村镇聚落空间形态的发展规律具有深刻的认知，使规划过程与空间发展逻辑相协调。尽管在村镇聚落空间形态研究领域，对"尊重村镇聚落的发展规律"已经形成共同的文化价值取向，对乡土特色探索呈现出由建筑到聚落，由表象到本质的发展趋势。但是从村镇聚落空间规划实践来看，村镇聚落空间理论和方法对空间规律阐释的准确度以及对规划实践的指导效度仍面临乏善可陈的窘境（杨希，2020）。

村镇聚落地域特色的形成是一个复杂的历史过程，首先要"发现"当地特色之所以形成的本质规律，才有选择、重构和创造的可能。由于村镇聚落空间形态的多样性表象蕴含着地域性丰富的自然、社会和历史文化价值，故其成为规划学、地理学以及建筑学等不同学科关注的重点，长期以来引发学者的思考和深入探索，研究不同地域类型村镇聚落的空间特征和形成成因（李旭等，2020）。但是从辩证法的角度看，事物的特殊性是在普遍关系中获得意义的，只研究特殊性而不研究普遍性不符合辩证法的要求，以差异性为导向的"就类型而论类型"无法实现对村镇聚落形态类型特征规律的全面剖析，也不自觉地割裂了村镇与地域环境的整体关系，忽视了在整体内相同维度中的差异比较，磨平了差异化的地区特色（段进等，2021）。因此，若是能构建出一种从关联性视角解读村镇聚落空间形态特征规律的方法架构，对于深入解析村镇聚落空间形态特征生成和发展的逻辑具有重要意义。

1.1.3 谱系：村镇聚落空间形态的关联解译

"谱系"出自《隋书·经籍志二》："今录其见存者，以为谱系篇"，是一个与社会和文化结构相关联的谱记载体，如宗族或家族中的"家谱"即是"谱记载体"，用于表述家族或宗族"源流关系"与"崇宗祀祖"（赫云和李倍雷，2019）。随着科学技术的不断发展，"基因"逐渐被发现并被广泛认知，人们可以通过基因序列的检测与分析，追溯物种变化、表述亲属关系等，以现代分子生物为基础的基因家谱研究也逐渐成为追溯宗族成员之间亲缘关系的最佳方法，用以精准表达个体成员之间的源流关系。在此基础之上形成的谱系地理学则是通过使用遗传信息来研究基因谱系的地理分布，解密种群结构的时间和空间组分、解释进化和生态进程。在社会科学领域中，逐步发展形成一种西方传统理论研究方法——谱系学（généalogie）（尼采，1992）。20 世纪 60 年代，福柯（M. Foucault）将谱系学方法进一步拓展，用于对抗西方传统形而上哲学思想的历史研究中，他认为应当摒弃静止、孤立的决定论思想，不去寻求事物间连续而统一的严格因果关系（曹海婴，2018），而是通过历史来龙去脉之中的丰富细节，建立对历史的真实认知（Foucault，1984）。谱系学的研究思路是以时间为线索，对事物在不同时期、不同阶段的发展状态进行分析，从而探寻得到事物发展的整体脉络。不难看出，不管是生物学意义上的谱系，还是历史研究中形成的谱系学方法，其内核均是以研究对象的纵向发展脉络为线索，建构不同事物之间的关联关系。

而在地理信息科学领域，地学信息图谱的理论框架（陈述彭等，2000）中也包含了"谱系"的思维，认为"图谱"兼具图的可视性和谱的逻辑与秩序性特征，将"谱系"视作为"图谱"中重要组成部分，通过图形语言的形式，依据时间顺序、逻辑关系等进行序列化表达（陈述彭，2001），其内核也同样在于强调事物的内在关联性特征。并在村镇聚落相关研究中发展出了诸如风土建筑谱系（王金平和汤丽蓉，2021）、城市形态信息图谱（郭瑛琦等，2011）、传统聚落景观基因信息图谱等（胡最和刘沛林，2008）。

不难看出，"谱系"作为一种描述系统关联关系的有效方式，得到了广泛的运用，并且经过不断的发展，逐渐由"以时间源流为线索"的单向线性的谱系构建转向"多因素综合影响"下的"多维网络"谱系构建。因此，村镇聚落空间形态的多维度、多尺度复杂关联性规律认知可以借鉴"谱系"的技术和方法，主要优势体现在以下三个方面：①整合村镇聚落空间形态的复杂关联关系。村镇聚落空间形态不同尺度的现象和过程之间相互作用、相互影响，不仅村镇聚落空间构成要素之间存在相互关系，聚落与聚落之间也存在关联作用，因此，"谱系"的优势在于能将村镇聚落空间形态不同尺度的复杂关联关系进行有效整合。②实现村镇聚落的"精准画像"。村镇聚落空间谱系所呈现的结果既可以有"图谱"的可视化表达优势，同时关键又在于强调村镇聚落空间形态的关联性、递变性或系统性优势，有利于区域村镇聚落整体范围内的差异性比较，实现村镇聚落的精准画像。③为村镇聚落空间精准规划决策提供可解释的依据。依据村镇聚落空间谱系的精准画像，利用多因素耦合、扩散路径分析等算法，进行溯源与态势推演分析，为村镇聚落的精准空间规划提供可解释的决策依据。

1.2　村镇聚落空间谱系的概念内涵

1.2.1　村镇聚落空间形态

1. 村镇聚落

"聚落"一词在中国起源甚早，至少在秦汉就已出现。如东汉班固所著《汉书·沟洫志》中记载的,"贾让奏:(黄河水)时至而去,则填淤肥美,民耕田之。或久无害,稍筑室宅,遂成聚落……",这是我国典籍中最早将"人们聚居的地方"称之为"聚落"之处。最初,狭义的"聚落"仅指"小聚"而成的"乡里",是区别于城市的乡村聚落。但是随着社会的向前发展,现在对"聚落"概念的认知不再局限于秦汉古书中的内涵,它可以泛指一切人类聚集居住的地方。因此,聚落是各种形式人类聚居场所的总称,是一个涉及周围环境、自然资源、经济社会乃至历史文化的复杂系统,往往具有明显的地域特征与差距(周国华等,2011),它既是人类居住生活及进行各类社会活动的场所,也是人类从事劳动生产的空间载体。聚落由不同层次的空间构成,彼此间相互关联构成有机的整体,从自然村(hamlet)、村庄(village)、镇(town),到城市(city)、大都市(metropolis)、大都市区(metropolitan area)等都属于聚落。

聚落地理学(金其铭,1982)与人类聚居学(吴良镛,2003)中均将聚落分为城市聚落与乡村聚落两大类型:前者认为乡村聚落是以农业生产为主的、由农村人口聚居而成的聚居区域,与城市聚落相对;后者认为乡村聚落是未经规划而自然生长形成的小规模、内向型的最简单基本的社区,居民依赖于自然界从事种植、养殖、采伐等生产工作而获得生存。因此,可以认为乡村聚落是除城市地区外其他所有区域的聚居点(郭焕成,1988),而镇为两种聚落的交界点,兼具两者特征,相当于"似城聚落"。在中国的建制中,镇分为两类:集镇(乡镇、村镇)和建制镇。集镇作为乡村地区的商品及农产品交换地,由于其形态和经济职能兼具城市和乡村的特征,它也属于乡村聚落,是介于农村与城市之间的一种过渡性聚落(艾南山,1995),而建制镇则是一种最低层次的城市型聚落。

相关学者关于人类聚落演变与乡村社会变迁的研究表明,随着聚落规模的不断拓展与功能的不断丰富,聚落等级将发生由低到高的演变(浦欣成,2012),从而呈现出"聚落续谱",这种城乡演替序列反映了城乡社会在发展过程中有着密不可分的关系。因此,在聚落的实际发展场景中,乡村聚落中未建制乡级行政区域的集镇与城市聚落中的建制镇,除了有在行政管理中建制与否的差异外,其在聚落演替序列中关系紧密,在行政区划体制中镇乡更是同级而论,且在空间形态与经济职能等方面也存在诸多相似点。因而,为了保证聚落研究范围的完整性,且能充分考虑其自身发展的演替连续性,本书中"村镇聚落"包括了建制镇、集镇、村庄等范畴,也就是统筹考虑了行政区划级别中的乡镇与村两个级别。

对于镇级尺度,随着城镇的发展与升级,部分区县在镇级行政区设置上已经进入了撤"镇"挂牌"街道"的阶段。然而,就同一区县内的街道、镇、乡而言,从行政单位级别来看同属一级,从空间发展内涵来看联系紧密。为了保证聚落空间研究的完整与连续性,研究中对镇一级的街道、镇、乡同等看待,均纳入研究范围。对于村级尺度,就乡村研究中常用的基本单元而言,行政村或自然村均有出现,二者实际是相互包含关系。自然村是经过村民长期聚居而自然形成的最低级聚落单元,在行政村的基层组织管理划分中存在着两种可能:一是若干个自然村组设统一村民委员会,形成一个行政村以便统一管理;二是少数规模较大的自然村会被划分为若干行政村,分别进行行政管理。为了统一研究概念、方便进行数据采集与统计,本书中村级尺度的基本研究单元采用行政村。同样地,部分区县在村级基层自治中出现了改"村"为"社区"的情况，为保研究范围的完整性，对于出现的个别社区，因与行政村同属一级，本书中考虑同等看待（图1-1）。

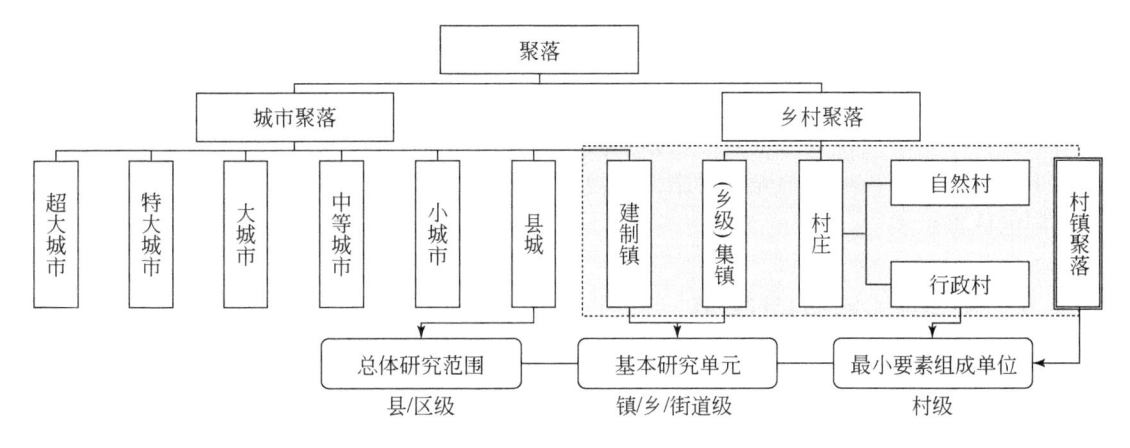

图1-1 村镇聚落体系谱系建构的研究尺度与范围

2. 村镇聚落空间形态

"空间"是一种物质存在的客观形式。"形态"（morphology）来源于希腊语，从字面来看分为morphe（形）和logos（逻辑），可以理解为形的逻辑构成。"形态"在《辞海》中解释为"事物的形式与状态"，在《汉语大词典》主要指"事物在一定条件下的组织结构和表现形式"。形态在辩证法中被定义为一切事物在其发展阶段的再生产，不仅是外部形态的表达，也是内部结构和外部环境的表达。因此空间形态不仅是客观物质之间的相互关系与组织结构的表现，也是客观物质背后人文社会和经济社会共同作用的结果与外在表现。

从特征构成上看，村镇聚落空间形态分为有形的形态和无形的形态两部分，是自然景观属性和人文景观属性的复合体。国外学者将聚落空间形态分为人们居住的房屋的布置方式以及与集体生活相关的生活空间的存在方式（戈登·威利，2018）。一些国内学者将聚落空间形态根据形成方式分为人工要素和自然要素，从性质上可分为聚落、民居、街巷、广场、田地等物质要素和地域文化、风俗习惯等非物质要素（段进和揭明浩，2009）。也有观点认为聚落空间形态主要为物质形态要素，包括聚落的边界形态、肌理形态、街巷格局、建筑类型、公共空间等。虽各有侧重，但均认为村镇聚落空间形态作为人类活动的场所和载体，是一定社会、经济、技术和文化等综合作用的结果。

在城乡规划领域，相关研究往往从学科领域的核心落脚点——空间本身出发，认为对城乡发展研究的实质应是对其社会、经济、文化、环境、体制等相关因素空间化后，在城乡空间上产生空间条件和空间关系进行研究分析（段进，2006），因此，本书对村镇聚落空间谱系的研究重点在于强调"空间维"。而村镇聚落空间形态的特点往往取决于构成其"边界"的形态和"中心"的要素以及构成聚落的各种要素的聚集方式，即村镇聚落的空间结构。可以理解为，村镇聚落空间形态与空间结构的关系是形（morphe）与形的逻辑

(logos)的关系,前者侧重于空间表层物质形态的描述,后者侧重于空间深层结构逻辑的挖掘。村镇聚落是人类聚居生活的最小空间单元,从物质空间形态层面来看,在一定地域内表现为不同村镇聚落空间所构成的空间体系,在独立的村镇聚落内部,则表现为不同类型空间的构成关系。因此,本书将村镇聚落空间形态定义为在一定乡村地域系统范围内,不同聚落空间构成要素之间相互联系、相互依赖而成的有机的村镇聚落结构系统,包含了两个尺度:一是研究行政村单元的村镇聚落内部聚居点单元和聚居点单元之间构成关系的个体形态;二是将行政村单元的村镇聚落视为整体,研究不同规模、等级、性质的村镇聚落之间的体系形态。

1.2.2 村镇聚落空间谱系

村镇聚落的区域特性,决定了一定区域范围内村镇聚落之间的多尺度、多维度复杂关联特性,而这种关联特性同样也反映在空间形态层面。甚至,聚落营建模式会随着基因的传播现象,通过水系、陆路等交通路线进行跳跃传播,表现出跨区域的关联特征。而谱系,作为描述系统关联关系的重要途径,可以把不同尺度、不同维度村镇聚落空间关联关系纳入到一个框架中来,依据村镇聚落空间关联关系的强弱,形成村镇聚落空间形态特征的多维系统层次谱系,其不仅可以描述聚落与聚落之间整体和部分、全局和局部的关联特征,同时也可以从更大的尺度描述聚落群系和群系之间的内在关联关系。

因此,本书以村镇聚落空间形态为研究对象,将村镇聚落空间谱系定义为:村镇聚落由于历史的关系、区域的关系、功能的关系等关联关系所形成的多维度空间形态特征联系,在物质层面反映的是多个村镇聚落集聚成群,在非物质层面反映的则是一种自上而下的整体意识。村镇聚落空间谱系可以以"进化树"的形式形成一个结构性的基础,根据村镇聚落空间形态特征的关联性程度或重要性程度形成系统化、层次化的谱系形式,展示不同特征类型的空间形态及其相互之间的内在联系,进而从谱系中发掘村镇聚落空间形态的发展规律,引导其未来发展路径及方向。

其内涵在于从广义的尺度剖析村镇聚落空间构成要素的特征及相互关系,从系统发展的角度解析其空间要素特征生成以及变化的过程,以及从宏观的地理视角解读不同尺度地域环境特征下聚落群系之间的关联性和差异性规律。村镇聚落空间谱系不仅能够揭示村镇聚落空间形态在不同自然环境和社会环境影响下所呈现出的差异化地域特征,同时也能适用于区域内村镇聚落空间形态的关联性规律认知,它既强调了谱系的递变或逻辑关系特征,同时也继承了城乡规划学科的图形思维模式。它是一个能够集成村镇聚落在不同地域范围、不同空间尺度以及不同空间要素进行形态类型特征分析、表达的框架。

村镇聚落空间谱系的本质在于强调整体性的研究,反对孤立、局部性的研究,强调认识村镇聚落空间形态的内外结构特征和功能。在结构主义看来,一切社会现象和文化现象的意义和性质都是由先验的结构所命定的,村镇聚落空间形态作为文化现象和社会现象的表征,也倾向于将其作为一个整体性结构来看待,将村镇聚落空间形态的特征、本质规律用一种结构化表达方式代替传统的地图观察式研究,极大地提升了结构主义所要求的对村镇聚落空间形态的认识深度。因此,本书所提出的村镇聚落空间谱系,偏向于结构主义视角下村镇聚落空间形态的研究。

1.3 村镇聚落空间谱系的发展脉络

村镇聚落空间形态是聚落地理学、建筑学和城乡规划学等学术领域共同的研究对象。在地理学领域以研究地表事物分布的差异性为主要任务，特殊性成为建立地理学原理的主要依据，因此，对村镇聚落空间形态的探讨起步于村域尺度静态空间形态模式的描述性分析和因果解释（金其铭，1988），通过差异性认知来建立村镇聚落空间形态的普遍关系原理。在建筑规划学领域尽管更为关注物质空间发展的规律与形成机制，但同样以研究不同地域村镇聚落的形态类型特征和规律为目标，以指导乡村规划和建设实践，引导乡村未来的发展（李旭等，2020）。但是，事物的特殊性是在普遍关系中获得意义的，特别是在当今时代，技术的进步以及社会观念的变化带来了人类活动和事物越来越普遍的联系。因此，如何从整体的普遍关系视野总结讨论事物的特殊性才是村镇聚落空间谱系的目的。越来越多的学者也关注到这一点，认为从关系视角出发思考空间的复杂性，可以引发从地方关系、主体关系等角度揭示空间演化当中的关联性、过程性和独特性（蔡晓梅和刘美新，2019）。纵观村镇聚落空间谱系的发展历程，本书将其概括为以下三个主要阶段。

1.3.1 基于形态模式的村镇聚落空间谱系特征描述阶段

这一时期对村镇聚落空间谱系的探讨处于起步时期，集中于小范围内以差异性为导向的村镇聚落空间形态的类型研究，通过实地考察经验的总结，对村镇聚落空间类型特征和关系进行定性描述，分析不同村镇聚落形态类型与区域环境的影响关系，总结不同形态类型模式的内在差异特征及形成原因。

1. 地理学领域

地理学领域对村镇聚落空间形态研究起步于"人–地"关系的解析。德国地理学家科尔（Kohl）于1841年发表了《交通殖民地与地形之关系》一书，提出了对大都市、集镇和乡村进行比较研究的想法，论述了地形地貌、交通条件等地理环境与乡村聚居点分布的关系，形成乡村聚落地理学研究领域。随后，德国学者梅村（Meitzen）又基于对农业聚落的形态特征、影响因子、发展过程等问题的考察研究，划分了德国北部的农业聚落形态类型（Meitzen，1963），初步奠定了该学科研究的理论基础。20世纪初，法国地理学领域代表白吕纳（Brunhes）、维达尔·白兰士（Blanche）、阿尔贝·德芒戎（Demangeon）等人对乡村聚落进行了大量田野调查，他们以"或然论"的观点阐述了人类在利用自然时所具有的主观能动性，系统地研究总结了村镇聚落形态类型会受宏微观地理环境影响，成为从人文历史与经济发展等角度研究村镇聚落形态的重要分支。其中，阿尔贝·德芒戎对法国乡村聚落形态的形成、演化进行了分析，根据聚落形态的差异将其分为集聚型与分散型两大类，以及线状、团状与星状等小类型，并深入探讨了类型形成的原因（张小林等，

1996)。白吕纳则结合乡村外部环境因素，深入讨论了乡村聚落类型与分布特征。随着第二次世界大战后世界城市化进程的加快，城市地理学的兴起也带动了乡村聚落地理学的扩展。德国经济地理学家克里斯塔勒（Christaller）基于对德国南部乡村聚落的研究，提出了不同类型的中心地模式，将村镇聚落的形态类型划分从个体维度扩展到体系维度。国际地理联合会试图提出包括功能、形态位置、起源及未来发展四个基本标准的村镇聚落一般类型的划分方法，使村镇聚落从多个维度来进行类型划分有了突破性发展（Roberts，1979）。

与此同时，中国因白吕纳《人地学原理》的传入，学者开始重视人地关系，主要侧重于不同地形地貌条件下农村居民点的特征描述，如朱炳海的《西康山地村落之分布》、李旭旦的《白龙江中游地区乡村聚落和人口之分布》、刘恩兰的《川西之高山聚落》以及陈述彭的《遵义附近之聚落》等。随着研究的不断深入，地理学领域关注聚落空间的区域分布与地理空间层级，金其铭（1988）以乡村聚落地理位置与外轮廓形态为依据，将聚落划分为团式布局、带状布局、自由布局、点状布局、环状布局、块状布局等不同的布局模式类型，针对不同的聚落类型，研究聚落类型的区域差异性；朱文孝等（1999）从地貌条件、水文条件、开发程度及村落规模对村镇聚落类型进行划分并探讨了不同类型的地理分布特征。

2. 建筑规划学领域

建筑规划学领域对村镇聚落空间谱系的研究主要源于形态类型学的发展，并且对与乡村规划实践结合的建筑学和规划学来说具有较强的适用性，逐渐成为建筑和规划领域对村镇聚落空间形态研究的主流方式，随着形态类型学的不断发展完善，其与地理学开始形成明显的分异。

"形态"一词最初是在生物学领域中用来描述生物的形态与结构。19世纪末，德国学者斯卢特（Schluter）提出"形态基因"（morphogenesis），字面意思为"形态生成"，旨在研究有机体形态生成及演化的过程，成为城市形态学的理论基础（Chen，2012）。历史地理学者康泽恩（Conzen）在此基础之上，通过对市镇历史空间研究，提炼出一系列特定的形态生成逻辑，并创立平面类型单元、形态周期、形态区域、形态框架等概念方法（沈克宁，2010），其中，平面类型单元（plan-unit）为城市形态最小组成单元，赋予了城市形态的同质性和统一性。康泽恩学派的贡献在于对聚落形态的保护和延续（Larkham，2006），以及在传统聚落形态中整合新的形态内容（Gallarati，2017）。

建筑类型学形成于19世纪初，始于对建筑起源的追溯。德·昆西（Quincy）认为"类型"就是"某物的起源，变化过程中不变的内容"；罗西（Rossi）认为城市形态演变是一个元素拼贴的过程，而城市形态就是拼贴的结果，并提出城市的演化过程其实是"基本元素"（elementi primari）保持不变，并将"类型"的概念定义为"先于形式且构成形式的逻辑原则"；莫里奥（Moneo）进一步将"类型"定义为"按相同的形式结构，对具有此类特征的一组对象进行描述的概念，其本质是内在结构相似性和对象编组可能性"。而所有建筑类型的原始来源，或表达最基本秩序的类型被称为"原型"（常青，2017）。

国内外形态学与类型学理论一脉相承，以空间为核心，综合地理学、社会学、建筑学、城乡规划学等领域，探索城乡空间形态规律，并从内部统一性与外部差异性归纳空间类型，为城乡空间的认知与解读提供了系统的理论与方法基础。形态类型学作为两者的有机融合，研究空间形态的组织原则，关注"变化过程中不变的内容"；并逐渐成为建筑和规划领域中一种分类组合的方法理论，但是这也并非是单纯的分类，而是认知事物重新塑造和再创造的过程。不难发现，不管是形态学中"生成形式的因子"，还是类型学中强调"普遍的集体特征"（郭鹏宇和丁沃沃，2017），均旨在从历史的变化过程中找到事物之间的关联性。因此，形态类型学从本质上来说具有空间谱系所蕴含的关联意义。

和地理学领域进程相似，以形态类型学为分析方法的村镇聚落空间形态研究在起始阶段也主要以对形态类型模式的定性描述为主。20世纪30年代，刘敦桢先生的《中国民居概论——传统名居》一书开启了中国村镇聚落形态的研究，并在80年代末形成了以聚落为独立整体研究对象的多元化研究领域。彭一刚（1992）院士的《传统村镇聚落景观分析》从地理和社会的视角解析了各种因素对传统村镇聚落形态类型的影响，并根据地理位置的不同将其分为平地村镇、水乡村镇、山地村镇等不同类型，形成了传统聚落研究的基础。以段进院士为代表的学术团队（2002年、2006年、2009年）编撰并出版了一系列关于村镇聚落形态的著作，包括《城镇的空间分析——太湖流域古镇的空间结构与形态》《空间研究1：世界文化遗产西递古村的空间分析》《空间研究4.世界遗产地宏村古村落的空间分析》等。李立（2007）在《乡村聚落：形态、类型与演变——以江南地区为例》中对乡村聚落形态的内涵与整体特征进行了全面剖析，并通过对乡村聚落演变分析，探寻不同类型乡村聚落演化的动力与机制，研究了不同地区村镇聚落的形态类型特征，旨在揭示其形成原因和构成方式。上述研究脉络为中国村镇形态研究奠定了基础，以形态类型学为主流分析方法，探讨村镇聚落的形态演变和机制、形态分类和空间形态分析等。但是对于村镇聚落形态类型的规律和机制探讨，以关注类型之间的差异性为主要导向，因技术方法的限制，尚未能从群体关联的视角科学认知村镇聚落形态类型的规律和生成逻辑。

1.3.2　基于计量科学的村镇聚落空间谱系规律探索阶段

自20世纪60年代，受地理学界计量革命的影响，以及系统科学领域"新三论"（耗散结构论、协同论、突变论）的促动，村镇聚落形态研究开始引入量化研究方法，并基于复杂系统理论重新审视多元复合的乡村系统（杨希，2020）。两者在研究范围和尺度上均进行了扩展，从小范围、单一尺度的谱系特征描述转向为大范围、多尺度的谱系规律总结。地理学领域将物质空间、经济与社会紧密结合，探讨类型形成的机制，规划学则是从形态类型的角度出发，分析聚落外部环境的空间要素、形态原型及空间结构，并且更深入到空间形态的发展规律。

1. 地理学领域

随着对村镇聚落空间形态的认知从欧式几何图形向复杂网络拓扑图形等方向发展，传统定性分析已无法满足当前村镇聚落空间形态的研究需求。随着鲍顿（Burton）所提出的"计量革命"的掀起，数量化研究方法被引入地理学科，包括数理统计、样本建模、关联分析与多变量分析等。例如，美国学者贝里（L. Berry）将数理统计方法与中心地理论相结合，进行中心地划分的实证研究。这一变革打破了传统地理学流于定性描述的局限，带来了广泛应用定性与定量相结合方法的新趋势，丰富了地理学固有概念、性质与法则的内涵。

地理学科常借助景观生态学的方法，从宏观角度对村镇聚落的整体空间分布特征展开研究，通过选取景观格局指数量化村镇聚落格局特征，以此揭示不同类型的地域分布规律。McGarigal 和 Marks（1995）提出了复杂度（Complexity）指标用以衡量斑块的边界复杂程度。Galster 和 Peacock（1986）利用孔隙度（Porosity）等指标衡量景观斑块中的异质性程度。在国内，单勇兵等（2012）以苏中地区为例，选取斑块密度、斑块面积、斑块形状指数等指标量化乡村聚落格局特征，并对研究区的乡村聚落作了类型划分。朱彬和马晓冬（2011）以苏北地区乡村聚落为研究对象，运用 RS 和 GIS 技术，选取空间韵律指数及聚类分析探讨苏北地区乡村聚落的格局特征及类型划分。谢新杰等（2011）运用 RS 和 GIS 技术以及景观分析法，选取各因子进行因子分析，并通过数学模型进行聚类，将黄河地区的空间聚落划分为四种类型。在谱系规律解析阶段，村镇聚落空间形态量化指标作为形态变量或指数，将外部因素视为各种地理关系变量或经济变量，借用数学模型辨析两者的相关性，如相关性模型、回归模型等，在此基础之上，总结不同环境因素对村镇聚落空间形态类型的作用机制。

近年来，地理学科对村镇聚落空间形态的研究从传统的空间变量或空间形态指数分析呈现出向静态数学模型以及基于复杂系统理论的空间动力模型转变的趋势，但相对村落的静态量化研究而言，村镇聚落的动态量化研究尚处于起步阶段，所运用的模型方法亦多借鉴城市研究，如适用于乡村系统情景规划的系统动力学（System Dynamics，SD）模型（Hoard et al.，2005；庞永师等，2016）以及模拟村镇聚落形态发展和演化规律的元胞自动机（cellular automata，CA）模型等（Berberoǧlu et al.，2016；高志强和易维，2012；龙瀛等，2014；杨丹和叶长盛，2016）。

2. 建筑规划学领域

20 世纪 70 年代，比尔·希列尔（Bill Hillier）以人为认知主体，强调对空间的认知需回归空间本质，创立了空间句法对人居空间结构构成的定量分析。空间句法引入国内城市规划与设计领域的同时，也开始在村镇聚落空间研究中得到广泛应用。孔亚暐等（2016）基于空间句法计算街巷中心度、集成度等，在此基础之上通过形态类型分析方法揭示不同类型特征形成的成因。王静文等利用空间句法对传统聚落的"叙事空间"结构进行研究（王静文等，2020），以此解释空间结构、空间行为与社会生活的相互关系（王静文等，2008）。

与此同时，其他学科的定量分析方法引入到建筑学与城乡规划学领域中，通过分形几何学，或在编程方法的辅助下定量分析聚落边界、形状以及建筑群体秩序特征等（张杰和吴淞楠，2010）。王昀（2009）在对大量聚落调查的基础上，将建筑的方向、面积与间距等几何特征作为聚落空间形态特征量化数学模型，利用统计学方法总结不同地域类型的特征并分析其内在秩序。浦欣成（2013）聚焦于聚落的二维平面形态，将其解析为边界、空间、建筑三个要素层级，采用景观生态学、分形几何学、计算机编程与数理统计等方法对聚落形态进行量化解析。

尽管形态量化方法实现了空间形态从具象到抽象、从图示表征到数字化信息的转化，将村镇聚落空间形态研究推向了新的高度与广度，但是各类量化分析方法所适用的空间形态类型亦不尽相同。如空间句法更适用于布局紧凑的村镇聚落空间；参数化解析也同样如此，其中所蕴含的"自上而下"逻辑的空间模式相比于自发生长的传统型村镇聚落而言，更适用于土地迁并背景下的重构型村镇聚落。

由此可见，村镇聚落空间谱系的规律探索在计量科学的影响下也得到了进一步扩展，根据具体的尺度、规模、角度、中心性等进行指标衡量以指导类型及组合形式，但形态类型学、文化符号学、图形解构、要素提取等传统的空间形态研究方法仍发挥了重要作用，不同类型与组合表明聚落形态的生成具有很强的地域性特征（王昀，2009）。

1.3.3 基于信息图谱的村镇聚落空间谱系方法变革阶段

地学信息图谱方法论的发展，为村镇聚落空间形态的类型研究提供了一种整体性研究框架，并且图谱所具备的"图系"和"谱系"能很好地反映出村镇聚落空间形态的差异性和关联性规律，越来越多的村镇聚落空间形态研究也开始借鉴图谱的理论和方法。

1. 地理学领域

中国著名地理学家陈述彭在地理信息科学领域率先提出了地学信息图谱的理论框架（陈述彭等，2000），并在可持续发展、遥感地学分析和交通网络结构分析中得到应用（傅肃性，2002；励惠国等，2000；周江评等，2001）。认为"图谱"兼具图的可视性和谱的逻辑与秩序性特征，"图"是包含事物多种类型形式的图示化信息集合。"谱"是按事物特性建立的信息系统，亦称"谱系"，将"谱系"视为"图谱"中的重要组成部分，通过图形语言的形式依据时间顺序、逻辑关系等来进行序列化表达（陈述彭等，2000）。虽其基本的技术模式和理论还有待于进一步探讨（陈述彭等，2000），但核心问题却可以归纳为形、数、理三个方面：形是指图形、图像等表现形式；数是指量化的分析模型与方法；理是指内在的机理、规则和知识等。借鉴信息图谱解析复杂系统的优势，出现了包括一系列包括地名文化信息图谱、生态环境信息图谱等研究方向。此外，部分学者类比生物学基因，将"基因"运用于聚落空间形态相关研究，并在村镇聚落研究领域发展出了传统聚落景观基因信息图谱等（胡最和刘沛林，2008）。

对传统聚落景观基因进行研究时发现，不同传统聚落景观基因的外在表现形式存在相似性，即相近的环境和文化同源或对这些传统聚落景观基因的构成产生了类似的影响。申秀英等（2006）以聚落文化景观区系为研究对象，对各地传统聚落进行区系划分，以"景观基因图谱"反映各个聚落景观区系的演化过程和相互关联性。因此，通过对基因的提取、识别与追踪，对于构建村镇聚落空间谱系解析村镇聚落形态特征规律具有重要意义。首先，基因承载着聚落空间与自然、人文协同演化的基础信息，具有地域特征的标识作用，基于基因构建村镇聚落空间谱系，可以精准识别和有效提取村镇聚落特征、实现特征的准确判读与溯源的表达范式，把握村镇聚落空间的在地性特征，从而实现对村镇聚落类型的精准刻画。其次，村镇聚落空间的基因在聚落发展演变过程中，也遵循生物学基因的遗传规律，会受其环境影响，根据是否会适应新的环境因素而转变成其他的形态模式。解读基因的空间扩散过程，可以解析村镇聚落空间形态特征生成和发展的逻辑，精准剖析不同谱系类型之间的内在关联规律。

刘沛林（2014）研究中国传统聚落景观基因的图谱规律，针对聚落形态、合院、路口形式、建筑装饰等要素，探索构建区域及个案景观基因图谱，反映聚落景观基因的相关性与序列性。胡最等（2010）认为构建景观基因信息图谱时必须建立景观基因要素指标体系和景观基因信息单元模型，提出通过指标要素编码方法、特征图案法、形态结构法、文本描述法与多因子矩阵法提取景观基因要素；并以排列模式图谱概括景观基因组的类型及其共性特征，构建了湖南省传统聚落景观基因组的空间格局图谱。翟洲燕等（2018）基于上述代表性基因组图谱建构方法，绘制了陕西传统村落的空间序列图谱、分布模式图谱和地理格局图谱，并通过图谱特征分析，提炼出传统村落的主体性地域文化特质。由此可见，地理学领域对村镇聚落空间基因或景观基因图谱的研究较为成熟，并依托地学信息图谱形成了完善的理论和方法体系，主要针对不同地域的传统特色村镇聚落进行研究，如王兆峰等（2021）以武陵山区30个典型传统村落为研究对象，构建了4类传统村落文化遗产景观基因组图谱，以解析武陵山区传统村落的地域特征和分布格局。胡最（2020）以湖南省传统聚落为例，构建了景观基因信息图谱，包括了基因特征谱系、基因关联谱系、基因分布谱系等内容。

2. 建筑规划学领域

在建筑规划学领域，对于图谱的研究存在两种情况，一种是以形态类型学为基础的类型图谱研究，另一种是借鉴地学信息图谱方法的空间图谱研究。

在类型图谱研究方面，杨贵庆等（2010）针对我国农村住区空间样本的类型特征，综合考虑气候区划、地形地貌等多项因子，分析确定我国农村住区的类型谱系。黄亚平等（2021）则以华中地区的61座田园综合体样本为研究对象，从地理环境和经济产业维度划分出"两类六种"田园综合体类型谱系，并提出了针对类型的规划策略。在建筑学领域则是发展出了风土建筑谱系（常青，2016）等一系列研究；也有学者对近代城市化背景下的上海居住建筑进行了类型的提取，并讨论了类型的历史发展，建构了上海近代居住建筑类型的谱系；近年来，更是出现了一系列不同文化区建筑谱系的研究，如两浙地区、粤语方言区、闽系核心区等（周易知，2019，2020；徐粤和林国靖，2019）。

与景观基因图谱相对应的形态基因图谱也是在形态类型学的基础上发展而来，如刘明佳对韩城古城的空间形态基因进行了提取并构建了图谱；赵明伟以黔中传统村落为对象，得到共计三级二十三类的村落空间基因图谱；赵万民结合四个代表性的山地历史城镇，从生态、形态、文化三个层面总结了案例内在的形态基因图谱。王翼飞和袁青（2021）以黑龙江乡村聚落为例，根据乡村聚落形态基因量化信息与质性数据建立乡村聚落形态基因信息的矩阵框架，形成乡村聚落形态基因信息图谱，并在图谱的基础之上架构了形态基因信息平台，实现乡村聚落空间形态与空间风貌信息的存档、关联与高效调用功能。

而在空间图谱研究方面，其内在逻辑借鉴信息图谱的思维；以定量与定性相结合的分析模型和方法，通过图形、图像和表格等表现形式来分析和提取事物系统的内在机理、规则和知识。作为一种基于数字技术的图形量化分析方式，信息图谱利用一系列的图像将大量多源数据进行归类合并，揭示内在驱动机理，并表达其中规律。信息图谱具有多维度、多尺度、多系统等特征，利用数字化方式构建信息图谱具有自动化、全面高效及科学性的优势。有研究运用信息图谱理论研究方法，分别从不同尺度对城市山水环境的空间信息和属性信息进行采集、加工、整合与解析，形成一套由数据库建构技术群（数法）、图形处理技术群（形法）、特征分析技术群（理法）构成的完整方法体系（谭瑛和陈潘婉洁，2018）。汪洋和赵万民（2014）建立了山地人居环境空间信息图谱，以信息图谱作为认知模型表达了山地人居环境的外部识别性，并以数值建模和空间分析方法对人居环境系统进行模拟。

综上可以看出，不管是地理学科还是建筑与规划学科，对村镇聚落空间图谱的研究主要集中在传统村落与历史名村方面，或者针对某个特定的区域展开，对于一般性村镇聚落的空间形态研究相对较少，名村作为地域性村镇聚落的个例，虽然具有鲜明的形态特征、景观特质与保护价值，但无法完全代表与涵盖区域性村镇聚落的空间风貌特色，而聚焦于某个区域的村镇聚落空间形态研究也可能产生"只见树木不见森林"的结果。

1.3.4 村镇聚落空间谱系的发展脉络总结

1. 研究内容的演进

在地理学和建筑规划学发展初始阶段，村镇聚落空间谱系的研究以类型视角展开，通过差异性来建立谱系的认知，地理学展开了以乡村地理学为基本框架的地域类型研究，根据不同要素的地域特征进行类型划分，而建筑与规划学科则是在乡村规划需求背景下开展的类型设计，包括用地分类、农居的地域性设计等。在计量科学的影响下，村镇聚落空间谱系研究从类型特征描述转向谱系规律解析阶段，揭示更大尺度范围内不同类型聚落与环境的关系。地理学通过从宏观角度量化研究村庄整体形态及周边环境、空间布局等，以此为依据进行类型划分，并且将物质空间、经济与社会紧密结合，利用数理模型探讨类型形成的机制；建筑与规划学科则是从形态类型的角度出发，量化分析村庄外部环境的空间要素、空间原型及布局结构，并且更深入到空间形态的发展规律及其与规划和政策的结合。随着图谱方法与村镇聚落空间形态的类型研究具有良好的契合性，不同学科均以构建图谱的方法研究村镇聚落空间形态，以揭示村镇聚落类型之间多尺度、多维度的关联规律，使村镇聚落空间谱系的特征和规律能得到更好的揭示。

尽管地理学和建筑与规划学领域对图谱的研究较为成熟，在一定程度上揭示了村镇聚落地域空间形态的独特性与相关性；但是也不难发现，很多有关"图谱"的应用研究主要将"谱系"视作时间序列，局限在时序递变上则很容易忽视空间上的关联，又或者将"谱系"理解为按照一定指标的递变规律或分类原则排列的一组图形、图像或其复合体，但是这种"谱"式建构方式又容易忽视不同个体之间的内在关联性。因此，与传统强调分要素分类型的村镇聚落空间形态"图谱"认知方法相比，村镇聚落空间谱系将继承"图谱"的部分特性，但是又区别于"图谱"用图形的序列化表达关联关系，将以形态类型学为基础理论架构，重点强调村镇聚落空间形态类型关联规律的提取，并通过与空间的耦合分析，揭示其关联关系的地理空间分布和扩散规律。

2. 研究方法的突破

随着乡村聚落统计数据的日益丰富、计量科学方法的日益发展，以及大数据时代数字化技术的日益革新，村镇聚落空间形态领域的研究方法经历了由单一定性描述分析方法向定量测度与定性解释相结合分析方法的转变。相关研究方法实现了人工实证调查分析、数学计量模型分析、地理信息技术分析等综合集成，使得村镇聚落空间形态研究结论日益趋向准确化、精细化与科学化。大规模空间数据的高精度采集与智能解译为村镇聚落数字化研究奠定了前提条件；诸如核密度分析、全局自相关分析、空间韵律测度等多元高效的空间分析技术为村镇聚落数字化研究提供了关键核心技术；又如元胞自动机、神经网络分析、聚类分析、多元统计分类等科学合理的类型划分方法为村镇聚落多维特征的内在关系辨析与空间谱系的数字化建构打通了研究路径的重点环节。

总的来说，定量与定性相结合的方法使得数字化分析村镇聚落空间特征规律、数字化建构村镇聚落空间谱系模型成为可能，有利于获得对村镇聚落乃至更广大城乡空间的全面且精确的认知，进一步推动村镇聚落的优化与重构，实现城乡空间的长效有序发展。

3. 研究视野的拓宽

在经济全球化的大环境背景下，随着交通与信息技术的迅速发展，"时空压缩"效应的出现塑造了规模日益延展、形态越渐复杂的区域城乡空间（Castells，1996；顾朝林和庞海峰，2009）。加之我国当前对于城乡一体化发展的重视，对于乡村聚落空间的研究也逐渐从小区域范围的孤立研究，拓展向融入区域城乡空间背景的整体性研究。一方面是考虑城市化进程中广泛出现城乡拼贴的城乡接合部，将村镇聚落研究尺度拓展纳入"县域—建制镇—集镇—村庄"的相关范畴；另一方面，在研究中倾向于探索更大空间范围内复杂要素之间的相互影响，以挖掘区域外部要素对村镇聚落空间的形态构成、演变模式机制的作用。

1.4 研究工作概述

1.4.1 研究目的和意义

1. 研究目的

本书旨在将村镇聚落空间规律认知的视野拓展到区域维度，将聚落本体研究范畴扩展到关联范畴，通过深入分析村镇聚落空间形态的要素、层次与结构构成关系，研究村镇聚落空间形态的区域差异性与关联性表征、内涵与机制，提出基于复杂系统理论的村镇聚落空间谱系的概念框架；在此概念框架的指导下从村镇聚落体系特征和村镇聚落个体特征两个维度构建村镇聚落空间谱系；最后通过多维因素耦合解析村镇聚落空间谱系的内在机理，总结村镇聚落空间形态特征的地域形态类型模式，进而为村镇聚落保护与传承地域特色的精准规划提供借鉴。

（1）理论层面：分析村镇聚落空间形态的多维构成与区域内涵，提出村镇聚落空间谱系理论框架

本书旨在通过对村镇聚落空间复杂系统的梳理，分析村镇聚落空间形态的要素、层次与结构构成关系，将聚落本体研究范畴扩展到关联范畴，将村镇聚落空间规律认知的视野拓展到区域维度，从复杂系统理论视角研究村镇聚落空间形态的区域差异性与关联性表征、内涵与机制，以此为基础，构建村镇聚落空间谱系的理论框架。

（2）方法层面：构建基于数字化技术的村镇聚落空间谱系方法模型

不同于在宏观尺度下以定性标准进行村镇聚落类型划分的传统方式，本书引入谱系学的建构方法，通过数字化转译与特征聚类技术，在村镇聚落类型区划、聚落体系和聚落个体等不同尺度，识别解析村镇聚落的空间关键构成特征，并基于各空间特征进行数字化转译及类型识别，在此基础之上，通过村镇聚落特征类型的关联性分析形成村镇聚落空间谱系的构建。

（3）操作层面：解析村镇聚落空间谱系分布特征与内在机理

本书意在通过解析村镇聚落空间谱系的分布特征与规律，通过多类型与多因素比较，研究村镇聚落空间谱系形成的地域性分布内在机理，总结村镇聚落空间谱系的地域形态类型模式，作为研判村镇聚落空间合理演化路径的参考依据，为村镇聚落地域特色保护与导控提供借鉴。

2. 研究意义

基于区域视角的村镇聚落空间谱系建构，既是对村镇聚落本体类型差异化的拓展，也是对村镇聚落整体关联性的重新认知，具有微观和宏观的双重价值，无论是形成一套行之有效识别村镇聚落空间差异性和关联性规律认知框架，还是建立一种基于村镇聚落精准画像的地域特色精准保护和规划方法，都具有非常重要的理论和现实意义。

（1）提出区域视角的村镇聚落空间谱系理论框架，完善村镇聚落空间规律认知框架

本书通过对村镇聚落空间形态的多样性和同一性特征梳理，提倡一种扩展化的村镇聚落空间形态认知方式，重视关联而非个体，重视整体而非局部，引导村镇聚落空间形态研究从内在本体性向区域关联性转变，从而建立区域视角的村镇聚落空间规律认知方法，实现区域整体范围内村镇聚落空间形态的差异性比较，提取村镇聚落空间形态的普遍性和关联性特征，完善村镇聚落空间规律认知框架，可以在村镇聚落空间规划实践中有效避免宏观规划对具体空间关系的漠视以及微观操作对整体关系的忽略。

（2）建立基于数字化技术的村镇聚落空间谱系构建方法，创新村镇聚落空间谱系识别与分析技术

本书通过建立数字化识别技术，提取村镇聚落空间谱系建构的关键特征，将村镇聚落空间规律解析从表层逻辑关联至深层结构关联，创新我国村镇聚落空间谱系识别与分析技术，并通过全国不同地文区的样本选取，在多尺度地理文化区域整体框架下，对村镇聚落空间谱系构建进行实证研究，为分区、分类的村镇聚落空间重构与特色保护提供方法指导。

1.4.2 研究组织框架

本书围绕着"村镇聚落空间谱系的构成是什么？""怎么来建构村镇聚落空间谱系？""村镇聚落空间谱系的特征规律和形成机理是什么？"这几个问题展开（图1-2）。

首先，针对"村镇聚落空间谱系的构成是什么？"这一问题，系统梳理村镇聚落的区域关联本质，提出村镇聚落空间形态研究从本体范畴向关联范畴转化的必要性，总结村镇聚落空间形态的区域差异性与关联性表征、内涵与机制，阐明空间谱系对于解析村镇聚落空间形态的区域差异性与关联性规律的优势和作用，以复杂系统科学理论为基础，阐明村镇聚落空间复杂系统的多尺度和多维度关联本质，形成村镇聚落空间谱系的理论框架，根据村镇聚落空间形态研究框架，从"个体-体系"两个尺度建立村镇聚落空间谱系表达内容体系。

其次，村镇聚落空间谱系构建的基础是对村镇聚落空间形态的关键特征进行识别，村镇聚落是人类聚居生活的最小空间单元，从物质空间形态层面来看，在一定地域内表现为不同村镇聚落空间所构成的空间体系，在独立的村镇聚落内部，则表现为不同聚居点单元的构成关系。村镇聚落类型识别是村镇聚落空间谱系构建的关键，深入研究不同区域不同类型村镇聚落的空间特征和形成成因，是客观认知村镇聚落空间生成和发展规律重要途径。

在此基础上，通过不同村镇聚落空间形态类型特征的相似关联性和空间关联性解译，形成村镇聚落空间谱系构建依据。最后，构建多因素空间耦合分析模型，通过多源数据与村镇聚落空间谱系的关联耦合分析，解析村镇聚落空间谱系与各类自然环境要素、社会经济环境要素之间的耦合关系，揭示空间谱系形成的内在机理。

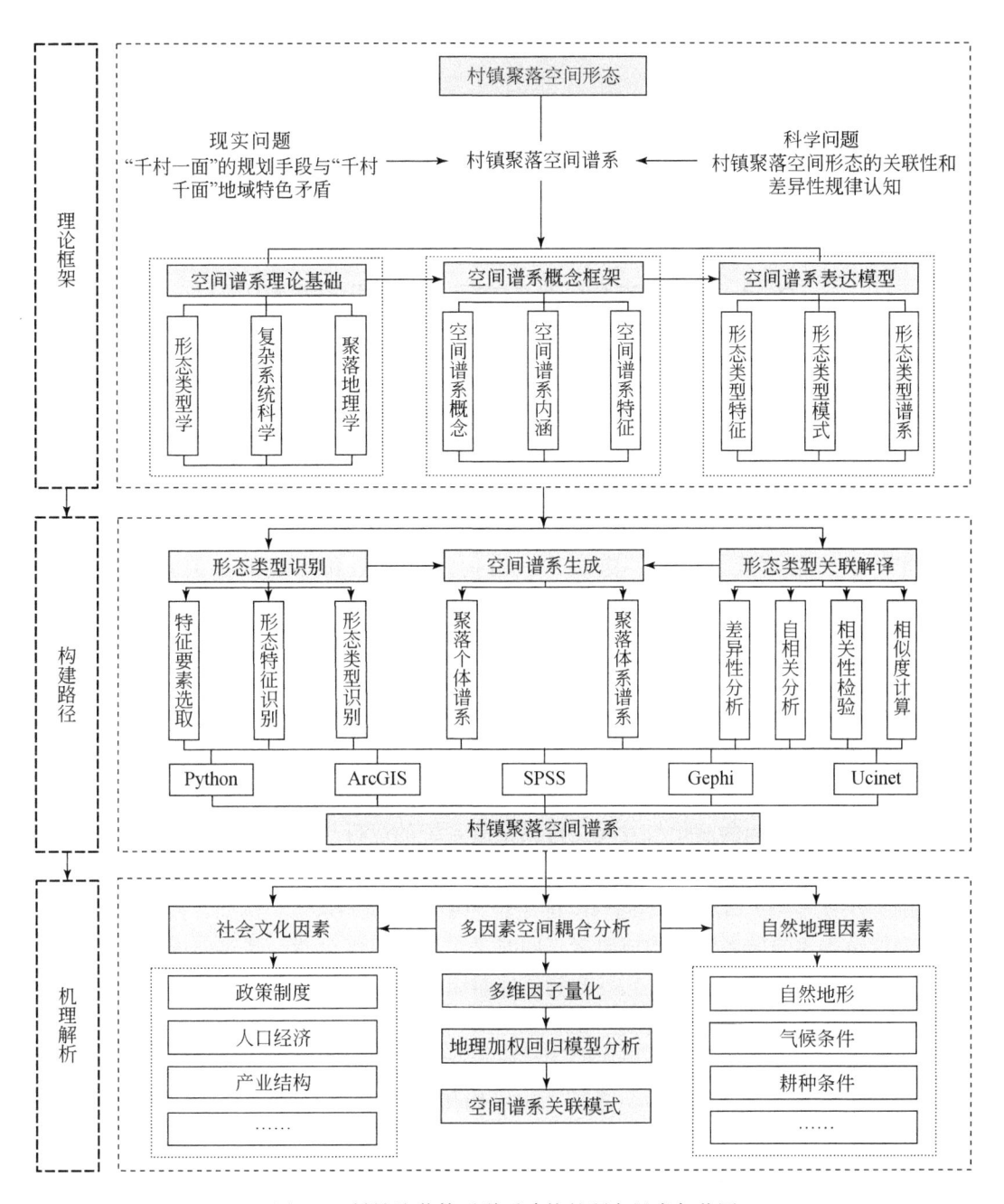

图 1-2　村镇聚落体系谱系建构的研究尺度与范围

第 2 章　村镇聚落空间谱系的理论框架

2.1　村镇聚落空间谱系形成机理

2.1.1　村镇聚落空间作为复杂系统的认知

"系统论"自提出以来，经过不断发展，已经形成了一种从事物的部分和整体、局部和全局、以及其结构关系和相互作用的角度来研究客观世界的认知方式。所谓"系统"，由一定要素组成，具有一定层次、结构，是一个和环境保持关系的统一整体（冯·贝塔朗菲，1987）。在"系统论"观点下，世界上任何事物都可以看作是系统，都处于系统状态。村镇聚落作为人地关系的物化产物，同样也是一个系统，符合系统的一切构成特征。

"系统论"强调用整体的系统观点来看待研究对象，认为系统是由一些相互关联、相互影响、相互作用的要素所构成的整体。同样地，村镇聚落不是孤立存在的，而是一个由空间、自然、社会要素相互作用的复杂系统（张小林，1999），各个子系统之间的互动关联影响着村镇聚落空间的演化与发展，村镇聚落系统的运行与演进并非各子系统功能的简单相加，而是各子系统之间相互影响、相互作用的复杂整体结果。"系统论"认为系统具有一定的"层次序列"结构，不同层次的组合为层次更高的系统。例如，村镇聚落空间形态系统是村镇聚落复杂系统的构成要素，同时又由村镇聚落街巷、建筑、用地等物质要素和乡规民约、营建观念、生活方式等非物质要素组成。村镇聚落系统的层次性反映出以下特征：第一，村镇聚落不同层次之间相互关联反映出系统的连续性；第二，村镇聚落每个层次自身也是连续的系统，每个层次的子系统都受到其他系统的影响，从而形成一个复杂网络体。根据"系统论"的观点，系统产生于相互作用中，并且还会在不同力的作用下进行演化，系统与环境之间、子系统之间、子系统的要素之间的相互作用关系是系统演化的动力。村镇聚落系统的要素、层次、结构会在营建过程中相互交织，也会在时间、空间和功能上彼此嵌套，共同导控村镇聚落系统的演进或跃升。

而村镇聚落复杂系统的"空间—自然—人文"构成结构，决定村镇聚落空间是以"嵌入"的形式置身于整个村镇聚落系统中，属于村镇聚落复杂系统中的一个子系统，村镇聚落空间形态的纷繁复杂，首先在于村镇聚落的自然下垫面与社会文化意识对村镇聚落空间形态的多重影响作用，其次则是在于空间形态系统不同层级之间存在较为复杂的关联，如聚落的用地地块是承托建筑肌理的模块单元，被街巷所切分，同时又与街巷相互作用，共同构成聚落的整体形态（赵烨和王建国，2018）。在聚落空间形态的演变过程中，在用地功能尺度上的变化将会对内部建筑肌理产生影响，同时也会作用于聚落空间边界的扩展变化；而聚落所处的空间区位和环境条件限制了聚落空间边界发展状态，进而对聚落用地结构与肌理形态产生影响。因此，对于村镇聚落空间形态的认知需要用系统论的思维去解析村镇聚落空间的系统、要素、环境三者的相互关系和变动的规律性。

2.1.2 村镇聚落空间复杂系统的关联本质

对于世界的认识，始终存在两种对立的思维方式：一种是以本体论为基础的认知形式，认为世界由要素构成；另外一种则是以关联为认识对象的倾向，认为事物的本质在于之间的联系。关联，指事物之间彼此相关而有联系，在哲学话语体系中，亚里士多德在《工具论》中所提出的"关系范畴"指代的便是"关联"含义，认为事物如果不在关联化的属性关系中被认识，则事物所有的属性都将没有意义（亚里士多德，1984）。自"关系范畴"提出以来便成为认识论的重要基础，并作为人类认知和实践活动最广泛的对象性建构，而继亚里士多德"关系范畴"背后所隐含的整体关联思维也成为系统科学产生的源头。

从系统论的观点来看，系统的复杂性本质在于其关联作用的复杂性。其核心观点"整体大于部分之和"反映出事物的基本特性，即系统是由一些相互关联、相互作用的组成部分构成的具有一定功能的整体，其内核便是系统的存在在于关联性，因关联而形成整体，揭示系统整体性运动规律的关键在于认知系统的要素、部分和整体之间的关联关系。另外，系统的"层次序列"特征也是反映出其关联的复杂性，不仅包含系统和系统之间的关联性，同时也包含了系统和子系统之间、系统和环境之间的复杂关联。而系统的协同性、非线性特征的根本在于系统组成要素的关联协同与共同作用，任意子系统中元素的变动，都会对系统演化产生影响。因此，着眼于考察组成部分之间、要素之间、变量之间的相互关联，也是系统思维的基本要求。

早在20世纪50年代，希腊学家道萨迪斯（Doxiadis）强调人类的聚居活动具有系统性，应该把包括乡村、城镇及城市等所有人类聚居（human settlement）场所作为一个整体进行研究，以便掌握聚居发生发展的客观规律，以此提出了"人类聚居学"（ekistics）的概念（吴良镛，2003）。村镇聚落作为人地关系的物化表现，其生成、演化离不开地理环境，村镇聚落研究从一开始以探索聚落演化与地形、气候、人文等区域环境之间的关系为目标。区域是聚落产生的基础，区域间的要素流动决定了聚落的关联性本质，聚落作为宏观区域中的局部要素，既可能被强大的区域秩序影响，也可能反过来去定义区域的发展秩序。因此，在一定地域范围内，看似散落的村镇聚落间存在着一种"整体"的逻辑，共同表达地理空间、文化脉络等地理事物间的普遍联系；它们往往以个体为单位组织生产和生活活动，形成独立的聚落环境；又因受到具有相似地域特色的地理因素限制和社会因素干预，以某种角色存在于区域结构之中，彼此关联形成一个文化意义上的整体。

在建筑学领域，1993年由吴良镛先生创立的"人居环境科学"，将研究视角从城市建筑本体转向多科学的区域关联性的人居环境，并逐渐成为我国建筑学、城市规划学等领域中的一种重要学术思潮。研究聚落的关联性议题也从聚落"建筑的特殊性"转向"建筑的地区性",认为地区性讨论的是特殊性的意义,但是这种特殊性不是孤立的、绝对的,它是具有相对普适意义的特殊性,是地区的共性。正如张彤教授在《整体地区建筑》一书中提到,在某种程度的关系中,建筑的产生和发展与所处环境中的自然性和社会性息息相关,也正因为如此,使得建筑的发展在一个相对固定的范围内形成关系(张彤,2003)。

因此,"以关联视角来认知村镇聚落复杂系统"早已在地理学、建筑和规划学等领域形成基本共识,普遍认为村镇聚落不是相互孤立的居所,而是呈现聚落与区域、聚落与聚落的复杂关系。但是,对于村镇聚落复杂系统具有什么样的关联性特征,以及其关联性特征产生的机制究竟是什么,至今尚未有一个比较系统而清晰的解释。尤其是近年,交通网络、信息技术等迅速发展,社会观念的变化以及乡村振兴战略的实施,使得村镇聚落内部的要素和外部的环境都发生了明显变化,人类活动和地理事物越来越普遍的联系打破了过去乡村营建相对封闭的状态,城乡要素资源的流动得到了进一步提升,村镇聚落空间形态的关联性意义也得到了进一步扩展。因此,在当前乡村振兴战略背景下,认知村镇聚落空间的发展和演化规律,更加需要我们从关联的视角精准把握村镇聚落空间复杂系统的要素、层次、结构、环境及其相互关系。

2.1.3 村镇聚落空间复杂系统的关联机制

根据上文所述,村镇聚落复杂系统不同组成部分的相互作用关系是系统产生与演化的动力,但是若要实现对村镇聚落复杂系统形成、发展和演进等问题的规律性判断,传统的一般系统论并不能很好地解决上述问题。而自组织理论的出现,为解析复杂系统在何种条件下产生何种关联性秩序等的规律性解析提供了一种新的解决思路。

自组织理论(耗散结构论、协同论和超循环论)是系统理论的三种新的形态,于20世纪60年代左右被首次提出,主要以研究复杂系统的产生与演化规律为目的,揭示自然界从无序到有序、从简单到复杂的必然性现象。1988年,德国协同学创始人哈肯(Haken)明确地将"自组织"定义为:"如果一个系统在获得空间、时间或功能的结构过程中,没有外界的特定干涉,我们便说该系统是自组织的"(哈肯,1988)。换言之,自组织的系统作用力来源于系统内部,无须外界特定指令而能自主地从无序走向有序,从而形成特定结构(吴彤,2001)。相对于自组织,他组织是指不能够自主地从无序走向有序,而只能依靠外界特定的指令来推动系统的有序演化。对于村镇聚落复杂系统,自组织和他组织是对立统一的,二者相互交替作用,使村镇聚落呈现螺旋式上升嬗变,具体表现为自发营建和统筹规划两个方面。因此,本书将从自组织与自发性关联、他组织与系统性关联两方面解析村镇聚落复杂系统的关联表征和内在机制。

1. 自组织与自发性关联

村镇聚落的自组织系统是一个远离平衡状态的开放系统,通过各类要素非线性作用下的涨落运动,促进系统内部新的有序结构生成(李伯华等,2014)。在未经规划的村镇聚落复杂系统中,系统的组成要素和要素之间被多种因素的限定和关联共同作用,在关联性的遗传、变异和适应过程下，其组织模式得到不断的试错和优化，最终形成有机的、适应性的自组织结构，使得聚落空间、社会与自然之间形成天然协同的关系，聚落的空间布局既与自然地形相适应，又再现了有机的社会脉络系统。村镇聚落自组织系统的开放性、非线性、非稳定性和持续涨落性，决定其关联模式不在于动态的平衡，而在于动态生成。

（1）环境因应形成的地理空间关联

在自组织的系统中，本体可以在不依赖外界作用的前提下，由内部的要素间的相互作用自发形成开放性的系统，并不断地与外界环境进行物质、能量和信息的交换。村镇聚落是在特定范围内，人类与自然环境互动所形成的聚居场所，必然地，村镇聚落系统对自然界系统是处于实时开放的状态，如居民需要从自然界获取物质与能量以维持自身能量的消耗，同时也需要从自然界获取材料进行聚落的营建等。因此，村镇聚落的生成和演化过程也是对环境的适应与互动，地理环境作为村镇聚落存在和发展的决定性因素，在影响其位置、分布的同时，还将聚落与地理环境的适应直接地反映到聚落自身的形态中，并且这种适应过程也非简单的线性过程，而是呈现相互协同作用。在地表形态相似的区域内，村镇聚落往往形成与地表形态相生相依的缘地性空间单元，其空间布局和空间构成上往往有着类似的手法，呈现出地理空间关联特征。

村镇聚落自组织系统除了与自然环境系统之间的开放性外，聚落之间系统的开放性使得社会文化等的交流得以呈现。随着社会的发展，传统时期以地缘、血缘关系为基础的传统封闭乡土结构及人文地域关系逐渐转变为以市场为基础跨地域的空间关系。村镇聚落营建模式随着人类经济活动文化的交流，通过水系、陆路等重要交通路线进行远距跳跃传播。因而，受相同社会文化事件影响的村镇聚落往往会形成与事件类型相关、具有强烈"事件色彩"的景观空间，从而表现出聚落与聚落、聚落与区域之间的关联性。

（2）集体无意识建造形成的文化空间关联

在村镇聚落的自组织研究中，早期的芝加哥学派、中心地理论等都分析了聚落空间形成的自组织性，即人们在聚居过程中有一种潜在的规则使得局部的变化能够汇合成一个有机的整体。同样，空间句法的创始人比尔·希列尔（Bill Hillier）认为，聚落空间结构的形成也是自组织运动的结果，并且人们的社会活动能够从聚落空间的结构中得到体现。因此，在受到具有统一社会文化意识影响形成的村镇聚落往往有着互相关联且同源的演化机制，在一定程度上表现出具有相似关联的整体性逻辑。可以认为，村镇聚落空间复杂系统的自组织特性来源于每一个建造要素自发性的以及集体无意识的环境行为，这种关联一般首先由个体引发，接着便逐渐建立起局部间的连接逻辑，使得系统相应地显示出整体性。

在朴素的整体主义和自然主义哲学观影响下，天人合一的思想和道法自然的营建方式使我国不同地区的聚落发生关系。如《考工记·匠人营国》中关于古代王城营建规则，蕴涵着礼制影响下的"宇宙图式"，其中所形成的"择中"思想对我国聚落的营建具有重大影响。而《周易》一书中架构的"天人合一"的思想则体现了一种向心性空间框架（张杨和史斌，2020），聚落的农业生产居于中心地位，围绕农业生产安排并用以指导和调整农事活动，这也成为我国传统聚落功能空间的"生活—生产—生态"圈层式的一种统一布局模式。综上，天人和谐自然观影响下的聚落在演化过程中在一定程度上形成了内在的统一性，而传统礼制与国家、社会治理模式则进一步强化了这一特性，使聚落呈现出集体无意识建造行为下的整体关联性。

2. 他组织与系统性关联

在简单社会结构中，村镇聚落空间一般依自然资源和条件而定，但是在复杂的社会结构中，村镇聚落的布局和形态越来越多地取决于经济和政治因素。与自组织相对，他组织是依靠外界特定的指令来推动村镇聚落系统的有序演化，他组织在一定程度上弥补了自组织演进过程中的不足，以政府为主导的统筹规划是他组织干预乡村营建的主要手段，主要通过国家战略政策和各级政府效能为村镇聚落提供宏观方向、资金投入和政策指导，有计划、有目的地调控着聚落系统往有序的结构进行发展（李伯华等，2014）。在他组织的作用下，聚落的规模尺度会根据其政治或经济的重要程度表现出明显的等级差别，在制度影响下形成明显的层级体系和职能结构，具有明显的系统性特征。因此，聚落之间的系统关联性并非来自个体自下而上的适应性，而是来自整体自上而下的规定性。

在村镇聚落空间复杂系统中，不同聚落空间单元既相互独立又相互关联，它们以个体的形式形成完整的聚落形态，但是在一定的区域范围内受到他组织的制约与影响，呈现某一特定形态的组织关系，上级政府根据这些村镇聚落的区位、规模等特点的不同，通过一定的政策引导使它们在空间上构成一个具有一定特点的城镇体系，进而表现出层级化和功能协同或互补的系统关联性。如分封制度下"王城-诸侯城-卿大夫采邑"的三级城邑体系，中央集权背景下的"国都-郡城-县城"三级城市建设体制等，均是反映出聚落之间的系统关联性（顾朝林，1992）。根据现代意义的城镇体系概念来说，"它是一个国家或一个地域范围内由一系列规模不等、职能各异的城镇所组成，并具有一定的时空地域结构、相互联系的城镇网络的有机整体"。这更为直接地说明了村镇聚落空间系统关联性所具有的地域空间的含义，因此在城镇体系的研究中，村镇聚落单元在系统网络之中的关联性含义往往比研究其本身更具意义。

2.2 村镇聚落空间谱系构成框架

在系统论视角下，村镇聚落空间形态不仅是村镇聚落复杂系统中的一个子系统，其自身也同时包含了若干形态因子的形态层级。村镇聚落空间谱系的研究对象是村镇聚落空间形态，可以将村镇聚落置于更加宏观的系统中进行空间形态解读。因此，研究村镇聚落空间谱系的特征构成需要从村镇聚落空间形态出发，解析村镇聚落的形态层级和要素的构成体系。

2.2.1 村镇聚落空间谱系的特征体系

村镇聚落空间形态各个层级具有各自的生成和演化规律，但是村镇聚落空间形态整体的形成和发展是不同层级相互作用的结果。对于村镇聚落复杂系统来说，从不同的角度观察，可能会发现不同的现象，也可能会得出不同的形态层级结论。因此，目前关于村镇聚落空间形态层级的研究尚未形成统一的界定，但总体来说聚落空间形态的层次划分存在以下两种主要方式：一是如施坚雅的市场体系以及地理学研究的城镇体系等，不考虑聚落内部空间的构成，将其视为一个整体的点，依据行政级别或市场规模的配置划分聚落层级（施坚雅，1998）；二是如齐康提出的"架""轴""核""群""皮"形态构成模式，张玉坤提出的"区域形态""聚落""住宅""住宅的组成部分"的聚落四个层次构成，以及按照尺度差异形成的"宏观格局""中观结构""微观要素"等，则是对村镇聚落内外不同尺度空间特征的层次划分，可以说，前一种形态层级划分是针对聚落体系的，而后一种划分是针对聚落个体的（或者说将某一个聚落本身视为一个体系）。

本书也遵循传统的村镇聚落空间形态层级划分，将村镇聚落空间形态层级分为村镇聚落体系和村镇聚落个体两个层级。其中，村镇聚落体系指在一定乡村地域系统范围内，不同规模、等级、性质的村镇聚落单元相互联系、相互依赖而成的有机的村镇网络系统。在城乡规划领域，相关研究往往从学科领域的核心落脚点——"空间"本身出发，认为城乡发展研究的实质应是对其社会、经济、文化、环境、体制等相关因素空间化后，在城乡空间上产生空间条件和空间关系进行研究分析。因此，本书对村镇聚落体系的研究也重点强调"空间维"，即在一定乡村地域系统范围内，对不同规模、等级、性质的村镇聚落单元相互联系所形成的有机的村镇体系网络系统，重点进行空间结构范畴下的讨论，研究村镇聚落体系的"三结构一网络"，即职能结构、规模结构、空间结构与网络组织（宋家泰和顾朝林，1988）。就个体村镇聚落而言，农宅与生产空间、生态空间构成了最基本的聚居点空间单元，分散分布的聚居点形成散村，集中分布则形成村庄或集镇，有的进一步发展则成为建制镇的镇区。针对个体村镇聚落，主要研究聚落的分布与选址、山水林田居的用地构成、街巷网络结构、建筑的组合与布局等，对应的是村庄规划中的风貌控制。但是以行政村为单元的村镇聚落空间形态主要表现为聚居点单元之间的构成关系特征，包括聚居点规模、形状之间的关系特征，以及聚居点在行政村内的空间结构特征，对应的是村庄规划中的居民点布局规划。

2.2.2 村镇聚落空间谱系的内容构成

1. 村镇聚落空间谱系构成依据

村镇聚落空间谱系的内容构成依据主要包括三个方面，即乡村地理学的认识论、形态类型学的研究范式和村镇聚落空间形态的研究需求。其中，认识论决定了村镇聚落空间形态的理解方式，研究范式影响到构建村镇聚落空间谱系的方式，研究需求明确了村镇聚落空间谱系所需要解决的问题，以此来构成村镇聚落空间谱系的主要内容框架。

（1）遵循乡村地理学的认识论

村镇聚落空间谱系的内容构成需要遵循乡村地理学的认识论。乡村地理学强调一种整体论，把乡村作为整体，从区域性、综合性的角度，研究其经济、社会发展条件、文化结构特点及空间分布（王声跃和王龚，2015）。因此，在村镇聚落空间形态研究中，会先将村镇聚落空间形态所表现出来的特征风貌与文化现象放在区域的自然环境、社会文化背景下展开进一步的分析，强调村镇聚落的整体性，强调某种村镇聚落空间地域特征的形成是由固有的某种结构所控制的。这一认识论恰好符合村镇聚落空间谱系的核心思想，即将聚落本体研究范畴扩展到关联范畴，将村镇聚落空间规律认知的视野拓展到区域维度，研究村镇聚落空间形态的区域差异性与关联性规律。

（2）符合形态类型学的研究范式

康泽恩（Conzen）城市形态学派的核心在于"平面形态单元"，主要关注空间形态的构成逻辑及其演变生成过程；穆拉托尼–卡尼吉亚（Muratori-Canniggia）建筑类型学派的核心在于"建筑类型过程"，关注建筑空间不变的空间形态特征。两种学派的研究内容与方法辩证统一，将其互补利用以形成形态类型学。村镇聚落空间谱系则主要遵循形态类型学的研究范式，沿用形态学思想，对村镇聚落空间形态的要素进行研究，提炼村镇聚落空间形态的特征和组织逻辑。并借鉴类型学中的"类型"思维，通过类型的分类与汇总，探讨不同类型之间的差异与各自特征，通过分析村镇聚落空间形态类型的形成原因，关注"变化过程中不变的内容"，进一步探讨类型的产生与演化机制，为村镇聚落空间形态的关联性和差异性规律解析奠定基础。

（3）面向村镇聚落空间形态的研究需求

现实中，没有任何两个村镇聚落的空间形态是完全一样的，但是也没有任何两个村镇聚落的空间形态是毫无关联的，从村镇聚落空间形态的表象中找出内在本质联系，是乡村聚落人居环境研究的重要内容之一。因此，村镇聚落空间形态的差异性研究需要建立在整体关联的基础上来进行讨论，进而，村镇聚落空间谱系的构建需要对村镇聚落空间形态类型的整体与部分、全局与局部之间的关系进行讨论。

2. 村镇聚落空间谱系构成内容

根据现有村镇聚落空间图谱的研究，以及研究对象的不同，图谱的构成内容也有所差异，如胡最在研究传统聚落景观图谱时将其分为空间形态图谱和空间结构图谱（胡最，2020）；王翼飞和袁青（2021）在研究黑龙江省形态基因图谱时根据形态基因的构成结构将其分为形态基因片段图谱、形态基因序列图谱，以及形态基因地图图谱。总的来说，村镇聚落图谱研究主要有三种类型：特征图谱、分布图谱和演化图谱。其中，特征图谱为描述村镇聚落空间要素特征及其组织方式特征，以及村镇聚落作为一个整体的基本空间形态特征；分布图谱为描述村镇聚落某一要素或整体与其他村镇聚落的地理空间分布格局特征；演化图谱则为村镇聚落在不同历史时期的发展和演化特征。

根据村镇聚落空间谱系的内涵与特征，村镇聚落空间谱系是在传统村镇聚落空间图谱的基础上，进一步结合村镇聚落空间形态关联性规律解析的需求提出来的方法框架。因此，与传统强调分要素分类型的村镇聚落空间"图谱"认知方法相比，村镇聚落空间谱系将继承"图谱"的部分特性，但是又区别于"图谱"用图形的序列化表达关联关系，重点强调村镇聚落空间形态关联关系的抽取，包括全局和局部的、整体和部分的，并通过与空间的耦合，揭示其地理空间上的关联特征。因此，本书中村镇聚落空间谱系的内容构成主要包括以下两点。

(1) 形态特征谱系

空间形态特征是村镇聚落空间谱系的重要表达内容，从村镇聚落空间谱系的特征体系来看，其主要包括村镇聚落体系特征和村镇聚落个体特征两个方面，并且不仅包含了村镇聚落空间形态要素特征，同时也包含了要素的组合结构特征，从多尺度区域视角对村镇聚落空间形态特征进行统计比较，寻找差异性与关联性规律。

(2) 形态类型谱系

不同类型的村镇聚落空间形态存在某些局部的关联性，也可能在空间上存在某些区位关联性。村镇聚落空间形态类型谱系则是根据村镇聚落空间形态类型总结内在联系关系，重点表述不同尺度下不同类型村镇聚落空间形态的相似关联特征以及空间关联特征等。

需要提出来的是，本书中的形态特征谱系和形态类型谱系均是从共时性层面来讨论村镇聚落空间形态的关联性和差异性特征，暂不考虑村镇聚落的历史性演化谱系。这是因为有的传统型村镇聚落往往具有数百年乃至上千年的演化历史，需要搜集大量有关村镇聚落发展演化的历史资料，但是，我国绝大多数传统型村镇聚落乃至非传统型村镇聚落都未建立专门的历史演化档案，这也就使得在提取村镇聚落发展演化规律时面临资料缺失的困境。

2.3 村镇聚落空间谱系构建路径

2.3.1 村镇聚落空间谱系构建逻辑

研究村镇聚落空间形态的关联性也意味着需要从区域整体性的视角解析不同地域的村镇聚落形态特征，但是，我国村镇聚落数量较大、覆盖范围广，其中行政村数量达到近70万个，而自然村总数甚至超过百万，一方面，村镇聚落的数量多不仅意味着数据规模大，也意味着其形态类型多样，包含了非常多的亚类，传统定性描述类研究的深度和精度已经难以支持演绎不同地域村镇聚落空间形态的差异性和关联性规律解析。另一方面，认知村镇聚落空间规律的前提是实现对村镇聚落空间形态特征的测度、识别与解析，然而，村镇聚落作为一个由空间、经济、社会要素相互作用的复杂系统，不同子系统的要素、层次、结构会在营建过程中相互交织，也会在时间、空间和功能上彼此嵌套。

因此，只有多尺度的定量分析方法才能从根本上解决村镇聚落因数量大和类别丰富而在分析层面所带来的挑战。近年来，大数据方法与数字化技术的发展与成熟，不仅革新了大规模村镇聚落空间数据的获取方式，也为村镇聚落空间的研究带来定量解析的可能。其中，人工智能技术为大规模识别解译村镇聚落空间形态特征提供了坚实的基础，而复杂网络分析技术则将村镇聚落空间形态之间的复杂关联关系直观化与具体化，从而挖掘与提取核心关联结构，用以解读与比较不同地域村镇聚落的空间潜在联系。因此，总体上形成"空间形态特征识别—空间形态类型解析—空间谱系构建"的技术路径（图2-1）。

村镇聚落空间谱系理论与构建方法

```
村镇聚落空间谱系的数字化建构
            │
      空间基础数据库
    ┌────┬────┼────┬────┐
  土地利用  行政区划  地形地貌数据  路网数据
  遥感数据  矢量数据
  ┌─────空间结构识别数据─────┐  ┌──指标测度数据──┐
            │空间连接              │数据预备
            ▼
      ArcGIS平台集成
            │
      多特征维度的指标测度
            │
   村镇聚落空间特征数字化识别
      聚落体系特征 ── 聚落个体特征
            │
         聚类算法
            │
    村镇聚落空间形态类型特征
    等级规模  网络关系  空间分布
    规模尺度  形状分异  形态结构
            │
         关联性解析
            │
      村镇聚落空间谱系生成
      形态特征谱系 ── 形态类型谱系
            │
    村镇聚落空间谱系的内在机理分析
```

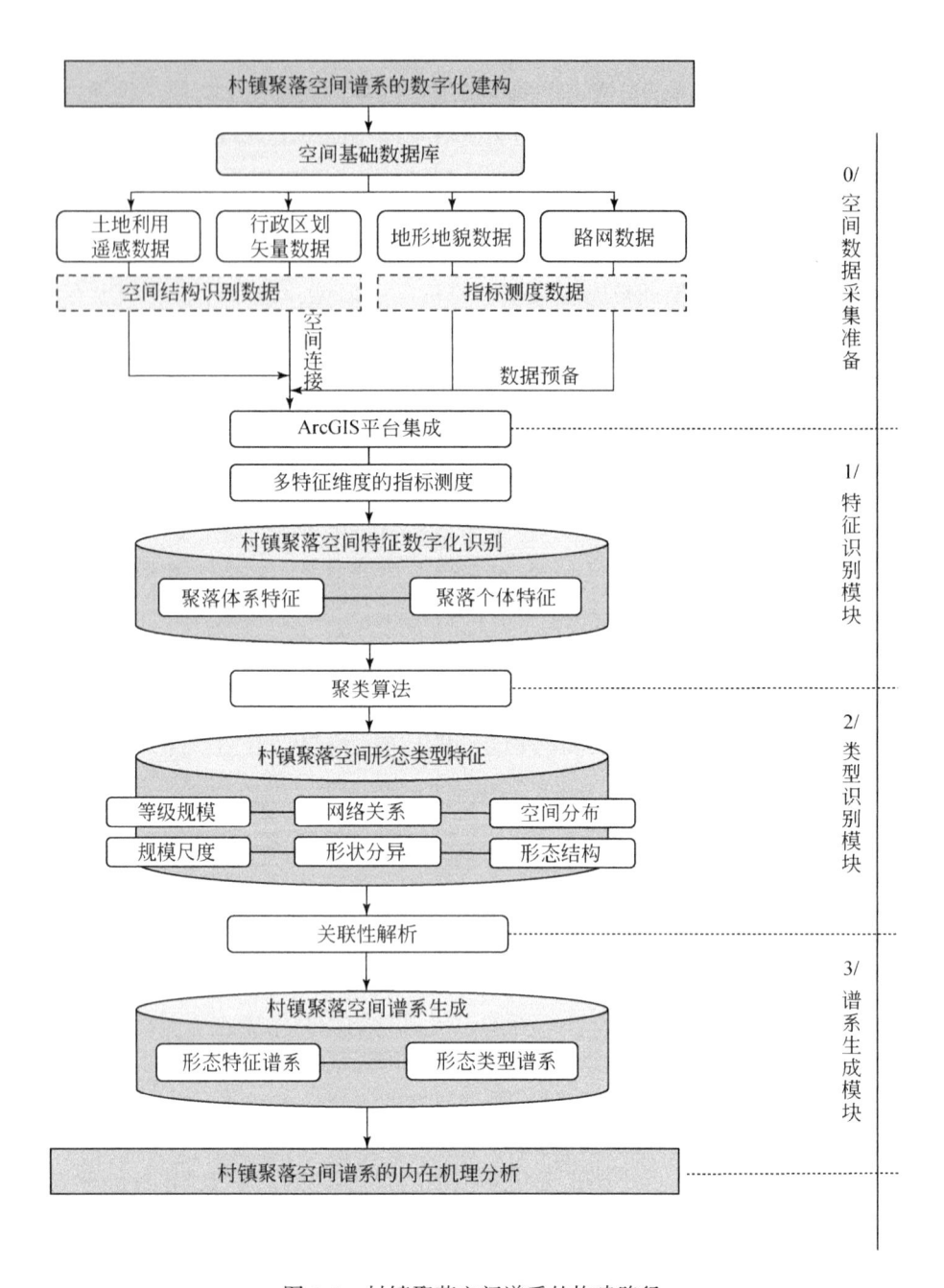

0/ 空间数据采集准备
1/ 特征识别模块
2/ 类型识别模块
3/ 谱系生成模块

图 2-1　村镇聚落空间谱系的构建路径

首先是村镇聚落空间形态特征的数字化识别，对村镇聚落体系和个体分别进行多个维度的空间特征量化测度，形成对于每一村镇聚落空间综合特征的系统性定量刻画。其中，村镇聚落体系主要反映的是体系等级规模、网络关系、空间分布等特征维度；村镇聚落个体反映的是个体规模尺度、层级关系、形态结构和形状分异等特征维度。

其次是村镇聚落空间形态特征的类型划分，依据空间特征的指标测度结果，进行村镇聚落特征维度的凝练与层次关系的确定,以及各个特征维度的类型划分。前者主要通过主成分分析方法,按照贡献度排序有层次地提取特征维度因子,后者则是采用自然间断法对提取后的特征维度因子进行类型划分。

最后是村镇聚落空间谱系的构建,基于量化特征的综合数理统计与分析,挖掘不同维度特征之间的重要性差异,为系统性谱系的建构确定各个特征维度的层次关系,进而形成进化树形式的谱系结果,展示不同类型的空间形态特征及其相互之间的内在联系。

2.3.2 村镇聚落空间谱系构建方法

1. 村镇聚落空间特征数字化识别方法

(1) 空间分析法

空间分析是以实现对地理目标空间分布进行分析的技术方法集合,在地理信息系统(ArcGIS)中,可将多类型基础数据以"图层"形式进行录入并进行空间分析计算及结果的可视化。通过将获取到的土地利用矢量解译数据、行政区划边界数据、业态POI数据、路网数据等基础数据在ArcGIS平台进行地理坐标的空间叠合、特征属性的空间连接,并进行空间的分析与统计,包括空间信息量算、图形叠置分析、空间统计分析等,以实现村镇聚落空间特征的指标量算。同时,可以通过ArcGIS平台的可视化制图功能集成指标测度结果与谱系类型划分结果,以便图文并茂地展开解析。

(2) 数理分析方法

数理统计分析指通过对村镇聚落的规模、形状、距离等空间特征的数量关系进行分析研究,包括主次结构关系、相关关系等,主要基于SPSS分析软件进行,如"位序-规模"指数、首位度等规模关系的特征指标测度。

(3) 复杂网络分析方法

在体系网络的空间特征量化测度阶段,应用复杂网络理论在空间网络研究的分析方法,通过基于JVM的复杂网络分析软件Gephi进行各种网络和复杂系统的关系建构、分析计算与交互可视,可以进行诸如点度中心性、路径长度、网络密度、群集性等网络特征的计算。

(4) 计算机编程分析技术方法

采用基于Python的编程方式,通过几何处理模块Shapely、地理信息处理模块Geopandas进行复杂特征指标的空间分析,例如,体系空间结构的要素之一——引力线的时空联系强度测度;体系空间特征中的各类功能设施居民点覆盖率的计算、交通路网通达程度的多个指标计算;谱系类型划分中最优自然间断方案的确定等。以计算机编程的技术方法可以良好应对需多次进行循环与迭代的复杂计算过程,提高研究的可行性与高效性。

2. 基于主成分分析的特征维度因子提取

基于主成分分析进行研究维度复合新因子提取目的有两点:一是挖掘指标测度模块所

得的不同维度特征之间的重要性差异,并在系统性谱系的建构过程中,依据此重要性次序来确定各个特征维度的层次关系,进而形成进化树形式的谱系结果,以展示不同类型的空间特征及其相互之间的内在联系;二是对村镇聚落空间多维指标进行降维处理,以尽量少的维度来尽可能全面表达村镇聚落空间特性和结构,达到识别村镇聚落空间谱系关键特征的目的。

首先,通过对指标结果的标准化数据矩阵[式(2-1)]进行 KMO(Kaiser-Meyer-Olkin)检验、Bartlett 检验(Bartlett's test of sphericity),明确原始指标数据集是否适合进行因子分析,若 KMO 系数大于 0.5、Bartlett 检验值的显著性 Sig 小于 0.05,则可以继续进行降维处理。

$$X^* = (x_{ij}^*)A \times B = \frac{x_{ij} - \overline{x_j}}{\sqrt{\mathrm{var}(x_j)}} = \frac{x_{ij} - \frac{1}{A}\sum_{i=1}^{A} x_{ij}}{\sqrt{\frac{1}{A}\sum_{i=1}^{A}(x_{ij} - \overline{x_j})^2}}, (i=1,2,3,\cdots,A; j=1,2,3,\cdots,B)$$

(2-1)

式中,X^* 为指标结果的标准化数据矩阵(标准化处理能够消除原始变量在数量级或量纲上对分析结果的影响);A 为研究案例样本的研究单元总数;B 为原始指标的数量;x_{ij} 为第 i 个研究单元的第 j 项指标数值;$\overline{x_j}$ 为第 j 项指标的均值;$\sqrt{\mathrm{var}(x_j)}$ 为第 j 项指标的方差。

根据数据检验结果进行主成分分析,通过标准化数据集的相关性矩阵[式(2-2)]计算获得复合因子(主成分)的特征值 λ_j,并计算复合因子的方差贡献率和累积方差贡献率,当特征值 λ_j 大于 1、累积方差贡献率大于 70% 时,这些复合因子的解释力大于原始变量,可以作为最终提取的新复合因子。且新复合因子的重要性次序依据其方差贡献率大小可得,以确定村镇聚落空间特征维度的层次关系。

$$R = (r_{ij})A \times B = \frac{\mathrm{Cov}(x_i, x_j)}{\sqrt{\mathrm{var}(x_1)}\sqrt{\mathrm{var}(x_2)}} = \frac{\sum_{k=1}^{k=A}(x_{ij} - \overline{x_i})(x_{ij} - \overline{x_j})}{\sqrt{\sum_{k=1}^{k=A}(x_{ki} - \overline{x_i})^2}\sqrt{\sum_{k=1}^{k=A}(x_{kj} - \overline{x_j})^2}}$$

(2-2)

式中,R 为相关性矩阵;r_{ij} 为第 i 行第 j 列指标与第 j 行第 i 列指标的相关性;$\mathrm{Cov}(x_i, x_j)$ 为该两个指标的协方差;$\sqrt{\mathrm{var}(x)}$ 为该两个指标的方差。

对因子分析结果进行旋转,以获得各个主成分复合因子差异明显且含义合适的因子荷载系数矩阵,使得新复合因子具有更好的学科解释意义。在相关旋转方法有很多,如方差最大正交旋转(varimax)、四次方最大正交旋转(quartmax)、平均正交旋转(equamax)等正交旋转方法,直接斜交旋转(direct oblimin)、迫近最大方差斜交旋转(promax)等斜交旋转。根据研究实际需求,使新复合因子间差异更显著,选用了最常用的方差最大正交旋转(varimax)获得了合适的因子荷载系数矩阵。

最后,结合旋转后的因子荷载系数矩阵,进一步计算即可最终获得新复合因子的成分得分系数矩阵,进而将指标的标准化数据及其成分得分系数进行线性组合,即可计算得 n

个新复合因子的得分结果［式（2-3）］。

$$Y_m = aX_1^* + bX_2^* + \cdots + qX_{17}^*, (m = 1,2,3,\cdots,n) \tag{2-3}$$

式中，Y_m 为任一新复合因子的得分结果；a、b、q 为指标的成分得分系数；X^* 为指标结果的原始标准化数据。

经过上述处理步骤，可将村镇聚落大量的、复杂的空间特征指标降维精炼为少量 n 个新复合因子，这些新复合因子同样能解释村镇聚落的空间特性。

3. 基于自然断点法的特征类型划分

自然断点法（Fisher-Jenks algorithm）由 George Frederick Jenks 教授于 1977 年为地理数据分析提出的一种分类算法，目前已成为标准的地理分类算法。Jenks 认为任何数列之间，都存在一些非人为设定的具有统计学意义的断点和转折点，可以使研究对象分成性质相似的群组，因此，自然断点本身就是很好的分级界线，如中国的南北分界线：秦岭淮河分界线。为了寻找这些断点，Jenks 通过迭代比较每个类和类中元素的均值与观测值之间的平方差之和来确定值在分组中的最佳排列，计算出来的最佳分类，可确定值在有序分布中的中断点，以最大限度地减少组内平方差之和，即自然断点算法。该算法的设计思想主要来自于 Fischer 1958 年提出的精准优化（exact optimization）方法，算法的核心思想与聚类相同，使每一类内部的相似性最大，不同类之间的相异性最大。该算法与聚类算法不同的一点是聚类算法并不会关注结果中每类的范围和数量，自然断点法会使每类的范围和数量尽量相近。

在确定划分成某一特定子集群组数的最佳划分方式时，通过迭代比较不同类别划分方案中各个类别内所有元素的观测值与均值之间的类别偏差平方和 SDCM（the sum of squared deviations about class mean），得到该偏差平方和最小的划分方式即为最佳划分方式。

而在子集群组数的确定过程中，则通过计算不同子集群组数条件下最佳划分方式组合的方差拟合优度 GVF（the goodness of variance fit）来确定，即计算该研究维度所有特征值的偏差平方和 SDAM（the sum of squared deviations from the array mean）与该子集群组数划分后的最小类别偏差平方和 SDCM 之间的比例关系，具体计算公式如式（2-4）所示：

$$\text{GVF}_p = \frac{\text{SDAM}_i - \text{SDAM}_{i\_p}}{\text{SDAM}_i}, \text{其中}, \text{SDAM}_i = \sum_{j=1}^{n}(d_{ij} - \bar{d}_i)^2 \tag{2-4}$$

式中，GVF_p 为子集群组数为 p 时的方差拟合优度；d_{ij} 为第 i 个新复合特征因子的第 j 个指标数值；$\bar{d}_i$ 为第 i 个新复合特征因子的均值。

随着分类数的增大，类别偏差平方和逐渐减小，且 GVF 将更接近 1，这表示方差拟合度更高，分类效果更理想。然而，分类数的增大会使分类失去其研究意义，因而在实际操作中，当类别数的增大带来的 GVF 上升趋于平缓，出现明显的收敛趋势，且 GVF 值已大于 0.9 时，可以认为该分类方式下的子集群组数为最佳。

2.3.3 案例选取和数据来源

1. 研究案例选取

我国幅员辽阔,共包含了七大自然地理分区,同一自然地理分区中自然地理、历史文化、行政管理等多种维度特征相对一致,而不同地理分区中的地理环境、资源禀赋,及其社会经济发展具有普遍的不均衡性和差异性。不同区域村镇聚落所处的发展阶段与所面临的主要矛盾各有不同,展现出了不同的空间形态特征。

为了兼顾村镇聚落空间谱系的地域完整性,本书将从每个地文区选取2~4个县域作为村镇聚落空间谱系的案例地区,所选样本县域具有该地区村镇聚落的典型文化景观特征;另外,考虑地理分区内部地形条件以及社会经济条件的差异性,同一地理分区内的村镇聚落也具有多样化的形态特征。因此,所选取的样本县域村镇聚落空间形态特征也同样兼备地理文化区内的差异性。具体包括华南地区的广东省广州市番禺区、广西壮族自治区桂林市阳朔县,西南地区的重庆市永川区、四川省成都市双流区,华北地区的天津市蓟州区、河北省张家口市下花园区,东北地区的辽宁省大连市瓦房店市、黑龙江省哈尔滨市松北区,华东地区的浙江省嘉兴市嘉善县、浙江省宁波市宁海县,华中地区河南省新乡市延津县、湖南省岳阳市、湖北省襄阳市宜城市、湖北省孝感市汉川市,西北地区的陕西省杨凌区、宁夏吴忠市利通区(表2-1)。

表2-1 七大地文区环境特征及村镇聚落特征概述

地理分区	样本县域	典型地理环境特征	村镇聚落基本特征
华南地区	广州市番禺区、桂林市阳朔县	华南地区气候炎热多雨,植物生长茂盛,地表侵蚀切割强烈,丘陵广布,属于典型的亚热带区域	村镇聚落景观具有明显的客家文化特征,地形与交通对村镇聚落空间格局影响较大,水热条件充足,农业较为发达
西南地区	重庆市永川区、成都市双流区	西南地区有云贵高原、青藏高原、四川盆地三大地形区,地形条件复杂,为典型的亚热带季风气候和高原山地气候,是大江大河的发源地,高原湖泊众多	村镇聚落景观具有明显的巴蜀文化和西南少数民族文化特征,受地形、地质条件和交通影响较大,整体呈现"大分散、小聚居"的布局特点
华北地区	天津市蓟州区、张家口市下花园区	华北地区地形环境多元,包括辽东山东低山丘陵、中部的黄淮海平原和辽河下游平原、西部的黄土高原和北部的冀北山地四个自然地理单元,主要为温带季风气候	华北平原地区村镇聚落景观具有中原地域文化特征,农业生产条件较好,村镇聚落空间呈现"大分散、小聚居"的特点。黄土高原地区村镇聚落则具有黄河地域文化特征,村镇聚落规模较小、人口流失严重、生态环境脆弱、地形崎岖复杂

续表

地理分区	样本县域	典型地理环境特征	村镇聚落基本特征
东北地区	大连市瓦房店市、哈尔滨市松北区	东北地区自南向北跨中温带与寒温带，属温带季风气候，东北地区森林覆盖率高，可拉长冰雪消融时间，且森林贮雪有助于发展农业及林业	东北地区村镇聚落景观具有关东地域文化特征，耕地资源丰富，农业生产条件优越，但人口流失和土地生态退化等情况也较为严重
华东地区	嘉兴市嘉善县、宁波市宁海县	华东地区地形以丘陵、盆地、平原为主，气候以淮河为分界线，淮河以北为温带季风气候，以南为亚热带季风气候	华东地区村镇聚落景观受吴越和海派文化影响，城镇化、工业化和农业发展较为发达，村镇自身驱动力充足，与城市聚落边界模糊
华中地区	新乡市延津县、岳阳市、襄阳市宜城市、孝感市汉川市	华中地区位于中国中部、黄河中下游和长江中游地区，涵盖海河、黄河、淮河、长江四大水系，众多国家交通干线通达全国，具有全国东西、南北四境的战略要冲和水陆交通枢纽的优势，起着承东启西、连南望北的作用	华中地区村镇聚落景观具有明显的荆楚文化和徽州文化特征，地势平坦、气候条件适宜、水热条件优越，交通便利，现代农业发达
西北地区	陕西省杨凌区、吴忠市利通区	西北地区深居中国西北部内陆，具有面积广大、干旱缺水、荒漠广布、风沙较多、生态脆弱、人口稀少、资源丰富、开发难度较大等特点	西北地区村镇聚落景观具有明显的伊斯兰文化特征，水源对村镇聚落空间形态影响较大，整体呈集聚空间格局

差异化特征样本的选取有利于深入进行谱系划分方法的实践探讨，进而形成类型相对完整的村镇聚落空间谱系，并能够针对性地进行不同区域谱系类型的对比分析及内在机制联系的挖掘。总而言之，上述样本案例的选取有利于对我国村镇聚落空间谱系的全面建构，并且通过谱系类型结果的同区域纵向对比以及跨区域的同型横向对比，对深入解析村镇聚落空间形态的差异性和关联性规律具有重要意义。

需要指出来的是，上述 16 个样本县域尚不足以囊括全国多样化的村镇聚落空间形态特征，但本书是以面向中国村镇聚落空间形态差异性和关联性规律解析为主要目标所提出来的理论和方法框架，在后续的深入研究分析中，受制于篇幅的限度，将选取华南–西南地区的样本县域用于对比分析，进行村镇聚落空间谱系数字化建构方法的探究与实证。华南地区与西南地区的两大区域，不仅地理位置相近、地貌特征存在相似点，而且资源条件联系紧密、历史渊源深有关联，在我国历史上的多次区域经济区划中都存在关联考虑乃至合并统筹的情况。换言之，考虑到区域发展的共同性与特征成因的一致性，以华南–西南地区为重点案例的研究对全国村镇聚落空间谱系的建构有重要的理论方法探究与实践应用推广意义（表 2-2）。

表 2-2 典型县域基本概况

地理分区	典型县域	县域概况
华南地区	广东省广州市番禺区	番禺区位于珠江三角洲中部河网地区、粤港澳大湾区地理中心，为广州市的中南部辖区。该区境内地势总体平坦，呈现由西北向东南倾斜的态势，其北部存在海拔小于50m的低丘，南部则为三角洲平原。全境的地理地貌可以概括为"一山三水六平原"。根据2020年行政区划数据统计，番禺区下辖11个街道、5个镇，并划分为172个行政村和62个社区
	广西壮族自治区桂林市阳朔县	阳朔县位于广西壮族自治区东北部，为桂林市南部的辖区。该县重峦叠嶂、地貌复杂，多为石山、丘陵、山地，可以概括为"八山一水一分田"。县域整体呈现东北部及西南部两侧为山脉边缘地势较高，中部宽阔地带属岩溶地貌地势较低且由北向南倾斜的态势。根据2020年行政区划数据统计，阳朔县下辖6个镇、3个乡，并划分为99个行政村和6个社区
西南地区	重庆市永川区	永川位于长江上游北岸，重庆西部，地处川渝交界处，区内山水自然环境特征显著，具有一系列东北—西南走向的紧密褶皱，以及密布于丘陵腹地之中的枝状水网，形成了丘、谷、台、坝等多种山地地貌类型，"城山互契、多维基面、随坡就势"等山地聚落形态特征明显，共辖207个行政村
	四川省成都市双流区	双流区位于成都平原东南边缘、龙泉山脉中段西侧，是四川省成都市中心城区的南部辖区之一。该县区地貌复杂，境内东西侧的两大山脉（龙泉山和牧马山）走势平缓微倾，隶属岷江水系的河流由东北向西南流经中部平原地区。根据2020年行政区划数据统计，双流区下辖15个街道、4个镇，并划分为177个行政村和69个社区

2. 数据来源

本书探索的村镇聚落空间谱系的数字化建构方法，需要较为庞大的基础数据库作为支撑，相关数据包括来源于国家专项课题组的村镇空间土地利用矢量解译数据、行政区划矢量数据，以及网络开源获取的业态POI数据、路网数据、地形地貌数据与其他相关统计数据。具体的数据获取情况如下文所述。

（1）土地利用矢量解译数据

根据本书对空间谱系对村镇聚落空间形态的研究需求，以行政村为单元的村镇聚落体系特征和个体特征均以聚居点为最小形态要素，因此，需要通过获取土地利用数据分析聚居点整体形态特征。本书中土地利用矢量解译数据是在获取县域/镇域的资源3号（ZY-3）、高分1/2号（GF1/2）多源高分辨率卫星影像数据的基础上，采用面向对象的SVM自动分类算法、基于CNN的半监督分类等方法，对已收集的全色遥感影像及多光谱遥感影像数据，进行空间遥感数据的智能解译，最终获得了包括建设用地、耕地、林地、水域、其他用地在内的五大类型用地要素的矢量解译空间数据（图2-2）。

（2）自然地理环境数据

根据村镇聚落系统中的外界环境影响，自然地理环境对村镇聚落空间形态的形成和发展起决定性作用。自然环境中包括气候环境与地形地貌环境。气候环境对宏观尺度的村镇聚落空间形态具有比较直接的影响，但从县域范围内来看，同一气候区内的气候对村镇聚

(a)广东番禺区 (b)广西阳朔县

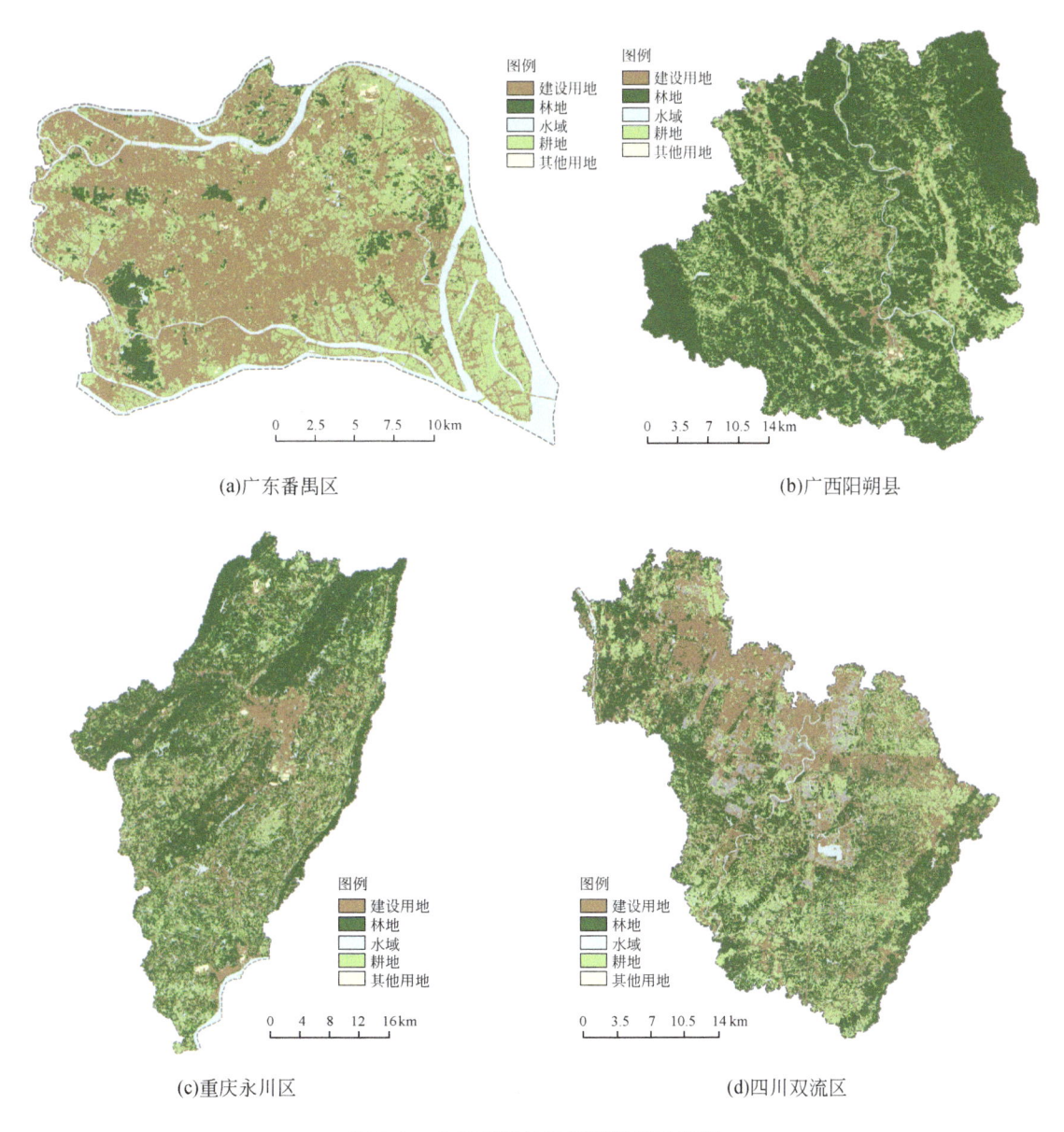

(c)重庆永川区 (d)四川双流区

图 2-2　土地利用矢量解译数据示意图

落空间形态影响的影响基本无异。因此，本书将地形地貌环境作为影响村镇聚落空间形态的直接自然因素。地形地貌空间数据是以《中国地貌数据及编码 shp_ WGS84_ 1984 地类编码》为基础，通过 OpenStreetMap 网站，获取各研究案例范围内的地形地貌数据（图 2-3）。

（3）社会经济环境数据

村镇聚落空间形态对社会经济环境差异具有高度的敏感性，不同程度的经济发展水平会直接作用到村镇聚落空间形态上。因行政村级别的社会经济统计数据、人口资源统计数

(a)广东番禺区

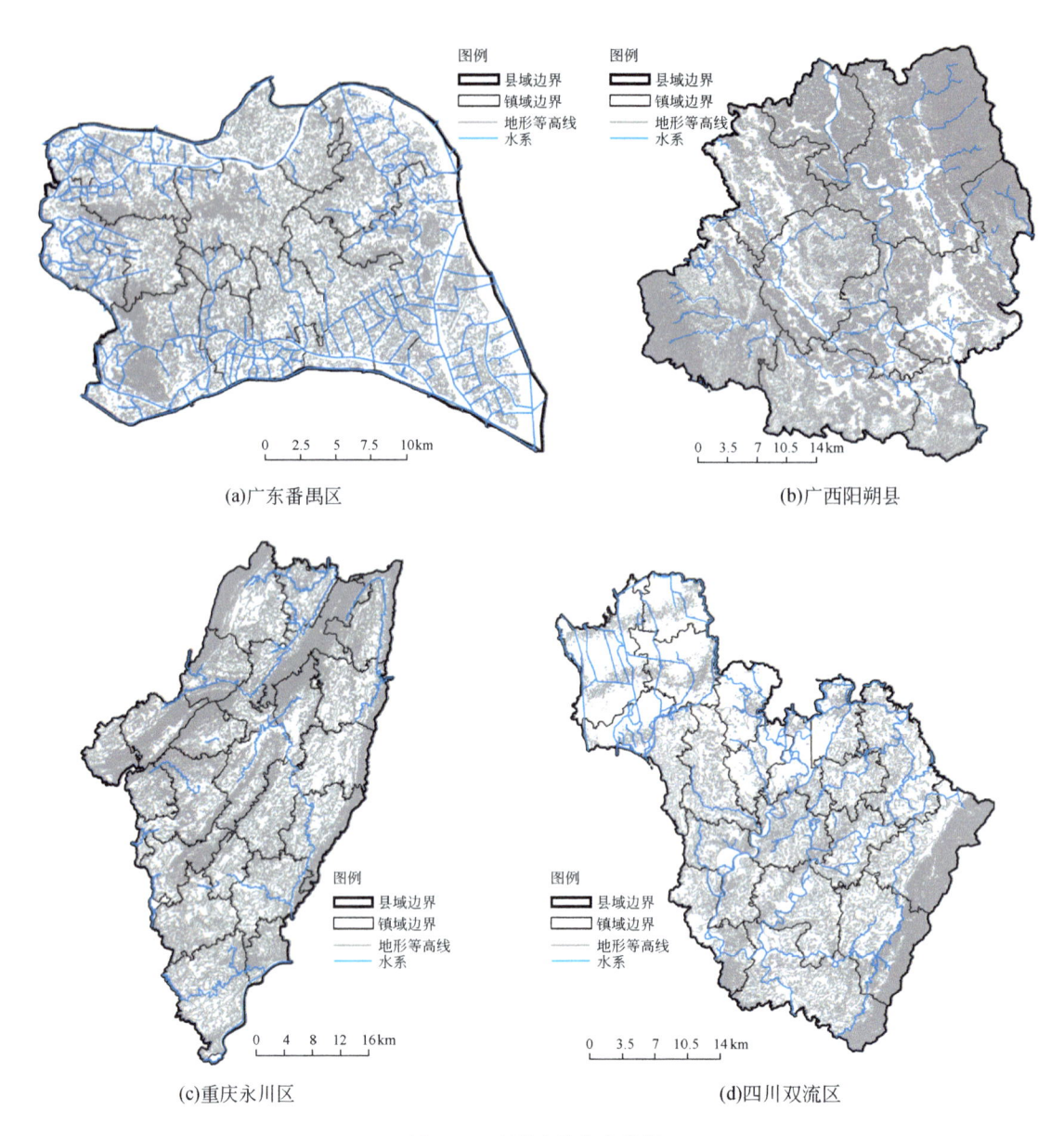

(b)广西阳朔县

(c)重庆永川区

(d)四川双流区

图 2-3　地形地貌和水数据

据的缺少，本书引入业态 POI 兴趣点数据和道路交通数据来表征村镇聚落的社会经济发展水平，通过各类 POI 设施的居民点覆盖率衡量村镇所处的综合区位条件，通过路网数据测度村镇聚落的交通通达程度。其中 POI 数据通过高德地图开放平台 API 获得的 POI 信息点及其地理空间位置，并在 ArcGIS 平台中与其他空间矢量数据进行空间叠合（图 2-4）；道路交通数据则通过 OpenStreetMap 网站，获取各研究案例范围内的 OSM 路网数据包（图 2-5）。

(a)广东番禺区

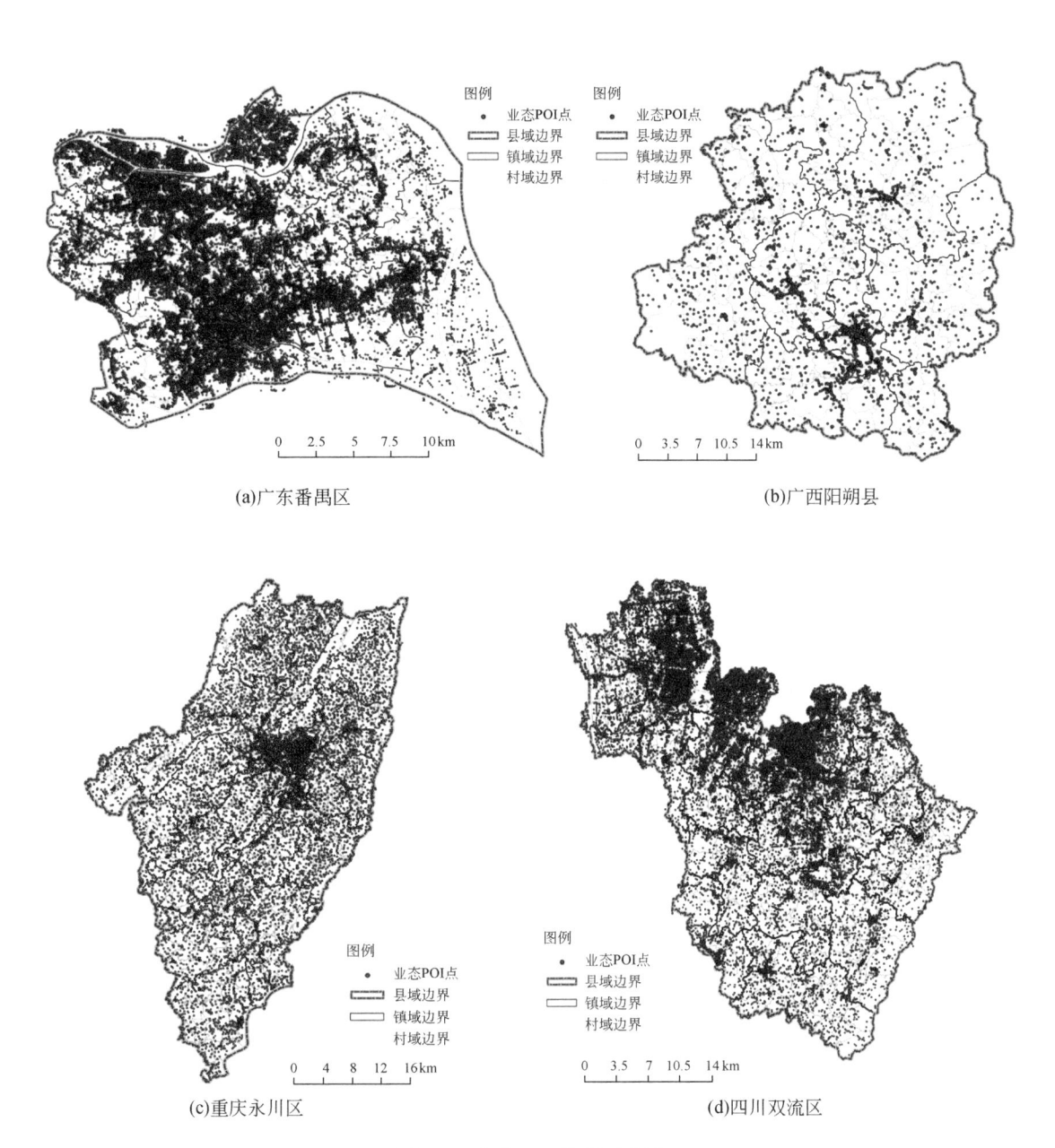

(b)广西阳朔县

(c)重庆永川区

(d)四川双流区

图 2-4 业态 POI 数据示意图

(a)广东番禺区

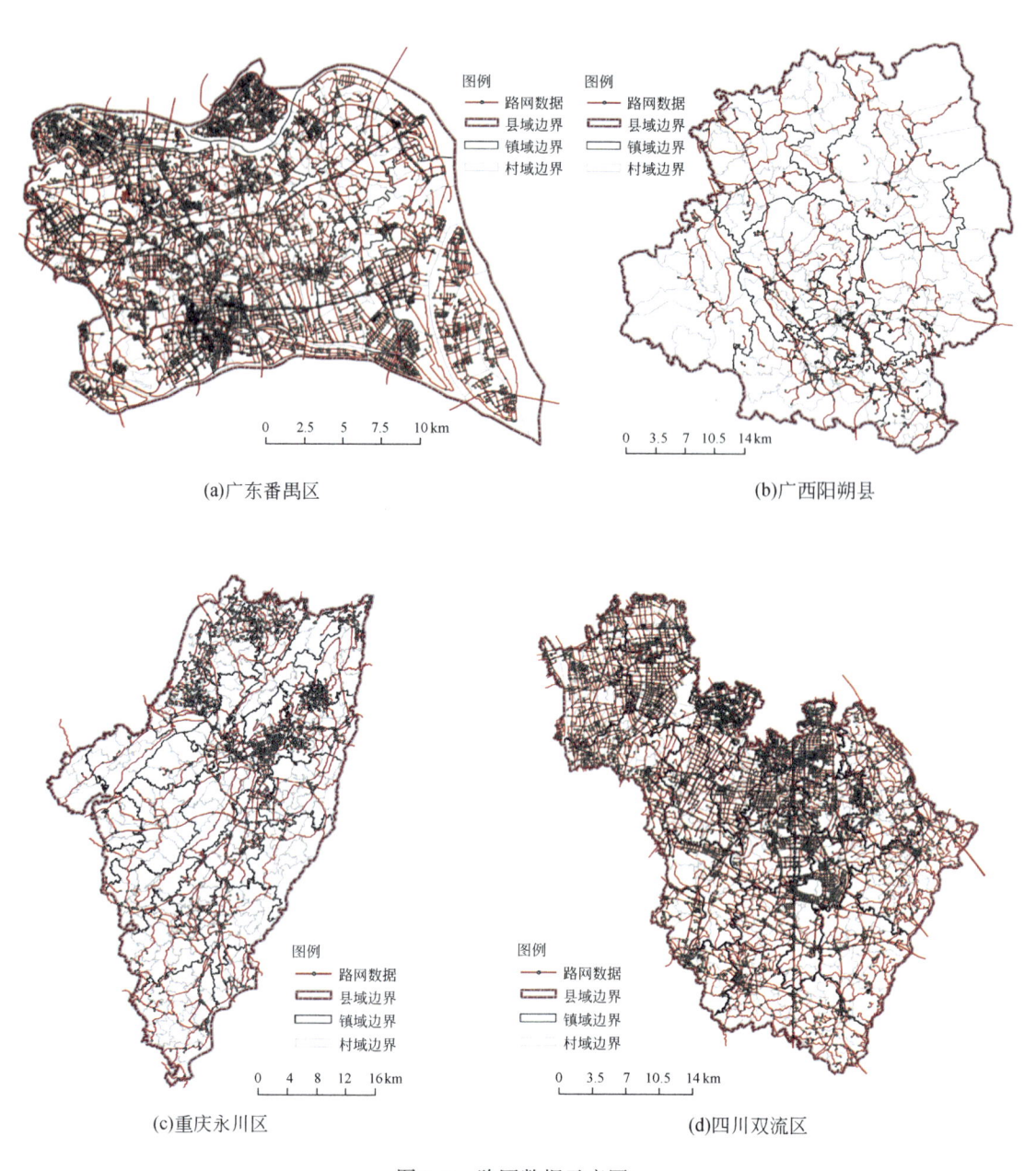

(b)广西阳朔县

(c)重庆永川区

(d)四川双流区

图 2-5　路网数据示意图

第 3 章 村镇聚落体系的空间谱系构建与解析

3.1 村镇聚落体系的提取

村镇聚落体系的空间特征解析前提是对村镇聚落体系进行识别，而村镇聚落体系所展现的空间结构能反映出村镇聚落之间的从属关系、连通关系、相似关系等特征内容。在村镇聚落体系识别研究中，段进等（2002）在对太湖流域古镇的空间解析中提出了群、序、拓扑的三阶结构原型，其中，群结构是"点—线—面"三种空间要素的构成关系，序结构是空间要素之间的先后、主次、位序等关系，拓扑结构是对前两种原型的抽象与统一，更侧重于通过邻接连通等关系来揭示空间各要素与整体空间之间的关系。史宜等（2022）在村镇聚落体系空间结构的识别研究中，提出"空间节点—空间联系—空间域面"的模型与方法，系统性地对村镇聚落空间结构要素提取与体系识别。从上述研究中可以发现，村镇聚落体系结构的识别基本围绕"点—线—面"三要素展开。

因此，本书认为村镇聚落体系结构的识别需要历经"立点""划面""引线"的三大关键步骤：立点，是指通过村镇聚落集群的识别与一定的空间划分方式，将广大的村镇地区抽象识别成一个个不同层级的"中心地"或"增长极"，并以此作为村镇聚落体系结构的最基本要素；划面，是指针对识别出的点要素进行功能服务空间影响范围的测度，以要素间一定的内在组织法则来确定不同层次各个点要素的腹地辐射面域；引线，是指基于点要素之间的交通、社会、经济等在空间联系上的强弱差异，结合点要素影响辐射的面域范围，挖掘不同层级点系统之间的主要关联关系，借鉴"点—轴"模式的理论内涵，建构所有点要素间主要联系发展方向所共同形成的联系网络。

下文将分要素地详解本书改进后的"聚落节点—腹地面域—主导联系"三要素体系结构原型，而三要素的具体识别过程需要历经四个主要步骤：聚落节点的中心性分级；联系线的引力强度测算；腹地面域的断裂点切割；主导联系的拓扑法筛选（图3-1）。

3.1.1 基于中心性分级的聚落节点识别

聚落节点的识别以行政村为单位，抽象化地提取每一个行政村的空间质心作为该村镇聚落的空间实体代表，并通过中心性模型测度聚落节点在相应区域中的作用力大小。进而，在考虑行政体制影响的前提下，通过标准差分类法对聚落节点进行等级划分——最高级场镇、一级村镇、二级村镇、三级村镇等，形成分层级的集群节点系统，以此作为体系结构的最基本要素之一。

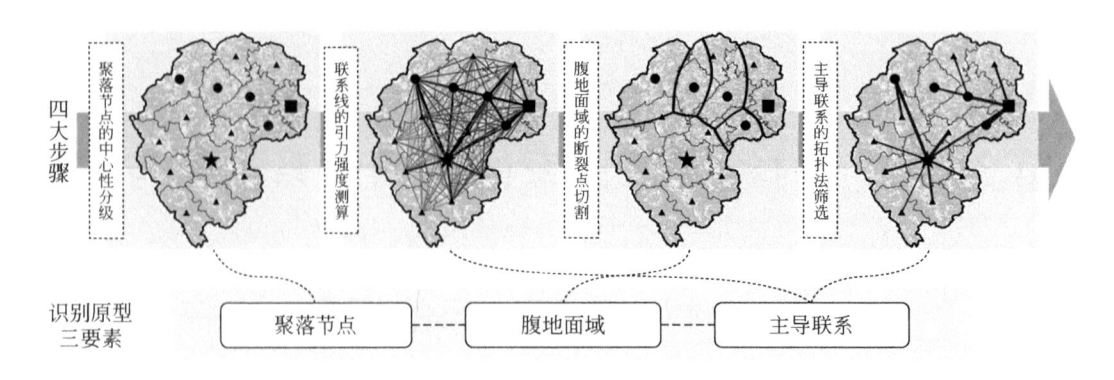

图 3-1　体系空间结构的识别原型与流程示意图

1. 聚落节点的中心性模型与指标选取

中心性概念最早由德国学者克里斯塔勒（Christaller）在中心地理论中提出，是衡量中心地等级次序的指标，能够表征各个中心辐射周边区域能力的高低状态（周一星等，2001）。村镇聚落节点的中心性与其规模相关，规模越大，则其在周边区域的影响力与服务能力越高，基于中心性的测度，能够识别出具有较大发展潜力的村镇，进而得出村镇聚落规模的层级关系。然而，既有研究中表征规模的指标类型众多，因此需要对不同规模指标进行加权综合测度，计算式表达如下：

$$U = \sum_{i=1}^{n} Y_{ij} W_j \qquad (3-1)$$

式中，U 为中心性指数值；n 为待测度样本村镇个数；Y_{ij} 为待测度的规模指标标准化指数；W_j 为第 j 个规模指标的权重。其中，规模指标的标准化指数采用极值法进行标准化处理，将规模指标标准化至（0，1）的区间内，计算公式如下：

$$Y_{ij} = \frac{x_{ij} - x_{j\min}}{x_{j\max} - x_{j\min}} \qquad (3-2)$$

式中：$x_{j\max}$、$x_{j\min}$ 分别为规模指标中内的第 j 个指标的最大值与最小值，x_{ij} 则代表第 i 个样本村镇第 j 项指标的具体数值。

借鉴城镇体系相关研究中对中心性测度综合规模指标的选取，大致可以归纳为以城镇建设规模等为代表的空间规模类指标，以地区生产总值、公共财政收入等为代表的经济规模类指标，以城镇人口、常住人口等为代表的人口规模类指标，以及诸如城市公共服务水平、环境资源条件等社会规模类指标（朱倩琼等，2017；冯艳芬等，2018）。从空间层面来讲，村镇建设规模反映出了村镇聚落的规模集聚特征，规模集聚的村镇聚落有利于建设更加完备的生活服务、生产服务、公共服务等设施，促进经济水平的提高、人民生活质量的提升，从而吸引形成更大人口规模。因此，村镇建设规模在一定程度上能反映出村镇聚落的综合辐射服务水平，可以作为衡量村镇中心性的规模指标代表。

2. 基于标准差分类法的聚落节点中心性分级

在基于村镇中心性对各个村镇的聚落节点进行等级划分的过程中，可以选用的数理分类方法有很多，包括相等间隔分类法、分位数分类法、自然间断分类法、几何间断分类法，以及标准差分类法等。其中，相等间隔分类法仅强调某个属性值相对于其他值的量，不适宜衡量中心性这种相对指数的等级差异，且可能因样本的数值集聚造成分类后样本数量的过度不均；而分位数分类法则为每类分配数量绝对相等的数据值，仅适用于呈线性分布的数据划分，也不利于中心性等级划分模型中对不同等级村镇数量有"金字塔形"分布的需求；自然间断分类法与几何间断分类法均强调类内数据的差异最小化与类间数据的差异最大化，难以通过此类分类方法形成不同等级数量的"金字塔形"分布结果。

而标准差分类法可以很好地显示样本属性值与平均值之间的差异，通过平均值和标准差的计算，使用与标准差成比例的等值范围创建分类间隔，间隔可设为1倍、1/2倍等的标准差。这样的分类方式能够更好地反映村镇中心性与研究案例样本区域内平均水平的关系，及其与平均水平偏离的差异程度。因此，本研究基于标准差法将村镇分别识别为一级村镇、二级村镇、三级村镇，以此为基础，在每个研究案例样本区县内识别的数量比例约为1∶3∶9的三级村镇等级次序类型，符合聚落节点中心性分级中"金字塔形"数量分布的研究需求。此外，考虑到行政体制因素对村镇聚落服务能力的影响，在一般情况下镇域内最高辐射等级的公共服务均集中于镇政府所在地——场镇，因此，场镇的等级应界定为最高级别。这也导致每一镇域内的体系必然存在一个最高级别的节点能够统领其余的低级别村镇。

基于上述的聚落节点中心性分级方法，本书最终能够识别得到每一研究镇域的所有聚落节点，并将其划分为场镇（镇政府所在村）、一级村镇、二级村镇、三级村镇的四级等级次序类型。

3. 识别结果

根据上述方法，识别不同样本区的聚落节点特征（图3-2）。在广东番禺区，其三级村镇主要分布于区政府驻地市桥街道及其周边镇域，以及区西北部的洛浦街道、大石街道，这些村镇主要由于建设用地比例较高但行政单元划分较细而导致村镇等级较低；另外，西北部也散布较多三级村镇，但主要是因为区域内含有较多耕地而建设用地的中心性不高；至于番禺区的一级、二级村镇，则呈现相对均衡的分布状态；整体上来说，番禺区的场镇大多空间规模不大，但因行政因素而具有高级辐射功能，从而处于较高等级（除石壁街道、新造镇外）。

在广西阳朔县，其场镇大多具有相当大的空间规模而中心性较强（除阳朔镇外）；一级、二级村镇主要集中于中部岩溶区，这里多为谷地、平原地形，因此，其村镇往往因建设用地占比较大而聚落节点中心性较强，其中，一级村镇更多地集中于中部偏南地区，而二级村镇更多地集中于中部偏北地区，这是由于阳朔县地势由北向南倾斜，南部地势较低更利于村镇建设，从而导致聚落节点中心性相对更强一些；至于三级村镇则广泛散布于东北与西南两侧的山地丘陵区域。

重庆永川区的高级别村镇位于地势相对平坦的槽谷、宽谷地区，以及区政府驻地中山路街道的周边，而三级村镇则沿区内山脉走向散布于山地丘陵之中；其中，中山路街道周边的高级别村镇主要为场镇，因属于镇域范围的行政中心和经济中心，空间规模相当大，

(a) 广东番禺区

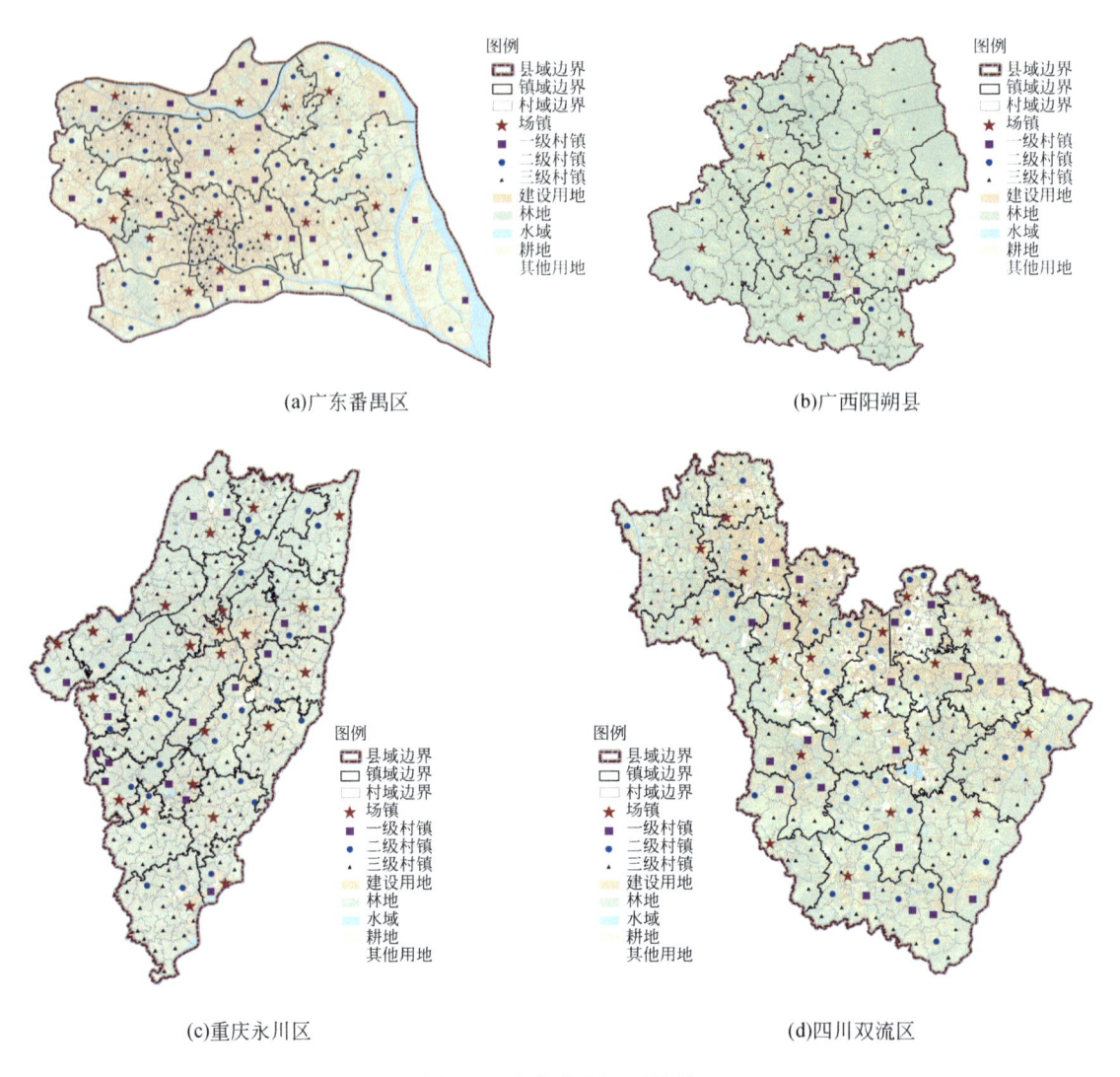

(b) 广西阳朔县

(c) 重庆永川区

(d) 四川双流区

图 3-2 聚落节点识别结果

同时也使得同一体系内的其余村镇建设规模均较小，大多均为三级村镇；至于其余高级别的一级、二级村镇则多位于区政府所在镇以北、以东，以及西南的宽阔平坦谷地，这些地区的镇街往往节点较少且等级完整，因节点的空间规模差异较大使其中心性差异也较大。

在四川双流区，除中和街道、黄水镇、黄甲街道、永安镇、万安街道、太平街道外，其余镇街的场镇大多具有相当大的空间规模而中心性较强；一级、二级村镇主要集中于中部平原地区，因地形因素导致建设用地占比较大。其中，一级村镇更多集中于中部偏北临近成都主城区处，以及中部偏南的地势较低区域，而二级村镇更多地集中于县城中部；三级村镇则广泛散布于东西两侧的山地区域，这些地区林地与耕地占比较大，空间建设规模较小；除此之外，三级村镇也少量存在于中部偏北临近成都主城区的中心区域，这是由于该区域的镇街城市化程度高，往往村级行政区划较为精细，使得节点的空间规模差异较大，存在一些面积较小的行政单元。

3.1.2 基于引力强度测算的联系线识别

联系线的识别是对同一镇域体系内的所有聚落节点建构两两相互连结的联系线，并引入引力强度模型，基于村镇聚落节点间的时空距离，测度所有联系线的空间联系强度，为研判村镇体系节点间的主导相互作用关系提供线性要素基础。

1. 联系线引力强度模型的建构

联系线引力强度模型用于测度村镇聚落之间的相互作用强度，其原理来源于万有引力定律，可以反映联系线两端的高级别村镇对另一低级别村镇的服务作用强度的相对大小。既有研究利用引力模型测度空间联系强度时，大多采用各类规模总量与交通距离等参数。而本书在构建联系线引力强度模型时将结合 3.1.1 中的中心性模型指标对相关参数进行调整，以更好适应村镇体系空间结构识别的需求，其表达式如下：

$$R_{ab} = \frac{M_a \times M_b}{D_{ab}} \tag{3-3}$$

式中，R_{ab} 为村镇 a 和村镇 b 之间的引力强度；M_a、M_b 分别为村镇 a 和村镇 b 的综合引力质量（以村镇的中心性强度值来代表其综合质量）；D_{ab} 为村镇 a 和村镇 b 之间的距离（以村镇间的时空距离作为计算其引力强度的距离指标）。采用时空距离代替空间直线距离或交通路网距离，能够综合反映地形、交通因素对村镇聚落节点间联系强度的影响。因此，如何获取村镇间的时空距离，成为引力强度模型改良的关键。

2. 基于时空距离的引力强度模型改良测度

本书利用高德地图 API 接口来获取基于数字地图与数据提供商（高德开发者平台）的动态交通信息，采集各个村镇聚落节点间的平均通勤距离、平均通勤时间数据，并以此作为测度时空距离的基础。

上述动态交通信息数据（NavInfo）来自基于三维数字地图的真实世界交通实况，在该服务领域中，动态三维信息能够智能反馈各类交通实况数据，如交通堵塞事故、交通预报、动态停车场等，并且能够实时进行高频更新。相较于基于路网里程与理想行驶速度来计算时空距离，采用基于动态交通信息数据中的实时交通流量来计算通勤距离和通勤时间的方法，更加贴合村镇聚落的实际联系状况，且该方法可以有效减少道路数据采集与轨迹路径计算等大量相关工作，提高了研究的高效性与结果的科学性。

通过连接高德地图的路径规划 API 接口，输入 OD（origin-destination）地理坐标参数经度、纬度（lon, lat-WGS1984 坐标系），即村镇 i 和村镇 j 的地理坐标位置。经过基于 Python 的 API 调用就能够获取返回的两点间通勤距离（distance）与通勤时间（duration），考虑到相邻村镇聚落间距离通常较短，研究中以步行交通方式所需的距离与时间作为测度依据。返回后的时空距离即为式（3-3）中的 D_{ab} 值，以此实现基于时空距离的引力强度模型改良测度。

3. 识别结果

根据上述方法，识别华南–西南四个样本区县域的联系线结果如图 3-3 所示。

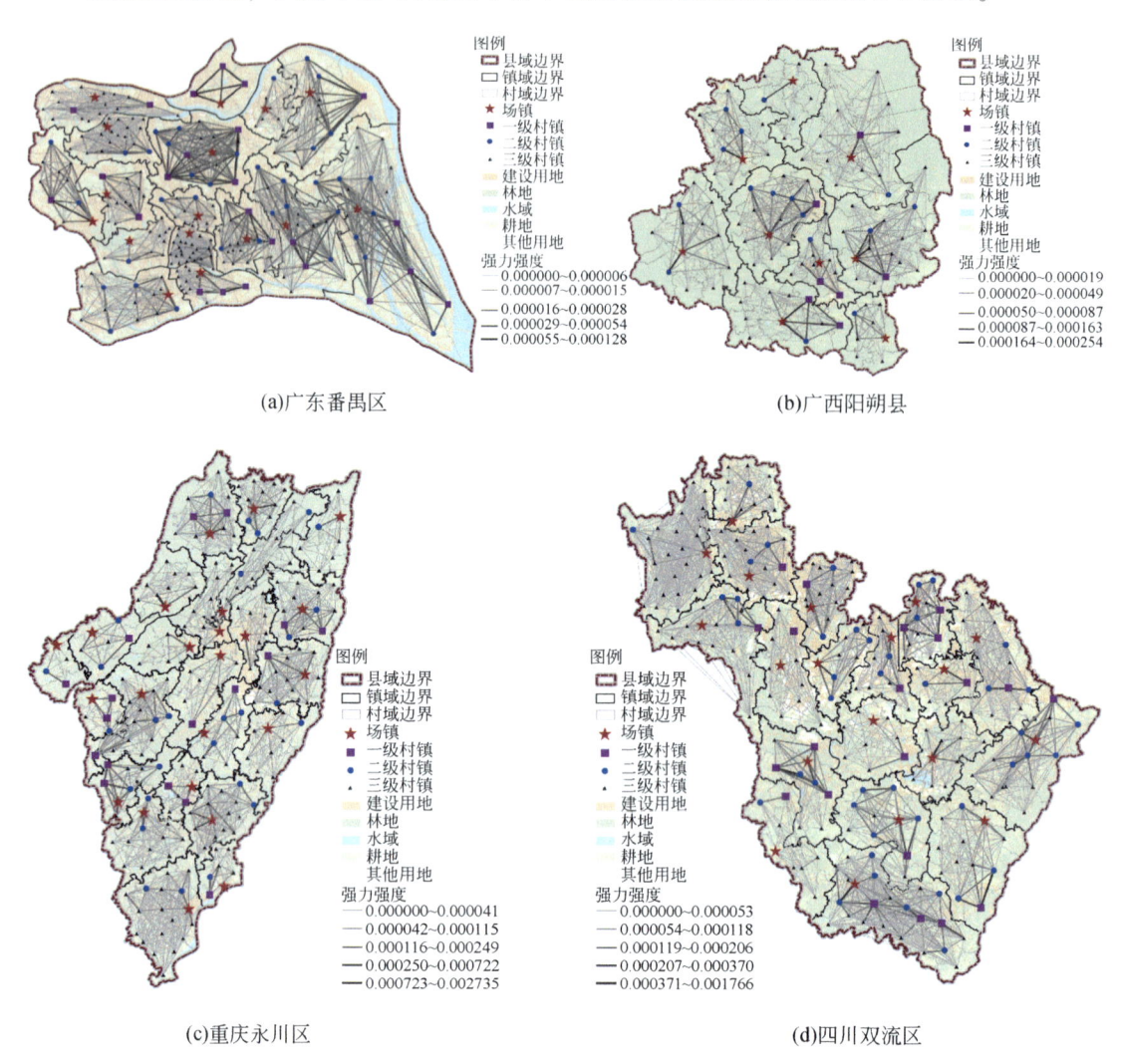

(a) 广东番禺区

(b) 广西阳朔县

(c) 重庆永川区

(d) 四川双流区

图 3-3 聚落全联系线识别结果

3.1.3 基于断裂点切割的腹地面域识别

腹地面域的识别是对不同等级聚落节点进行作用腹地空间边界划分，从而得出高级别节点对于低级别节点产生联系影响的实际空间范围，能够为后续分层级筛选联系线、识别多层级主导联系提供参考。主要分为两个步骤，一是腹地面域的断裂点模型建构，二是分层级腹地面域的生成。

1. 腹地面域的断裂点模型建构

断裂点模型是在引力模型法的基础之上延伸而来，主要用于对空间影响范围进行划分。断裂点理论由康维斯（P. D. Converse）在赖利（W. J. Reilly）提出的"零售引力法则"基础上提出，他认为城乡空间对周边区域的吸引影响力与其规模呈正相关关系，与相互间距离的平方呈负相关关系，城乡空间单元与相邻空间单元间引力强度相等时即为吸引力的断裂点，这些连续的断裂点连接成线所形成的封闭面域即为该城乡空间的腹地面域范围（彭建，2016）。其表达式如下：

$$D_a = \frac{D_{ab}}{1 + \sqrt{M_b/M_a}} \tag{3-4}$$

式中，D_a 为断裂点到村镇 a 的距离；D_{ab} 为村镇 a 和村镇 b 之间的距离；M_a、M_b 分别为村镇 a 和村镇 b 的综合引力质量（本书以村镇的中心性强度值来代表其综合质量）。

2. 分层级腹地面域的生成

基于本书对村镇聚落体系空间结构原型的建构思路，为识别出"主导联系"这一原型要素，聚落节点的腹地面域需要分层级进行。主导联系的识别实质为某一聚落节点在接受高级别村镇服务时，找出其中最主要的服务联系，因此，腹地面域的生成过程需要多次进行。首先，本书认为场镇作为最高级别的聚落节点，其对一级村镇的腹地面域即为该镇域全域；其次，场镇与一级村镇均可为二级村镇进行服务联系，其对二级村镇的腹地面域需要综合镇域内场镇与一级村镇进行加权泰森多边形分析生成，称为一级腹地面域；最后，三级村镇作为最低级别的村镇类型，其余高级别村镇均可能对其产生服务作用，对于高级别村镇对三级村镇的腹地面域则需要综合场镇、一级村镇与二级村镇进行加权泰森多边形分析生成，称为二级腹地面域。

运用 ArcGIS 平台进行 Voronoi-Diagrams 分析时，需要将同一镇域内按上述分级方式所形成的高级别村镇子组群分批次导入插件，并以各个村镇聚落节点的中心性为其权重值进行加权泰森多边形分析，最终形成三个层级的腹地面域划分方式。

3. 识别结果

就腹地面域要素而言，广东番禺区大致可以分为三种情况：一是如市桥街道、小谷围街道这类乡镇的节点中心性整体相当，全域皆为行政中心场镇的腹地；二是如洛浦街道、大石街道、钟村街道、沙头街道、东环街道、新造镇这类乡镇由 2~3 个高级别村镇分割镇域腹地，并分区辐射服务全域；三是呈现由多个高级别村镇共同分割镇域腹地，辐射情况相对复杂。

在广西阳朔县，兴坪镇、杨堤乡、金宝乡、普益乡由场镇与 1~2 个高级别村镇分割镇域腹地，并分区辐射服务全域，除兴坪镇之外，其他乡镇中场镇的腹地均范围较大、辐射影响力较强；其中较为特殊的阳朔镇，由一级、二级村镇均衡辐射全镇域，但因该镇为县政府驻地，行政单元区划较细，使得场镇面积极小，空间辐射能力弱，仅因行政因素而等级较高；葡萄镇、白沙镇、高田镇、福利镇则呈现由多个高级别村镇共同分割镇域腹地的特征，其场镇均表现出了高于其他村镇的辐射能力而拥有较大的腹地范围。

在重庆永川区，区中部的中山路街道、胜利路街道、双石镇、青峰镇全域皆为场镇的腹地范围，其镇域内节点中心性仅出现场镇一个高值；而板桥镇、金龙镇、茶山竹海街道、永荣镇、来苏镇、五间镇、南大街街道、陈食街街道、临江镇、何埂镇、松溉镇、仙龙镇、朱沱镇这些乡镇则由 2~3 个高级别村镇分割镇域腹地，并分区辐射服务全域，其中，茶山竹海街道、永荣镇、松溉镇属于场镇中心性较弱，仅因行政因素而等级较高，该类场镇其他类型镇街则不同，均有一定范围的腹地面域；而其余乡镇则呈现由多个高级别村镇共同分割镇域腹地、辐射服务情况相对复杂的特征。

在四川双流区，兴隆街道全域皆为场镇的腹地范围，其镇域内节点中心性仅出现场镇一个高值；彭镇、九江街道、正兴街道、万安街道、黄龙溪镇这些乡镇由场镇与 1~2 个高级别村镇分割镇域腹地，并分区辐射服务全域，其中彭镇、九江街道场镇腹地较大、辐射影响力较强；其余镇街则由多个高级别村镇共同分割镇域腹地（图 3-4）。

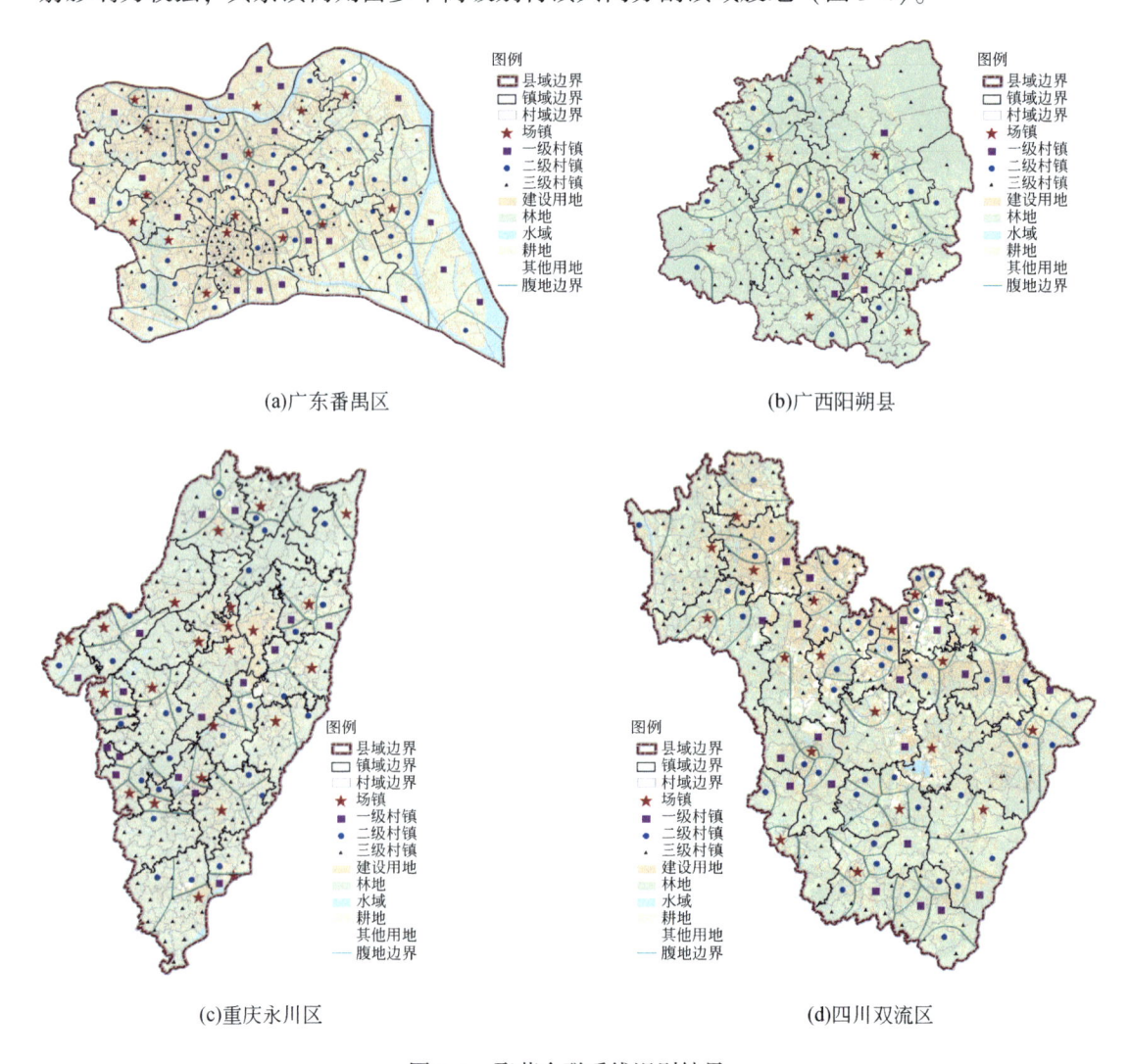

(a)广东番禺区

(b)广西阳朔县

(c)重庆永川区

(d)四川双流区

图 3-4 聚落全联系线识别结果

3.1.4 基于拓扑法筛选的主导联系识别

为了使体系空间结构识别结果更加简明易读，方便在研究中抓住体系结构的主要特征，依据本书的体系结构原型构建思路，最后的步骤是对每一镇域体系内的全联系线进行基于分层级腹地面域的主导联系筛选。

该步骤中的筛选规则主要如下：①就一级村镇而言，对其能产生服务联系的高级别村镇即镇域内唯一的场镇，因此无须筛选均可直接相连；②就二级村镇而言，对其能产生服务联系的高级别村镇为场镇与一级村镇，需要基于一级腹地面域进行拓扑筛选；③就三级村镇而言，对其能产生服务联系的高级别村镇为场镇、一级村镇与二级村镇，需要基于二级腹地面域进行拓扑筛选。

拓扑法筛选通过 ArcGIS 平台的拓扑关系检查工具进行。首先，将需要进行拓扑筛选的相应级别联系线要素、腹地面域要素的矢量数据形成要素子集，导入拓扑数据集。其次，建立"线要素完全位于面要素内"的拓扑规则，经过拓扑验证与错误修改，就能满足研究所需筛选规则的各级主导联系。最后，将分批次的拓扑筛选结果进行融合，即可获得完整的主导联系要素，识别结果如下。

根据上述方法，识别华南-西南四个样本县域的主导联系结果（图3-5），以此形成村镇聚落的体系空间结构。

以广东番禺区为例，其村镇聚落体系空间结构可以归纳为以下四大类不同特征。一是如市桥街道、小谷围街道这类因行政因素形成场镇弱中心的单束型树状网络结构。二是形成双束型树状网络结构类型，由两种亚类组成，一类是以两个高级别的一级或二级村镇为核心形成双束型树状网络并汇于场镇行政中心，而场镇仅因行政因素而等级较高，如洛浦街道、大石街道、钟村街道；另一类是由场镇及另一高级别的一级或二级村镇为核心形成双束型树状网络，场镇本身具有相当的空间规模与空间辐射能力，如新造镇、沙头街道、桥南街道。三是如化龙镇、石壁镇、东环街道这类以场镇及两个高级别的一级或二级村镇为核心形成三束型树状网络结构，并逐级汇于场镇行政中心。四是体系内整体形成以若干一级村镇、二级村镇组成的多束型树状网络结构，并汇于场镇行政中心，该类镇街的场镇

(a) 广东番禺区　　　　　　　　　　(b) 广西阳朔县

(c)重庆永川区　　　　　　　　　　(d)四川双流区

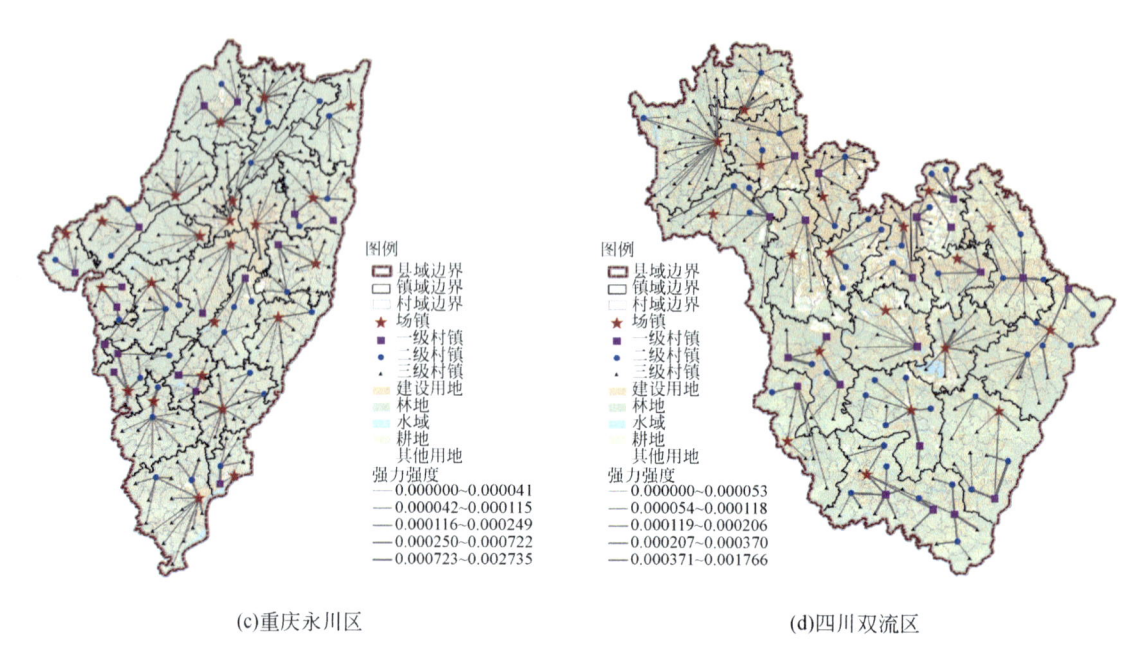

图 3-5　聚落全联系线识别结果

往往行政单元划分较小而致使其中心性不高，仅因行政因素而拥有较高级别的公共服务功能而赋予较高等级，如南村镇、石楼镇、石碁镇、沙湾街道、大龙街道。

为验证本书村镇聚落体系空间结构识别结果的有效性，特补充采集了广东番禺区的相关社会经济数据，包括统计年鉴中各镇街国内生产总值、常住人口等数据（图 3-6），以佐证空间体系识别结果与村镇聚落社会人口、经济发展等方面特征具有较好的契合度。本书以其中的市桥街道、钟村街道、石楼镇为代表，详细阐述单束型、双束型、多束型树状网络结构的体系空间结构识别结果与其社会经济情况的对应关系（表 3-1）。

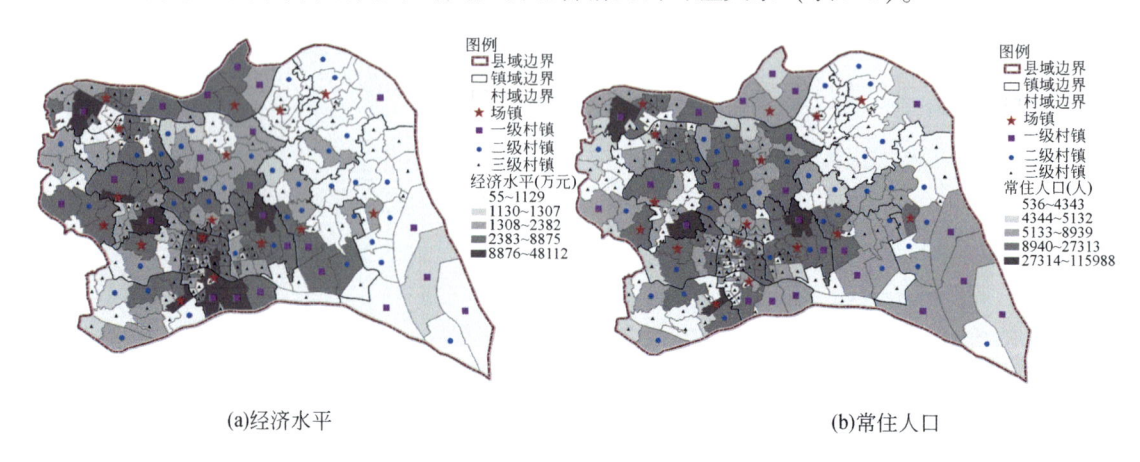

(a)经济水平　　　　　　　　　　(b)常住人口

图 3-6　广东番禺区社会经济统计数据空间分布图

第3章 村镇聚落体系的空间谱系构建与解析

表3-1 广东番禺区体系识别结果与其社会经济数据对应情况的典型镇街解析

镇街 （代表类型）	村镇体系结果、GDP分布和 常住人口分布	体系识别结果与社会经济数据的对应关系
市桥街道 （单束型树状 网络结构）		该街道由一个最高级场镇与其余的三级村镇组成，且所有三级村镇均直接与场镇相联系并接受其服务影响。其形成该街道体系结构的原因是，该街道属于区中心，街道内建设用地是主导用地类型，占比极高且总量较大，基本均为城市化聚落，已处于城乡发展的高级阶段，街道内各行政单元规模相对均衡，等级分异小，且其商业、金融、教育、文体、医疗卫生、生活服务等各个类型的功能服务设施对居民点的覆盖率均达100%，表示其能够相对独立自主地满足村镇内的各项服务需求，仅有因行政管理的实际需要而形成的以富都社区为行政中心的体系结构，场镇能为其余村镇提供更高级别，即县级的行政方面等功能服务。同时，结合该镇的社会经济统计数据来看，在经济发展层面，该街道中区政府所在的场镇——富都社区的国内生产总值（GDP）最高；在社会人口层面，该社区也聚集了全街道最多的常住人口，与体系识别结果相符
钟村街道 （双束型树状 网络结构）		该街道由一个最高级场镇、两个一级村镇与其余的三级村镇组成，呈现一主两副的三中心结构。且两个副中心即一级村镇（祈福新邨社区、谢村村）主要直接受场镇——骏新社区的服务，并分别位于街道南北两侧，以中部的南北联系断裂线为分界，均衡地联系周边其余的三级村镇。该街道体系结构的形成原因是，该街道在区中心的一定距离范围内，以建设用地为主导用地类型，区域内村镇聚落、城市聚落的建设混杂拼贴，南部主要是已城市化的聚落，而北部主要为村镇聚落与外围的少量成片农林用地，受行政区划的影响形成了南北各一个面积较大的一级村镇，分区服务其余村镇，并在更高级别的功能需求上接受场镇的服务。结合该镇的社会经济统计数据来看，在经济发展层面，一主两副的三中心的社区/村在街道的国内生产总值（GDP）中位列前三；在社会人口层面，此三处也聚集了最多的常住人口，其中骏新社区与祈福新邨社区的人口位列前二，而谢村村则是北部村镇聚落中人口最多的村。因此，该体系结构识别结果较好地反映了该街道的发展实际

续表

镇街 (代表类型)	村镇体系结果、GDP 分布和 常住人口分布	体系识别结果与社会经济数据的对应关系
石楼镇 (多束型树状 网络结构)		该街道由一个最高级场镇、四个一级村镇、五个二级村镇与其余少数的三级村镇组成。南部的一级村镇与北部的二级村镇分别服务就近的低级村镇,并在更高级别的功能需求上接受场镇的服务。该街道体系结构的形成原因是,该镇位于区边缘区域,镇域内建设用地较少、林地、耕地、水域等自然要素丰富,一方面受水文的自然条件的限制,区域内的村镇的大多分布集聚在相对平坦且地势较高的位置,另一方面是其拥有完整的四级等级规模体系,不同等级规模村镇之间出现了较强的功能分化与等级划分,多个中心村镇支撑起周边的绝大多数的交通、商贸、科教文卫等公共服务需求,而位于边缘的村镇主要负责农业生产活动。因此,形成了单主中心多次中心的等级结构特征,场镇作为行政中心主要提供一些行政等级高的公共服务功能,而多个中心则分区统筹日常服务周边的低级村镇。结合该镇的社会经济统计数据来看,场镇——赤岗村的 GDP 与常住人口均为镇域最高。而南部的一级村镇(清流村、海心村、沙北村、江鸥村)在常住人口上均在镇域名列前茅,在经济方面因该镇耕地与水域占比较大,主要从事农业发展,使得 GDP 主要集中产出于产业结构较高级的场镇,其余村镇普遍较低,但是一级村镇在镇域内仍占有优势。至于北部的二级村镇(官桥村、联围村、南派村、岳溪村等)因区位条件良好,也在 GDP 与常住人口上占有位于镇域中上水平的优势。其社会经济情况也与体系识别结果相符

从各类体系空间结果的对应关系解析来看,本书建构的体系识别方法在实证研究运用中均良好地反映了村镇聚落的人口、社会、经济等各方面情况。

3.2 村镇聚落体系的空间特征识别

在精准识别村镇体系空间结构的基础上,本书将通过建构测度指标体系,对村镇聚落体系特征进行系统的测度与分析,解析村镇体系空间结构构成的形态特征与内在秩序,抽取出指导村镇体系分类的关键性指标,进而对村镇体系空间谱系展开建构,总结村镇体系发展的深层规律。

村镇体系空间结构的测度方法可以借鉴城镇体系的相关研究,目前已有研究已提供了丰富的研究基础,并建立了"三结构一网络"的研究范式,即等级规模结构、职能组合结构、地域空间结构、网络系统结构。如在等级规模结构方面,常运用位序规模模型、帕累托指数、赫芬达尔指数和首位比重指数对城镇体系的等级规模状态进行刻画(李琬,2018)。针对空间结构的分布状态,李震、顾朝林等学者提出了当代中国城镇体系地域空间结构类型定量研究的方法(李震等,2006),采用由泊松公式演变而来的随机分布模型对城镇体系地域空间分布状态进行测度,借鉴牛顿引力学方程对随机分布模型展开优化改良，并用改良后的模型测算城市的吸引范围、强度和集聚程性，对中国城镇体系进行类型识别与研究。在网络特征结构研究方面，有学者尝试借鉴复杂网络的测度方法对城镇体系空间结构展开研究，探索城市网络的空间组织特征，其中最为核心的测度指标为点度中心性、平均路径长度、群集性指标、匹配性指标等（吴康等，2015）。随着大数据在城市研究中得到广泛应用，手机信令数据在获取城市之间的联系流、捕捉城市网络流动的实时状态中具有显著优势，如钮心毅等（2017）运用手机信令数据对江西省昌九区域的城镇体系等级结构展开测度，通过与传统的模式展开对比研究，为相关的研究提供了全新的思路。然而，随着我国城镇化进程的迅速推进，该理论的局限也逐渐显现，对于区域城乡统筹、市场经济的聚散机制、规模等级与城市特色的量质齐升等一系列新的实际问题，尚未能有效解决。对此，相关学者也进一步指出城镇体系规划应在"三结构一网络"的基础上，加强城镇化发展机制的研究，如考虑市场经济条件的影响（顾朝林和张勤，1997）。

尽管在城镇体系研究中已形成相对来说比较成熟的成果，但是目前针对村镇体系空间结构测度的研究相对缺乏，主要停留在对村镇体系的等级规模结构展开测度。借鉴城镇体系的相关研究方法，本书拟在吸收城镇体系相关成熟理论实践的基础上，更加重视城乡统筹、市场经济等条件下的村镇发展机制研究，以此形成更具有系统性的综合研究维度，进而挖掘村镇体系的内在机制关系规律。因此，本书将构建的村镇聚落体系谱系的指标测度框架分为体系内在特征、外部区位特征两类进行，其中，体系内在特征是对数字化识别所得体系结构本身的空间特征进行直接测度，其研究维度包括等级规模结构特征、网络关系结构特征；外部区位特征是对直接影响体系空间发展的外部影响因素空间特征进行测度，其研究维度包括功能设施完备程度、交通条件通达程度（图3-7）。

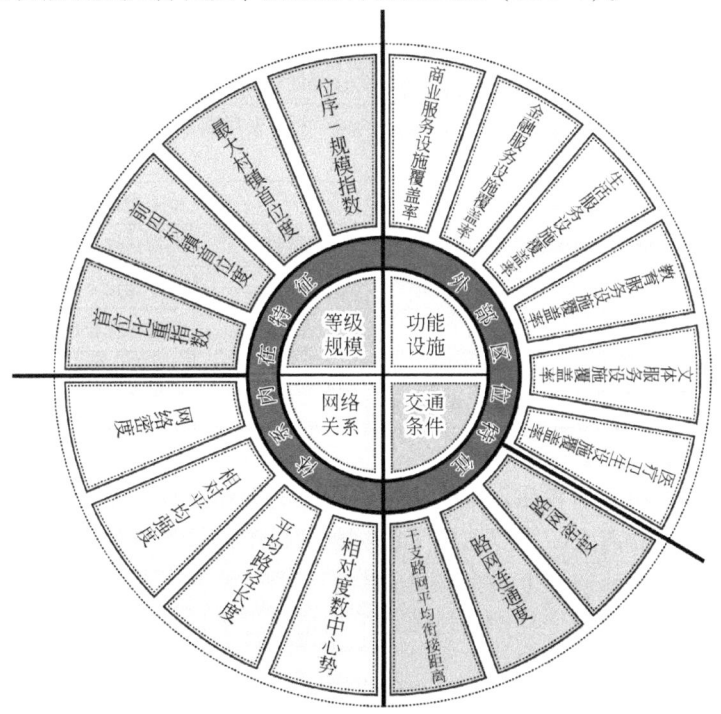

图 3-7 村镇聚落体系空间特征的指标测度框架

3.2.1 等级规模结构特征

城乡空间体系中等级规模的定量分析长期以来是城乡研究中的一项基础性工作，是贯穿城乡地理学、城乡规划学、经济地理学等众多学科的热点命题。而村镇聚落体系是由一定范围内不同等级、不同规模、不同大小的村镇组合而形成，等级规模的研究同样具有重大意义，有必要对其进行深入的测度与分析。村镇聚落体系作为乡村经济社会发展的重要空间依托，村镇体系的等级规模是否合理、分布结构是否完善，将直接关系到该村镇体系的功能辐射、产业发展与乡村地区的竞争力。因此，认识村镇聚落体系的等级规模特征，探析其等级规模结构演变的规律性，对于合理谋划区域城镇村布局、推动乡村地区城市化进程、以及优化村镇体系的功能与结构均具有重要作用。

村镇体系的等级规模结构特征是对一定的村镇聚落系统中，大小村镇聚落的等级从属关系与职能作用联系的刻画，即各个村镇聚落的规模大小层序与职能服务规律的配置特征。这一维度的指标测度重点在于考量不同层级村镇聚落的数量分布合理与否、比例配置协调与否。既有研究中对该维度特征的研究方法有两类：一是采用单一指标的测度探究规模的特征；二是使用多指标的综合方法挖掘规模特征及其变化规律（高烨昕，2021）（表3-2）。

表3-2　城镇体系空间结构测度维度

学者	年份	指标选用	方法特点
陈彦光，周一星	2002	位序-规模分布的多分形模型（Zipf定律）	多分形模型与位序-规模法则的结合
刘妙龙等	2008	位序等级距离、平均等级距离	等级钟理论下位序-规模的时变规律
张守忠，李玉英	2008	城市首位度、位序-规模指数（Zipf模型）	多指标测度的规律变化研究
苏飞，张平宇	2010	城市首位度、城市基尼系数、熵值分析、豪斯道夫分形维数	多指标测度的规律变化研究
秦志琴，张平宇	2011	城市首位度	单一指标的测度
曾鹏，陈芬	2013	城市首位度、四城市指数、位序-规模指数	多指标综合的大规模测度
白小虎等	2018	位序-规模指数及其分维数	分形理论下的分维测度
李琬等	2018	帕累托指数、赫芬达尔指数、首位比重指数	多指标综合的大规模测度
李培鑫，张学良	2019	城市首位度、前四城市首位度、位序-规模系数、标准赫芬达尔指数、空间基尼系数	多指标测度的规律变化研究

结合既有研究中相关学者在该维度指标选取时的思路，针对本书对村镇体系等级规模结构特征的测度的实际需要，重点选用了能够刻画村镇体系的整体规模差异程度、首位规模统筹程度两大方面特征的以下4个具体指标：位序-规模指数、最大村镇首位度、前四村镇首位度、首位比重指数。其中的村镇规模均指通过土地利用矢量解译数据中各个村镇行政边界范围内的建设用地面积。

1. 位序–规模指数

位序–规模律最早由德国学者奥尔巴赫（Frank Auerbach）提出，认为城市的规模与该城市在更大区域中所有城市按规模大小排序的位序存在一定相关规律（Auerbach，1913）。随后，捷夫（G. K. Zipf）通过对大量城市的位序–规模关系的拟合分析，发现了一体化城市体系中城市规模分布所呈现的位序–规模 Zipf 准则（程开明和庄燕杰，2012）。Zipf 准则中的 Zipf 分布是幂律分布的一种，除此之外，位序–规模相关的幂律分布还有更早的帕累托分布，其实质相当于 Zipf 分布曲线的积分。与之相比，Zipf 准则的描述更加直观，反映了自然界中存在的一种位序–规模分布最优状态。因此，Zipf 准则也是位序–规模律研究中最常用的一种幂律分布法则。

本书中对于村镇聚落体系的等级规模结构研究与城镇体系研究存在一致性，即是寻求一种一体化发展下的最优规模分布状态，因此可以借鉴城镇体系研究中的位序–规模律及具体的 Zipf 准则对村镇聚落体系的规模特征进行测度，从村镇聚落体系的整体分布出发，分析其村镇规模与规模位序之间的关系。当前，应用共识度最高的位序–规模公式是 Zipf 分布曲线变形所得的一般化 Lotka-Volterra 模式（周一星和于海波，2004），公式如下：

$$P_i = P_1 \times R_i^{(-q)} \quad (R_i = 1, 2, \cdots, n) \tag{3-5}$$

式中，n 为同一体系中村镇的数量；R_i 代表空间规模从大到小排序后村镇 i 的位序；P_i 是位序为 R_i 的村镇空间规模；P_1 是首位村镇的规模；而参数 q 通常被称作 Zipf 指数（胡玉敏和踪家锋，2010）。为方便理解与计算，对式（3-5）两边取自然对数，变换得相应的自然对数形式，如式（3-6）：

$$\ln P_i = \ln P_1 - q \ln R_i \quad (R_i = 1, 2, \cdots, n) \tag{3-6}$$

此时 P_i 与 R_i 呈线性关系。

相关学者的实证研究发现 Zipf 指数的规律特征如下：q 的数值范围在（0，1）之间。当 q 等于 1 时，即为标准的 Zipf 分布，其表示该体系内首位村镇规模与最小村镇规模之比正好为整个体系的村镇个数，即该类村镇体系属于自然状态下的最优分布；当 q 趋近于 0 时，表示该体系内所有村镇的规模均一致，呈现绝对平均的分布；当 q 小于 1 时，村镇规模的分布相对集中，聚落空间分布呈现均衡的态势，且中间位序的村镇聚落相对较多；当 q 大于 1 时，说明村镇规模的分布趋向离散，规模差异较大，其聚落空间分布呈现极化的态势，且往往首位或前几位村镇聚落的垄断及核心地位较强；q 趋近于 ∞ 时，意味着同一体系内只存在一个村镇聚落，呈现出绝对的首位分布。当村镇体系中的首位或前几位村镇发展较快时，整体规模分布将趋于分散，q 值将增大；与之相对的，当村镇聚落整体的发展迅速且一体化协同程度高时，村镇间规模差距会逐渐缩小，q 值也将相应地缩小。

就华南—西南地区四个研究样本区县的一共 67 个镇域体系而言，位序–规模指数测度结果的数值特征如图 3-8 所示，主要位于 [0.1962，2.1434] 区间内，多数样本体系的该指标分布于中位值 0.5261 左右，其中，小于该值的样本体系明显多于大于该值的，即是研究案例的位序–规模更多地呈现了村镇规模分布相对集中、聚落空间相对均衡分布、且中间位序村镇聚落较多的规律。另外，因位序–规模指数等于 1 时为标准的 Zipf 分布，即自然状态下的最优分布。从数值统计结果来看，67 个样本体系中大多数属于上述的小于 1

的规模分布集中型；仅有10个样本体系的位序-规模指数大于1，属于规模分布离散型，即村镇规模差异较大、聚落空间相对极化分布、且首位或前几位村镇聚落的垄断及核心地位较强。

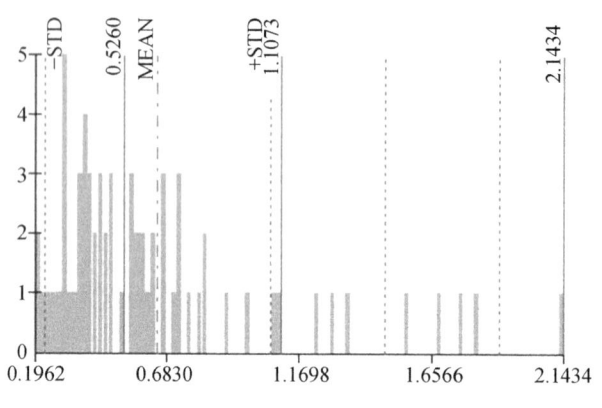

频数直方图与特征数值统计

最小值	最大值	中位值	平均值	标准差
0.1962	2.1434	0.5261	0.6477	0.4186

图 3-8　位序-规模指数直方图与统计汇总

其中，广东番禺区的位序-规模指数整体呈现"间隔圈层式"的高低值圈层相间分布特征，即以低值的区政府驻地市桥街道为核心，向外形成一圈高值圈层，再向外又为低值圈层，最外则为中值圈层。其中，市桥街道的低值是其街道内建设用地占比均极高，且村级行政区划都相对均衡，使得各个聚落节点的空间规模大小相当；而高值圈层的出现则因该圈层的镇街其建设用地占比均极高，但村级行政区划差异较大，以靠近市桥的单元面积小、外围的面积较大，因此各个聚落节点的空间规模差异较大。广西阳朔县的位序-规模指数整体呈现"南北高、中部低"的空间分布特征，出现了县政府驻地阳朔镇与北部杨堤乡的两个高值。重庆永川区的位序-规模指数整体呈现"沿山脉高、谷地低"的空间分布特征，这是受地形因素影响，在地势复杂的山地丘陵区域，村镇聚落节点的空间规模差异较大而造成的，其中以县政府驻地中山路街道及其附近街道为高值核心。四川双流区的位序-规模指数整体大致呈现"西北高、东南低"的空间分布特征，这是由于该区北部靠近成都主城区，其建设用地占比均较高，同时村级行政区划的精细程度、单元大小存在差异，各个村镇聚落节点的空间规模差异较大（图3-9）。

对比四个研究案例的指标数值发现，其中广东番禺区与重庆永川区的高低值差距较大，即区内各个镇域体系的规模分布情况差异较大，而另外两个研究案例的高低值差距则较小。

2. 最大村镇首位度

城市首位律（law of the primate city）是马克·杰斐逊（Mark Jefferson）（1939）在进

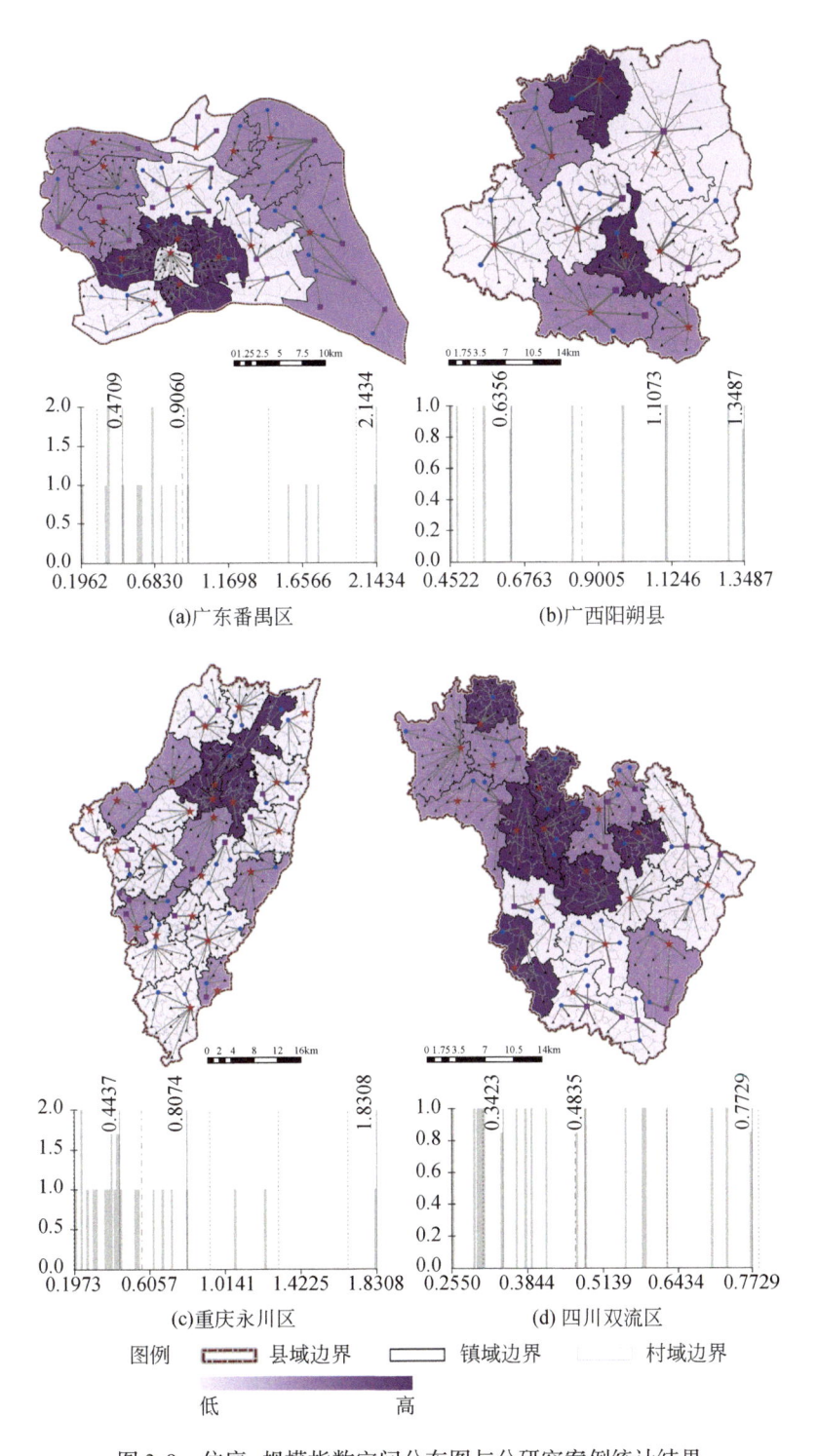

第 3 章 | 村镇聚落体系的空间谱系构建与解析

(a) 广东番禺区

(b) 广西阳朔县

(c) 重庆永川区

(d) 四川双流区

图例　　县域边界　　镇域边界　　村域边界

低　　高

图 3-9　位序–规模指数空间分布图与分研究案例统计结果

行城市规模分布研究中发现并最早提出的,其揭示了大量国家出现了最大的城市人口规模显著超过第二位城市的现象规律,在他的相关研究中,超过一半的国家其首位城市是次位城市人口的 2~3 倍甚至以上。因此,一个国家中首位城市与次位城市规模比值大于 2 的城市规模分布现象被称为首位分布(primacy ratio distribution),而这一比值被定义为首位度。这一概念一经提出,逐渐成为衡量城市规模分布情况的常用指标,能在一定程度上表征区域城市体系规模在最大城市的聚集程度。

尽管首位度指标最初产生于城市人口规模研究,但随着相关城乡规模研究的丰富与深入,这一概念也被广泛运用于经济产业规模、空间建设规模等研究范畴,研究对象也从国家中的城市拓展到了不同大小区域中的城乡空间单元。因此,本书也将其引入村镇体系等级规模结构特征的测度之中,重点关注村镇空间规模是否存在首位分布规律。为与下文的由首位度衍生而成的四城市首位度作区别,本书将该指标称为最大村镇首位度,即首位村镇与次位村镇的空间规模的比值,其计算公式如式(3-7):

$$S_2 = \frac{P_1}{P_2} \tag{3-7}$$

式中,S_2 为村镇体系的最大村镇首位度;P_1 为首位村镇的空间规模;P_2 为次位村镇的空间规模。

通过排序计算与汇总统计,最大村镇首位度测度结果的数值特征如图 3-10 所示。最大村镇首位度位于 [1.0134,3.4117] 区间内,多数样本体系的该指标分布于平均值 1.3350 以下,即研究案例的首位村镇空间规模大多为次位村镇的一倍多,从数值统计结果来看,67 个样本体系中只有最大村镇首位度大于 2,即出现了首位分布现象,表示村镇体系规模在最大村镇的聚集程度相当高。

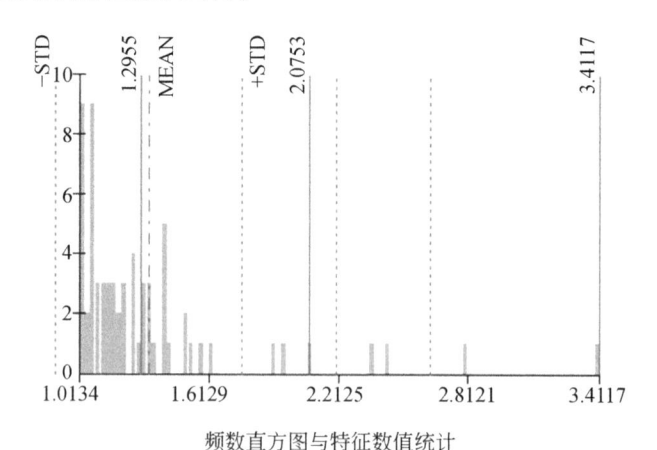

频数直方图与特征数值统计

最小值	最大值	中位值	平均值	标准差
1.0134	3.4117	1.2044	1.3350	0.4332

图 3-10 最大村镇首位度直方图与统计汇总

广东番禺区的最大村镇首位度除了东北端的化龙镇之外,其余镇街均小于 2,且绝大多数为小于1.5的低值，这表示该研究样本空间规模的首位聚集情况整体不明显。广西阳朔县的最大村镇首位度出现了县政府驻地阳朔镇及普益乡、葡萄镇的3个高值样本体系，均接近或大于2，表现为首位分布，而其余乡镇则整体呈现"西南高、东北低"的空间分布特征。重庆永川区的最大村镇首位度为胜利路街道，其周边的区政府驻地中山路街道与双石镇等的首位度也较高，其余镇街则均为小于1.5的低值；整体呈现沿山脉东北—西南走向的"南北高、中部低"的空间分布特征。四川双流区的最大村镇首位度在黄甲街道与正兴街道出现相对的高值，其余镇街则均小于1.5的低值；整体大致呈现"中部高、外围低"的空间分布特征，主要以区中部偏北、靠近成都市主城区的一些镇街为高值核心（图3-11）。

对比四个研究案例的指标数值发现，最大村镇首位度的最大值表现为：重庆永川区>广东番禺区>广西阳朔县>四川双流区，但是呈现首位分布特征样本体系最多的是广西阳朔县。总的来说，广西阳朔县的整体首位聚集程度较为显著，最大村镇首位度的高低数值较为均衡；而其余三个样本区县均表现为出现1~2个极端高值，但绝大多数样本体系均处于低值范围，实质整体首位聚集程度不高。

3. 前四村镇首位度

在首位度研究领域，后续研究学者因考虑到仅以前两位规模的比值关系衡量体系整体的规模分布难免以偏概全，进而改良提出了四城市指数和十一城市指数（王放，2002；王颖等，2011）。以四城市指数为例，该指数也能表征区域城市体系规模在最大城市的聚集程度，但相比最大城市首位度，能更全面地表征首位城市与区域体系内大中城市之间的比例构成，更好地说明城市体系中除首位城市外的其余高位序"龙头"城市的规模发展与培育情况。依据位序-规模规律，呈现首位分布的四城市指数和十一城市指数都应为1。

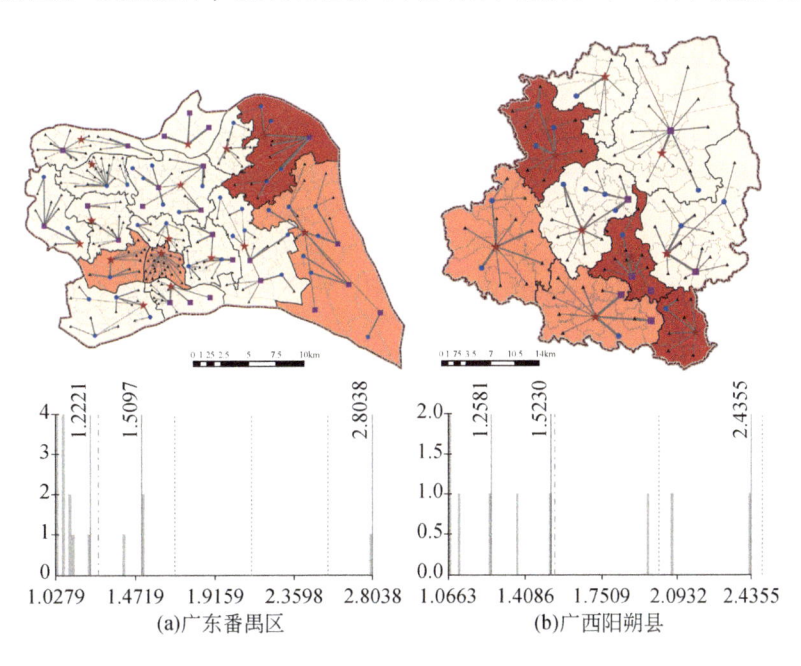

(a) 广东番禺区

(b) 广西阳朔县

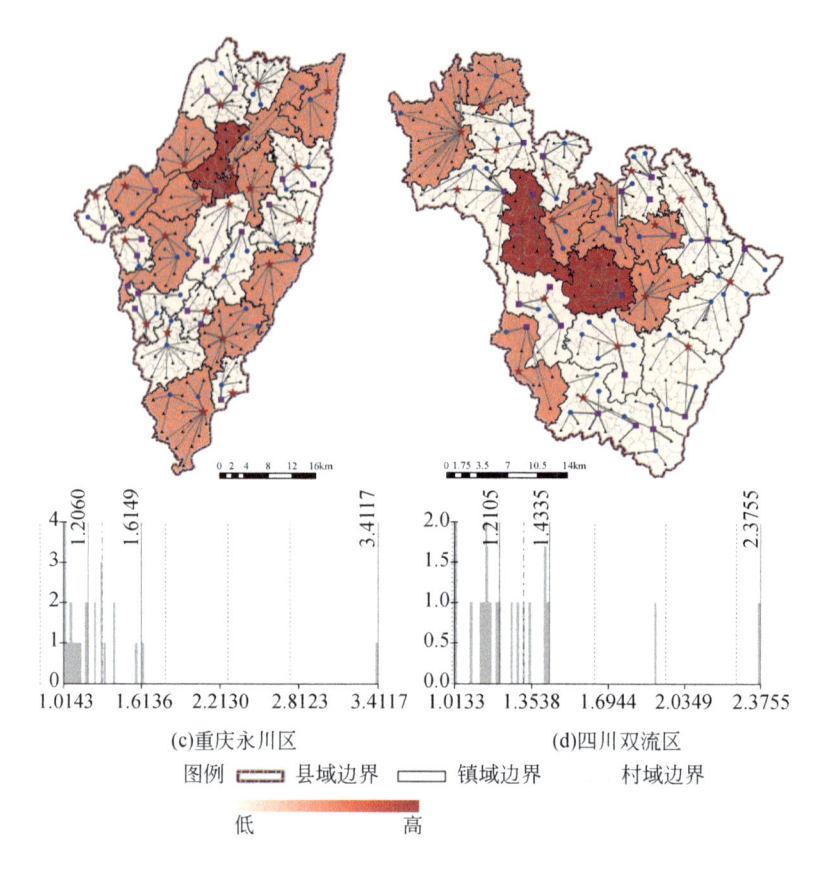

图 3-11　最大村镇首位度空间分布图与分研究案例统计结果

因此，本书在补充首位度相关指数的考量中，也同样考虑到村镇聚落规模有限，采用十一城市指数进行测度意义不大，仅补充了前四村镇首位度纳入本书的指标体系。前四村镇首位度即是首位村镇空间规模与第二~四位村镇空间规模之和的比值，其计算公式如式（3-8）：

$$S_4 = \frac{P_1}{P_2 + P_3 + P_4} \tag{3-8}$$

式中，S_4 为村镇体系的前四村镇首位度；P_1、P_2、P_3、P_4 为首位、第二位、第三位、第四位村镇的空间规模。

根据华南—西南地区四个研究样本区县的测度结果（图3-12），前四村镇首位度位于 [0.3589，1.4057] 区间内，多数样本体系的该指标分布于中位值 0.5309 以下，即是研究案例的首位村镇空间规模大多为第二、三、四位村镇空间规模之和的约 1/2。另外，依据位序-规模的原理，四城市指数等于 1 时为标准的 Zipf 分布，而拓展到村镇体系研究中，从数值统计结果来看，67 个样本体系中只有 2 个乡镇的前四村镇首位度大于 1，即达到了村镇体系的 Zipf 首位分布情况。

广东番禺区的前四村镇首位度除了东北端的化龙镇呈现相对的高值之外，其余镇街均小于 0.6，与最大村镇首位度结果一致，尽管把首位度研究范围扩展到前四位"龙头"村

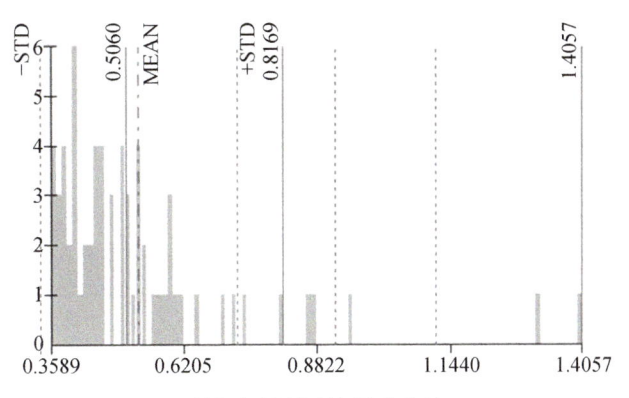

频数直方图与特征数值统计

最小值	最大值	中位值	平均值	标准差
0.3589	1.4057	0.4813	0.5309	0.1948

图 3-12　前四村镇首位度直方图与统计汇总

镇，其表现的空间规模首位聚集情况仍然不甚明显。广西阳朔县的前四村镇首位度在县政府驻地阳朔镇为最高值，在普益乡、葡萄镇、高田镇为相对高值，而其余中部乡镇的指标值则均小于 0.6。重庆永川区的前四村镇首位度在区政府驻地中山路街道与胜利路街道出现了高值，且南北周边的镇街的前四首位度也相对较高；除上述高值镇街之外，其余镇街则均小于 0.6；与最大村镇首位度分布特征一致，呈现"南北高、中部低"的空间分布特征。四川双流区的前四村镇首位度在黄甲街道、正兴街道、万安街道、黄龙溪镇与彭镇为相对高值区域，其余镇街则为均小于 0.6 的低值，整体呈现"北高南低"的空间分布特征，主要以区中部偏西北靠近成都市主城区的一些镇街为高值核心（图 3-13）。

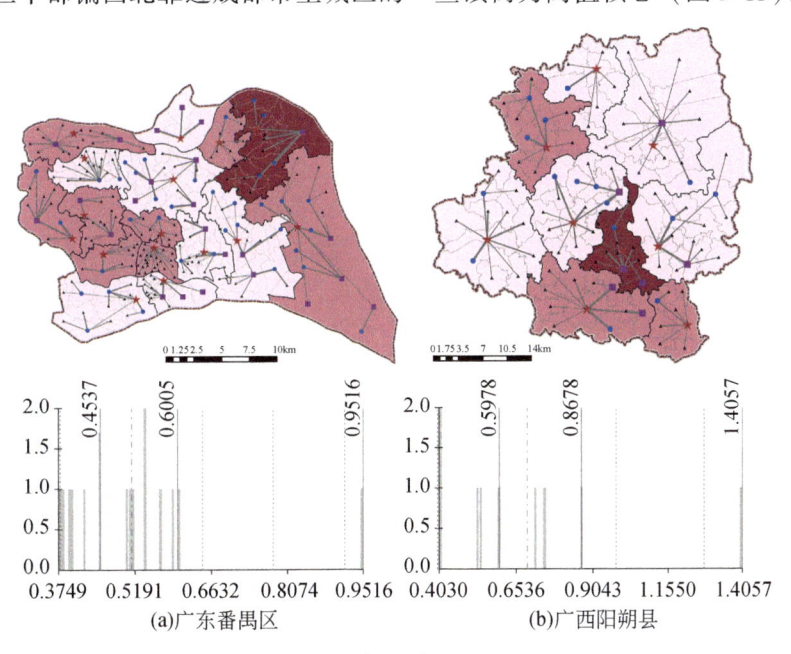

(a) 广东番禺区

(b) 广西阳朔县

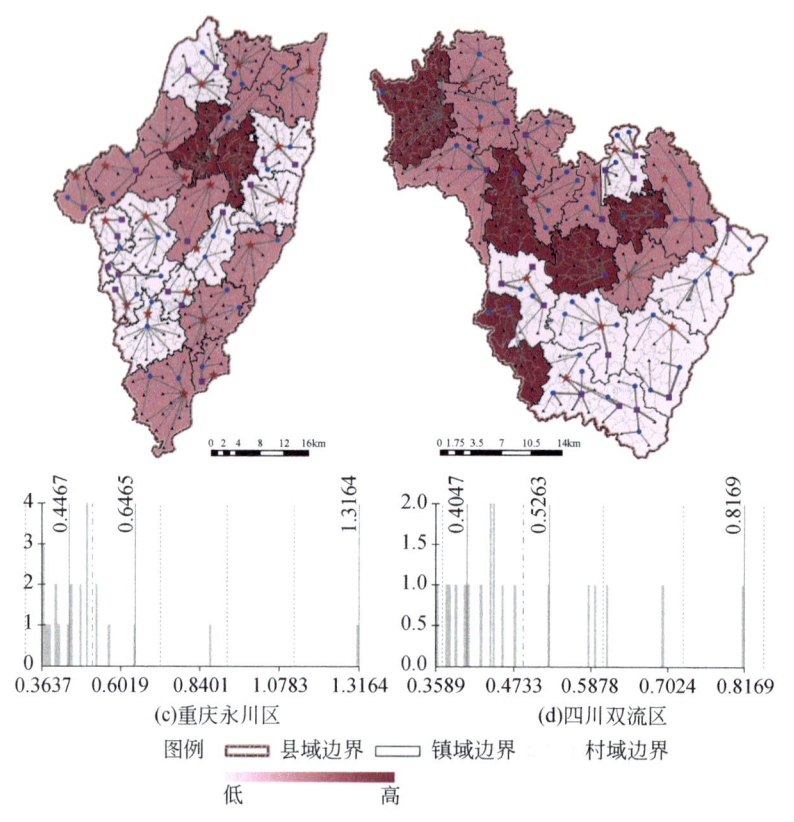

图 3-13 前四村镇首位度空间分布图与分研究案例统计结果

对比四个研究案例的指标数值发现，前四村镇首位度的整体数值高低表现为：广西阳朔县>重庆永川区>广东番禺区>四川双流区，这一数值规律，与最大村镇首位度相比，更加符合实际情况，即广西阳朔县的整体首位聚集程度较为显著；而其余三个样本区县则除去偶尔出现的1~2个高值之外，绝大多数样本体系均处于低值范围，首位聚集程度整体不高。

4. 首位比重指数

首位比重指数也是首位度的变形延伸，着重衡量了首位规模与区域体系整体规模之间的相对大小，换言之，即是首位规模对整体周边地区服务影响能力的强弱。就村镇体系研究而言，与首位度指数相比，该指标更能从体系整体出发，表征区域体系规模在首位村镇的聚集程度。空间规模的聚集能带来公共服务、经济产业乃至人口规模的聚集，从而体现首位村镇的领导统筹能力。因此，本书的首位比重指数为首位村镇空间规模与村镇体系整体空间规模的比值，其计算公式如式（3-9）：

$$C = \frac{P_1}{\sum_{i=1}^{n} P_i} \tag{3-9}$$

式中，C为村镇体系的首位比重指数；P_1为首位村镇的空间规模；n为村镇体系所包含的村镇个数；i 为体系中各村镇的位序；P_i 为第 i 位村镇的空间规模。该指标数值范围在（0，1）之间，同最大村镇首位度、前四村镇首位度的数值规律相似，S_2、S_4、C 越大，则村镇体系规模向首位村镇的聚集程度越高。

通过排序计算与汇总统计，首位比重指数测度结果的数值特征如图 3-14 所示。首位比重指数位于 [0.0741，0.5145] 区间内，多数样本体系的该指标分布于中位值 0.1801 左右，其中，小于该值的样本体系明显多于大于该值的。且该指标的均值为 0.2015，而大于 0.3 的样本体系仅有 8 个，即首位村镇空间规模能占体系整体空间规模的不到 1/3。换言之，从研究案例的整体规模来考察首位聚集程度时，各个样本体系更多地呈现均衡的规模分布，而非向首位聚集的首位分布。

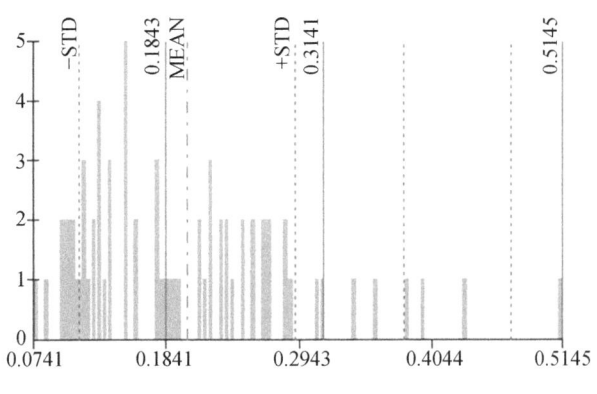

频数直方图与特征数值统计

最小值	最大值	中位值	平均值	标准差
0.0741	0.5145	0.1801	0.2015	0.0899

图 3-14 首位比重指数直方图与统计汇总

广东番禺区的首位比重指数整体呈现高低值圈层间隔的分布特征，即以低值的区政府驻地市桥街道为核心，向外形成一圈高值圈层，再向外又为低值圈层，最外则又为相对高值的圈层；同时还整体表现为"西高东低"的分布格局，这是由于番禺区东南部毗邻珠江入海口，其水网密布、耕地较多的地理因素使得该区域的村镇建设相对较为分散，从而造成首位聚集程度更低。广西阳朔县的首位比重指数在县政府驻地阳朔镇为最高值，在普益乡、葡萄镇为相对高值，而其余中部的乡镇的该指标则均小于 0.3。重庆永川区的首位比重指数在区政府驻地中山路街道与胜利路街道出现了高值，其余镇街则均小于 0.3；且以上述两个高值镇街为核心，整体大致形成东北—西南轴向的"偏轴圈层式"空间分布特征，周边镇街的首位比重指数沿东北—西南轴向降低得较慢，在其余方向则呈现快速降为低值的特征。四川双流区的首位比重指数在黄甲街道、正兴街道、万安街道、黄龙溪镇与怡心街道出现相对的高值，其余镇街则为均小于 0.2 的低值；整体大致呈现"中部高、外围低"的空间分布特征，主要以区中部偏北的一些镇街为高值核心（图 3-15）。

对比四个研究案例的指标数值发现，首位比重指数的整体数值高低同样表现为：广西阳朔县>重庆永川区>广东番禺区>四川双流区，即广西阳朔县的整体首位聚集程度较为显

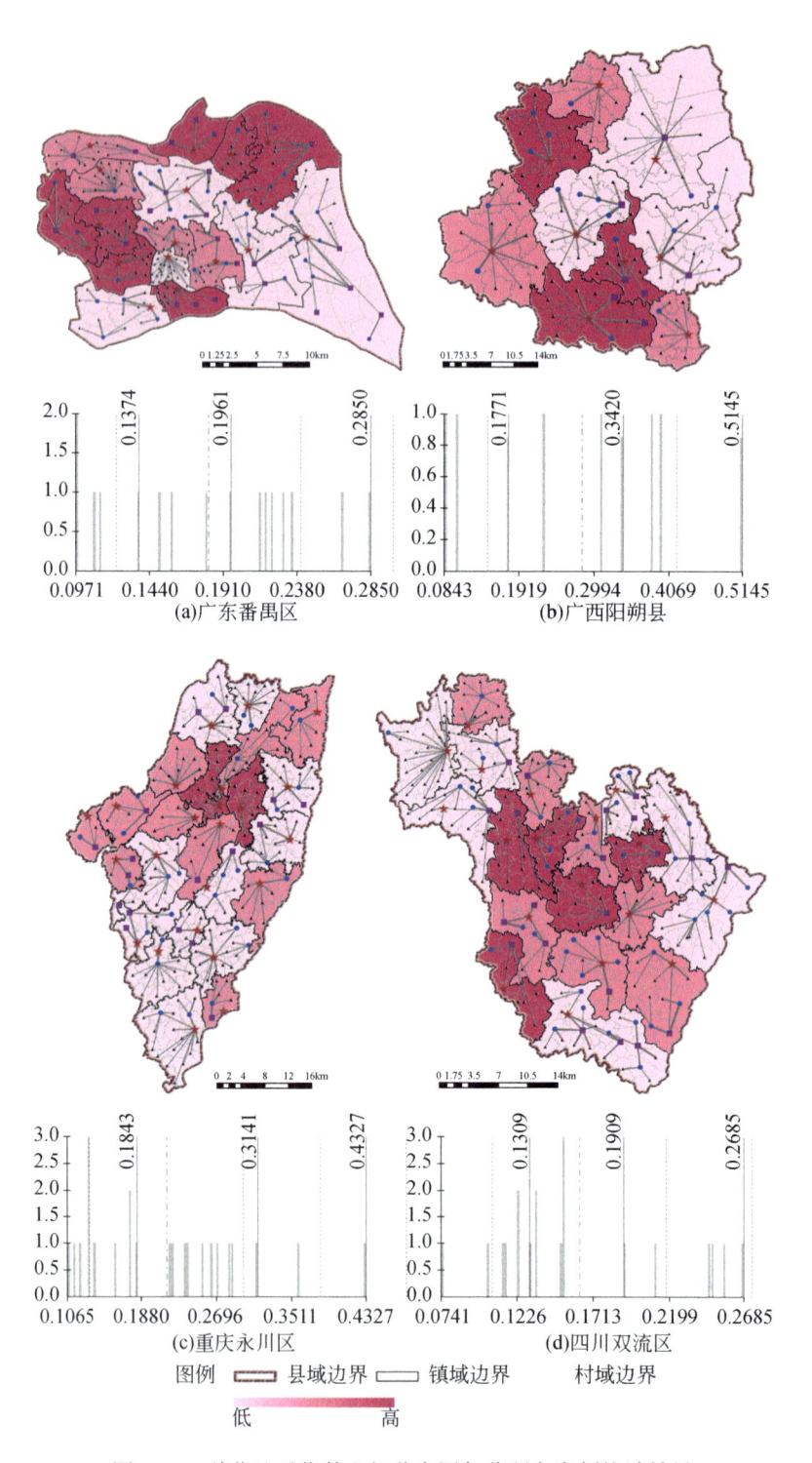

图 3-15 首位比重指数空间分布图与分研究案例统计结果

著；而其余三个样本区县则首位聚集程度整体不高。由此可以发现，在测度村镇体系的首位聚集分布特征时，随着指标涉及的村镇范围增大，其数值规律与实际情况更加相符。

3.2.2 网络关系结构特征

村镇体系的网络关系结构特征是对村镇聚落系统内所形成的体系网络，包含节点与联系在内的网络要素间影响交互作用所综合表现的在整体联通程度、辐射影响力度、极化与均衡分布趋势、结构联系的差异程度等方面的具体特征。对于这一维度，其指标测度重点在于考量村镇聚落节点与主导联系共同构成的网络结构的科学性与合理性，研究村镇体系内不同层级节点间服务联系整体高效与否。针对网络关系的系统量化分析主要源于复杂网络理论（Newman，2003）。本书在村镇体系的网络关系的测度方法与指标选取时，参考了相关城市体系研究的经验，相关研究的代表性成果梳理汇总于表3-3。

表3-3 网络关系维度的常用测度指标与方法

研究学者	年份	指标选用	方法特点
Alderson，Beckfeld	2007	度中心性、中介性、接近性	基于社会网络的世界城市体系演化研究相关、变异系数、滞后回归分析等
邢李志	2012	平均度（度分布）、平均强度（权分布）、平均路径长度	基于投入产出理论的区域产业结构网络基本特征测度
吴康等	2015	点度中心性、平均路径长度、群集性指数、匹配性指数	基于城市企业总部跨地域分布模型的城市经济网络关系测度
黄勇等	2017	网络密度、"K-核"稳定性、度数中心性、接近中心性	基于用地、道路的城镇空间网络连通性、均衡性测度

从上述既有研究的方法可见，复杂网络理论范畴下的量化分析方法已经逐渐被运用至村镇体系网络结构研究中。因此，本书从村镇聚落体系空间结构网络的实际特点出发，兼顾网络节点与联系两大重点要素的特征刻画需求，综合选取了主要测度网络联系线特征、衡量网络整体联通程度的网络密度、平均路径长度两个指标，以及主要测度网络节点特征、衡量节点辐射影响力度、极化与均衡分布趋势的相对平均强度、相对度数中心势两个指标。以上四个指标能够综合体现网络的度分布、权分布、边分布的各类要素基本特征，实现了多要素结合的村镇体系网络的综合特征测度，能为村镇体系中服务联系网络的深层规律挖掘与科学优化重组提供借鉴意义。

1. 网络密度

复杂网络理论源于图论，图论中的密度是对图中点要素之间联系紧密程度的刻画。因此，网络密度在本书的村镇体系网络结构测度中，是指村镇体系网络中实际存在的主导联系数量与基于该网络节点数量理论最多能够拥有联系数量的比值，其计算公式如式（3-10）：

$$D = \frac{2L}{N(N-1)} \quad (3\text{-}10)$$

式中，D 为村镇体系的网络密度；N 为该体系网络中的聚落节点数；L 为实际识别所得的主导联系数。该指标数值范围为（0，1），表征网络结构的联系完备程度，D 越大，表示村镇体系中聚落节点间的联系越多，整体联系越紧密；而当 D 趋近于 0 时，可以认为体系网络间不存在任何联系。

基于复杂网络分析软件 Gephi 的建模计算与统计，网络密度测度结果的数值特征如图 3-16 所示。网络密度位于 [0.0769，0.5000] 区间内，多数样本体系的该指标分布于中位值 0.1818 左右，且数值分布相对集中。其中，小于中位值的样本体系随着数值增大而数量递增，大于中位值的则随着数值增大而数量递减。从数值统计结果来看，67 个样本体系中只有 4 个乡镇的网络密度大于 0.4，有 27 个乡镇的网络密度大于 0.2。

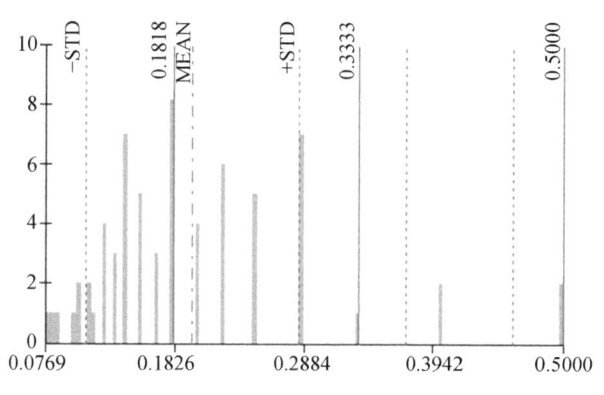

频数直方图与特征数值统计

最小值	最大值	中位值	平均值	标准差
0.0769	0.5000	0.1818	0.1973	0.0874

图 3-16 网络密度直方图与统计汇总

广东番禺区的网络密度除了北部的小谷围街道出现 0.5 的最高值之外，其余镇街均小于 0.2，整体大致呈现"东北-西南高、中部低"的空间分布特征。这是由于本研究中的网络关系特指村镇聚落体系主导联系网络，而在体系识别过程中生成的各类树状网络体系极易受网络规模、聚落节点数量的影响，因此，当某一镇域体系划分的下级行政单元数量较多时，其网络密度则会相对更小。广西阳朔县的网络密度出现了杨堤乡、普益乡的 2 个高值样本区域，其下辖村级行政单元数量均小于 10 个，而其余乡镇则整体呈现"西南高、东北低"的空间分布特征。重庆永川区的网络密度在永荣镇、青峰镇、宝峰镇表现为高值，均只划分为 4~5 个下级行政单元；其余镇街则大体呈现"中部高、外围低"的空间分布特征，这是因中部的一些镇街本身面积较小、管辖村级行政单元较少而造成的。四川双流区的网络密度在黄龙溪镇、万安街道与怡心街道出现相对的高值，其余镇街则均为小于 0.2 的低值，整体大致呈现"中部高、南北低"的空间分布特征（图 3-17）。

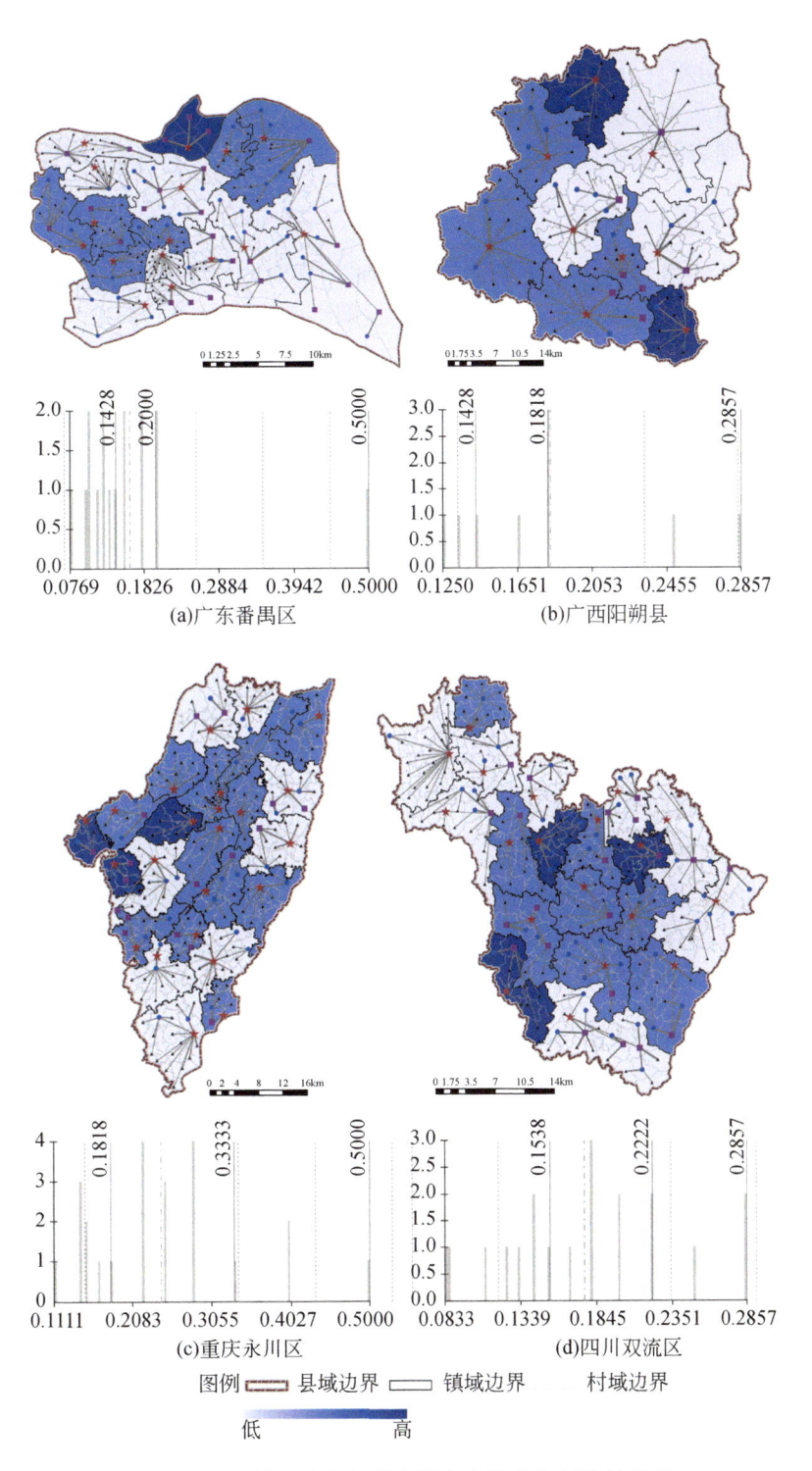

第 3 章 | 村镇聚落体系的空间谱系构建与解析

图 3-17　网络密度空间分布图与分研究案例统计结果

对比四个研究案例的指标数值发现，网络密度的整体数值高低表现为：重庆永川区>广东番禺区>广西阳朔县>四川双流区，表明在因行政区划的统筹程度而形成行政单元大小的影响下，村镇体系主导联系网络的联系密度为永川最高；而从高低值的差距来看，阳朔县的差值最小，则表明阳朔县的行政统筹程度整体最为均衡、网络密度整体最为相近。

2. 相对平均强度

度分布是反映网络基本拓扑关系的重要特征，是对网络类型进行划分的关键指标依据。反映度分布的平均度指标，则表征了节点在网络中的相对中心程度，即村镇聚落节点在不同体系网络中产生辐射影响能力的大小，这种辐射影响作用可能包含物质交换、配套服务、信息传播等活动。因本研究中的村镇体系网络属于无向度网络，某一节点的度是指该节点在网络中连接边（联系）的数量；度分布表示在网络中任选节点其度数 k 的概率，换言之，也是网络中度数为 k 的节点数占网络中总节点数的比例。计算村镇体系网络中节点度数为 k 的概率的公式如式（3-11）：

$$p(k) = \frac{n_k}{N} \tag{3-11}$$

式中，$p(k)$ 是节点度数为 k 的概率；n_k 为度数为 k 的节点集合中的节点个数；N 为村镇体系网络的总节点数。平均度则为度分布的数学期望，其计算公式如式（3-12）：

$$\bar{D} = \sum_{k=1}^{\infty} k \times p(k) \tag{3-12}$$

式中，$\bar{D}$ 是村镇体系的平均度；k 是体系网络中可能存在的所有度数（$k = 1, 2, 3, \cdots$）；$p(k)$ 是体系网络中节点度数为 k 的概率。

同时，本研究识别的村镇体系网络是权重网络，因此在度分布的测度中采用的是平均强度，而非不考虑边权重的平均度。参考上述平均度的概念，并加入权重维度，某一节点 i 的强度 $s_i = \sum_j w_{ij}$，w_{ij} 为节点 i 和 j 之间的联系权重，上文体系识别过程测度的联系引力强度，那么，计算村镇体系网络中节点强度为 s_k 的概率的公式就如式（3-13）：

$$p(s_k) = \frac{\sum_{i=1}^{m} s_{ki}}{\sum_{j=1}^{N} s_j} \tag{3-13}$$

式中，$p(s_k)$ 是节点强度为 k 的概率；$\sum_{i=1}^{m} s_{ki}$ 是强度为 k 的节点集合的强度之和；m 为强度为 k 的节点集合中的节点个数；$\sum_{j=1}^{N} s_j$ 为与强度为 k 的节点直接相连的所有节点 j 的强度之和；N 为村镇体系网络的总节点数。平均强度则为强度分布的数学期望，其计算公式如式（3-14）：

$$\bar{I} = \sum_{k=1}^{\infty} s_k \times p(s_k) \tag{3-14}$$

式中，$\bar{I}$ 是村镇体系的平均强度；s_k 是体系网络中可能存在的所有强度数值；$p(s_k)$ 是体系网络中节点强度为 k 的概率。该式中的平均强度是网络绝对平均强度,其数值会受到网络规模的影响。为了适应不同规模网络中节点强度的对比,本书最终引入相对平均强度($\overline{I_r}$)这一指标进行测度,即绝对平均强度与($N-1$)的比值,N 为网络规模即网络节点的总数。其计算公式如式(3-15):

$$\overline{I_r} = \frac{\sum_{k=1}^{\infty} s_k \times p(s_k)}{N-1} \quad (3\text{-}15)$$

相对平均强度能够表征不同规模村镇体系网络中节点的相对联系辐射能力,其值越高则联系辐射能力越大。

通过计算与汇总统计,相对平均强度测度结果的数值特征如图 3-18 所示。就华南—西南地区四个研究样本区县而言,相对平均强度位于[0.0029,0.0526]区间内,多数样本体系的该指标分布于平均值 0.0167 以下,高值的样本体系较少,从数值统计结果来看,67 个样本体系中只有 9 个乡镇的相对平均强度大于 0.03,有 21 个乡镇的相对平均强度大于 0.02。因该指标采用的是相对强度的计算,可以适用于不同节点规模网络的辐射影响能力比较,且强度计算中融入了基于村镇间时空距离的引力强度权重,更能真实反映村镇聚落间的实际交通联通能力,因此该指标能客观有效地测度网络整体联系强度。

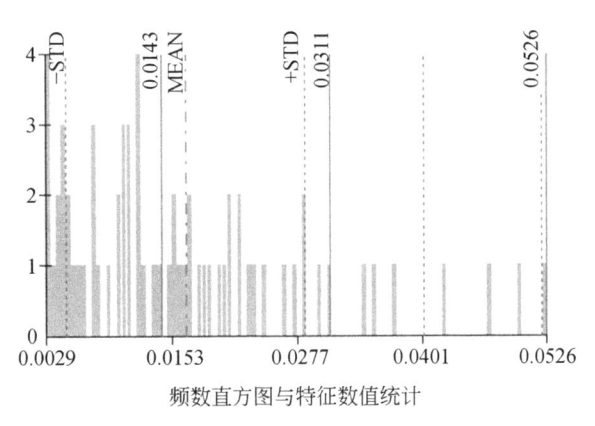

最小值	最大值	中位值	平均值	标准差
0.0029	0.0526	0.0136	0.0167	0.0118

图 3-18 相对平均强度直方图与统计汇总

广东番禺区的相对平均强度在小谷围街道出现高值,在石壁街道、南村镇也出现了相对高值,其余镇街均小于 0.02,且绝大多数镇街呈现小于 0.01 的低值。广西阳朔县全域的相对平均强度均在 0.02 以下,但在中部的葡萄镇、白沙镇、高田镇出现了 3 个相对高值样本体系,这是由于阳朔县整体交通条件一般,村镇间的通勤时空距离普遍较大,而中部地区则因有国道 312 和包茂高速的穿过而联系强度相对较高。重庆永川区的相对平均强度在吉安镇、双石镇、青峰镇、宝峰镇为高值,其余镇街均小于 0.03,因永川区中部的山脉众多,而区内主要的国道和省道均从东西两侧穿过,其相对平均强度大体沿山脉的东北-西南走向呈现"东西高、中部低"的空间分布特征。四川双流区的相对平均强度在永安镇、煎茶街道、中和街道、永兴街道、太平街道与怡心街道出现高值，其余镇街均小于0.03；该样本区的相对平均强度整体呈现"东高西低"的空间分布特征，且高值镇街也均为区内主要国道和省道穿过的区域（图3-19）。

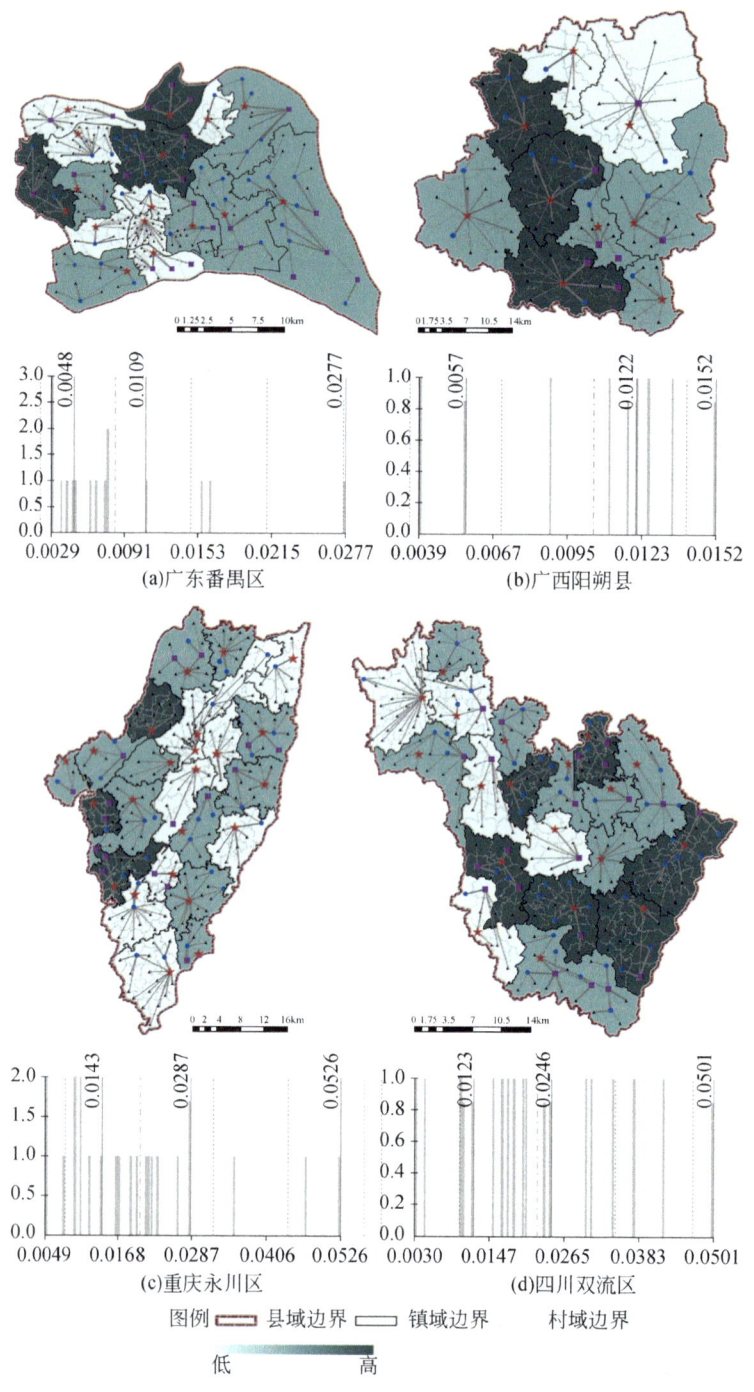

图 3-19 相对平均强度空间分布图与分研究案例统计结果

对比四个研究案例的指标数值发现，相对平均强度的整体数值高低表现为：重庆永川区>四川双流区>广东番禺区>广西阳朔县；重庆永川区因行政区划的统筹程度高、镇街下辖行政单元均相对较少，使得主导联系树状网络的辐射力相对更强；广西阳朔县则因整体交通条件欠佳，造成体系网络联系的基础条件不足，辐射能力相对更弱。

3. 平均路径长度

平均路径长度是网络中所有节点之间的平均最短步长，即是指任意两个节点实现连接的最少需要经过的联系线（边）的数量。村镇聚落体系的平均路径长度计算中，则是计算各个村镇节点两两之间最短路径之和的平均值，其计算公式如式（3-16）：

$$\bar{L} = \frac{2}{N(N-1)} \sum_{i \neq j} d_{ij} \quad (3\text{-}16)$$

式中，$\bar{L}$ 为村镇体系网络的平均最短路径；N 为村镇体系网络的总节点数；d_{ij} 为村镇 i 到村镇 j 的最短路径长度（步长）。该指标表征了网络节点的分离程度，$\bar{L}$ 越小，则网络全局连通性越高。

根据华南—西南地区四个研究样本区县的计算结果，平均路径长度测度结果的数值特征如图3-20所示，基本位于［1.5000，3.3360］区间内，多数样本体系的该指标分布于平均值2.2527左右，且数值相对集中分布于均值的正负一倍标准差范围内，即［1.8647，2.6407］区间内。从数值统计结果来看，67个样本体系中有21个乡镇的平均路径长度小于2。因该指标测度的平均路径长度与体系网络的全局连通性成反比，即平均路径长度越小则连通性越高。

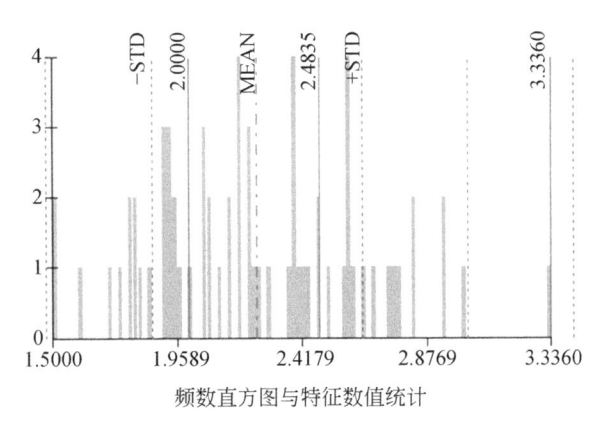

频数直方图与特征数值统计

最小值	最大值	中位值	平均值	标准差
1.5000	3.3360	2.2182	2.2527	0.3880

图3-20 平均路径长度直方图与统计汇总

广东番禺区的平均路径长度在小谷围街道、市桥街道、新造镇出现低值，其余镇街均大于2，即平均每两个村镇聚落节点相互连通的最短路径最少需要两步；该样本区的平均路径长度整体呈现"西高东低、北高南低"的空间分布特征。广西阳朔县的平均路径长度在北部的杨堤乡、南部的普益乡为低值，其余镇街均大于2；而白沙镇与福利镇因村镇体系聚落节点等级完整、网络结构复杂，整体网络连通程度较低，其平均路径长度表现为低值；其余乡镇则在［2，2.3］中值区间内。重庆永川区的平均路径长度在永荣镇、青峰镇、中山路街道、双石镇、胜利路街道与宝峰镇6个镇街表现为低值，其余镇街均大于1.8，其中中值样本数据均在［1.8，2.2］区间内，高值样本则均大于2.2；整体呈现"北高南低"的空间分布特征。四川双流区的平均路径长度在兴隆街道、万安街道出现了小于2的低值，整体呈现"中部高、外围低"的空间分布特征，这是由于外围镇街往往体系网络结构相对复杂所造成的（图3-21）。

对比四个研究案例的指标数值发现，平均路径长度的整体数值高低表现为：重庆永川区<广西阳朔县<广东番禺区<四川双流区；重庆永川区因行政区划的统筹程度高，使得主导联系树状网络的结构相对简单，从而网络整体连通性能相对更强，平均路径长度较低；而其余三个样本区县往往拥有较多网络结构相对复杂的样本体系而平均路径长度较高。

4. 相对度数中心势

度数中心势指标表征的是体系网络的整体中心性，能够衡量村镇体系节点在网络结构的均衡性。度数中心势的测度需要基于网络节点的度数进行计算，因本书旨在比较不同规模网络之间的度数中心势差异，因此测度的是相对度数中心势，相应地，计算中采用的是相对度数，即某一节点在网络中连接边（联系）的数量与（N–1）的比值，N为网络节点的总数。相对度数中心势的计算公式如式（3-17）：

$$C_D = \frac{\sum_{i=1}^{N}(C_{max} - C_i)}{\max \sum_{i=1}^{N}(C_{max} - C_i)} = \frac{\sum_{i=1}^{N}(C_{max} - C_i)}{(C_{max} - C_{min}) \times N} \tag{3-17}$$

(a)广东番禺区　　(b)广西阳朔县

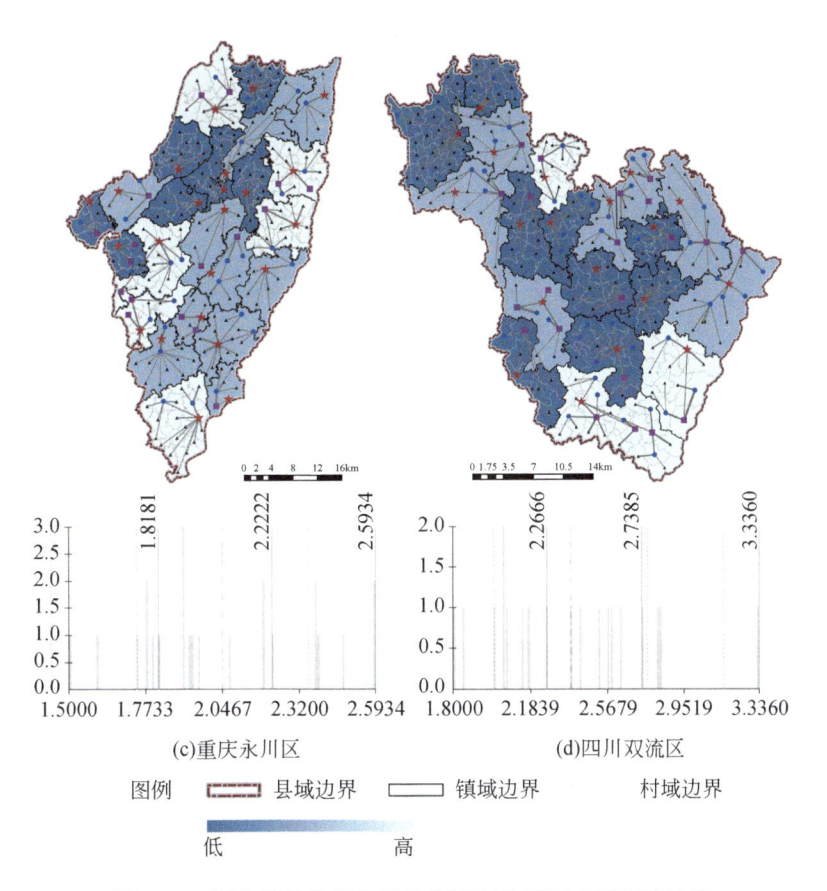

图 3-21 平均路径长度空间分布图与分研究案例统计结果

式中，C_D 为村镇体系网络的相对度数中心势；C_{max} 为体系网络中各个节点相对度数的最大值；C_i 为节点 i 的相对度数；C_{min} 为体系网络中各个节点相对度数的最小值。该指标数值在（0，1）之间，其值越低，越接近 0 时，表示该体系网络相对均匀分布，网络结构相对均衡；而数值越大，越趋近于 1，则表示网络权力集中，中心性越强，网络结构呈现极化趋势。

相对度数中心势结果的数值特征如图 3-22 所示，基本位于 [0.1858，0.9231] 区间内，该指标结果的数值分布相对分散，但大部分集中于 [0.2946，0.6580] 区间，基本上位于均值 0.4763 的正负一倍标准差范围内，其中，小于平均值的样本体系与大于平均值的数量相当。从数值统计结果来看，67 个样本体系中只有 7 个乡镇的相对度数中心势大于 0.75，有 33 个乡镇的相对度数中心势大于 0.5。该指标对度数中心势的测度采用的是相对度数，可以适用于不同节点规模网络的辐射影响能力比较，同时又因度数中心势衡量了体系网络结构的均衡与极化趋势，故而该指标能客观地表征网络的权力集中程度。

广东番禺区的相对度数中心势在市桥街道、大石街道、新造镇出现高值，低值主要分布在番禺区东南区域乡镇，这是由于番禺区的东南毗邻珠江入海口，存在众多水网与耕地，村镇聚落分布相对较为分散。因此，广东番禺区的相对度数中心势整体呈现"西北

频数直方图与特征数值统计

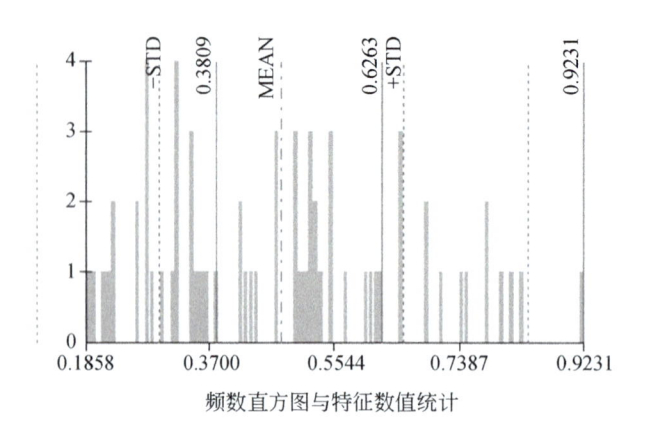

最小值	最大值	中位值	平均值	标准差
0.1858	0.9231	0.4725	0.4763	0.1817

图 3-22 相对度数中心势直方图与统计汇总

高、东南低"的空间分布特征。广西阳朔县的相对度数中心势在杨堤乡与金宝乡表现为高值，均大于 0.65，在兴坪镇、高田镇、普益乡、阳朔镇表现为相对较高的中值，其他乡镇则均小于 0.5。重庆永川区的相对度数中心势整体沿山脉的东北-西南走向呈现"南北高、中部低"的空间分布特征，其中在板桥镇、双石镇、胜利路街道、中山路街道、仙龙镇、临江镇、何埂镇出现 7 个高值样本体系，其余镇街均小于 0.6。四川双流区的相对度数中心势在彭镇与兴隆街道出现 2 个高值，其余镇街均小于 0.6；该样本区的相对度数中心势整体大致呈现"中部高、南北低"的空间分布特征，且中值镇街较多（图 3-23）。

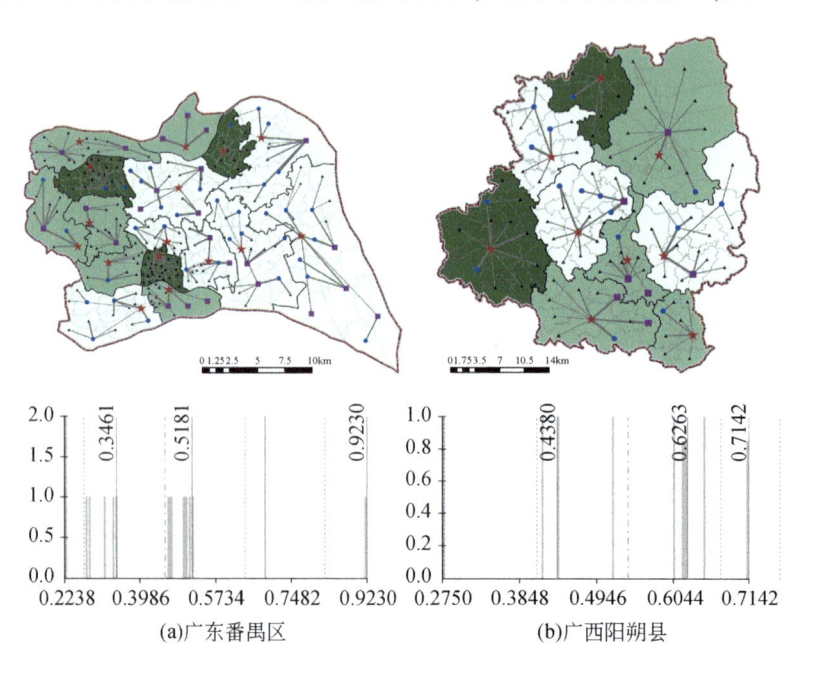

(a) 广东番禺区　　　(b) 广西阳朔县

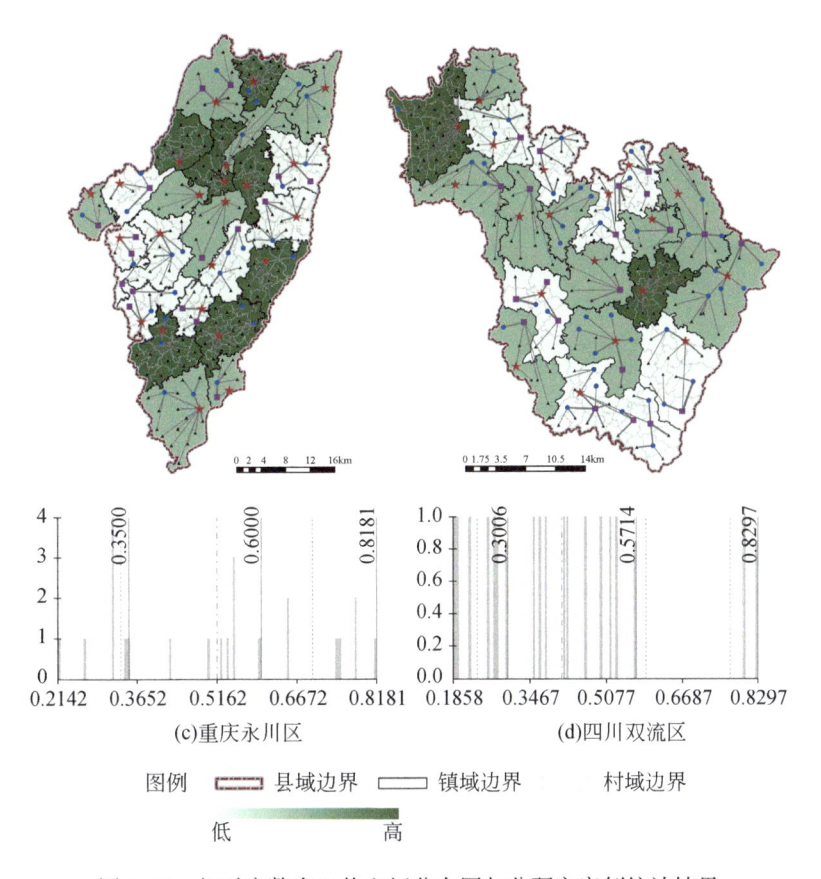

图 3-23 相对度数中心势空间分布图与分研究案例统计结果

对比四个研究案例的指标数值发现，相对度数中心势的最高值表现为：广东番禺区>四川双流区>重庆永川区>广西阳朔县，但重庆永川区出现高值的频率最高，在四个样本区内，永川区的行政区划统筹程度较高，因此，所形成的主导联系树状网络的中心集中程度整体更强；而广东番禺区尽管存在个别极化程度高的体系网络，但同时也存在较多结构均衡的体系网络，其相对度数中心势的低值也出现较多。

3.2.3 功能完备程度特征

村镇体系的功能设施完备程度反映了村镇聚落功能业态聚集程度与服务覆盖情况。各类功能服务设施是村镇聚落在公共活动中所形成的物质流、信息流等交互聚集的重点场所，是衡量村镇聚落所在区位的空间属性与职能分工的重要方式。相关学者已经将功能设施的量化测度广泛应用于城市中心区、城市中心体系等研究领域（表3-4），对村镇聚落体系研究具有重要的借鉴意义。

表 3-4 功能设施维度的常用测度指标与方法

研究学者	时间	指标选用	方法特点
杨俊宴，史北祥	2014	公共服务设施高度指数、公共服务设施密度指数	通过公共服务设施的聚集程度鉴定城市中心区范围
胡昕宇，杨俊宴	2014	公共服务设施密度指数、街区开发强度等	通过公共服务设施聚集程度与开发强度的骤降界定中心区阴影区范围
禹文豪，艾廷华	2015	业态 POI 的核密度、样方密度、基于 Voronoi 图密度	通过 POI 数据的多种密度表达方式测度城市空间的经济活动分布
陈蔚珊等	2016	商业 POI 的核密度、Getis-Ord G* 指数	基于 POI 数据的商业中心热点识别与业态特征分布
秦诗文等	2020	人群活动强度、业态 POI 密度、开发强度	通过人–地–业要素的聚集程度测度城市中心体系
张宁芮	2021	医疗设施 POI 的居民点服务覆盖率、平均服务半径	基于 POI 设施覆盖率的可达性评价

由相关研究可知，对于功能设施完备程度的量化测度，以对政府公共服务职能与市场化非公益性服务功能的综合考量为主，主要涉及商业服务类、公共服务类设施，本书也将从这两个方面进行指标测度。考虑到村镇聚落数据获取的可行性与研究有效性，选用了 POI 数据作为测度功能设施维度特征的数据基础。此外，在指标选取中，从既有研究中采用的密度指数、局部聚集程度指数、服务覆盖率三大类型指标的比对结果来看，最终选择了服务覆盖率作为主要量化测度依据，该类指标不仅能够反映功能设施密度、聚集程度，还能衡量功能设施与居民点空间分布的匹配情况，综合地反映其设施配置完善程度，本书基于业态 POI 数据，进行商业服务类、公共服务类的两大类设施的居民点覆盖率测度，衡量各个村镇聚落的功能设施完备程度和公益性服务功能的相对水平。其中，商业服务类型中，选取了商业服务设施 R_B、金融服务设施 R_F、生活服务设施 R_S 三类；而公共服务类型中，选取了教育服务设施 R_E、文体服务设施 R_C、医疗卫生设施 R_H 三类。

各类功能设施的覆盖率是指某一镇域体系内各类功能设施的服务半径范围对区域内居民点的覆盖程度，其计算公式如式（3-18），R 越大，则该类功能设施完备程度越高。

$$R = \frac{N_{in}}{N_{all}} \tag{3-18}$$

式中，R 为某类功能设施的覆盖率；N_{all} 为某一村镇体系的居民点总数；N_{in} 为某一村镇体系中，位于该类功能设施服务半径范围内的居民点数量。其中，某一类功能设施服务半径的确定，是通过计算样本区县范围内所有该类功能设施点的平均最短路径长度获得。

1. 商业服务设施覆盖率分布特征

商业服务设施覆盖率测度结果的数值特征如图 3-24 所示，位于 [0.0658, 1] 区间内，该指标的中位值为 0.7432，意味着约有一半以上的乡镇商业服务设施对居民点的覆盖率达到了 75% 以上，其中还有 8 个乡镇达到了 100% 的全覆盖，可见在研究案例区县内，诸如餐饮、娱乐、购物等商业服务设施的配套建设是相当完备的。

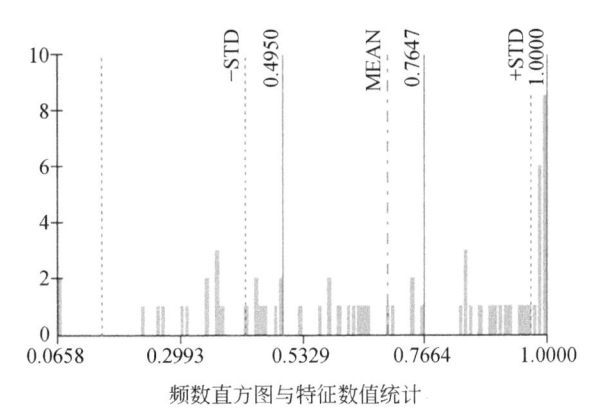

第 3 章 | 村镇聚落体系的空间谱系构建与解析

最小值	最大值	中位值	平均值	标准差
0.0658	1.0000	0.7432	0.6945	0.2722

图 3-24 商业设施覆盖率直方图与统计汇总

广东番禺区的商业服务设施覆盖率整体达到 0.8 以上，均值更是达到了约 0.95，且高值样本体系的数量众多，整体呈现"圈层式"的空间分布特征，即以区政府驻地市桥街道为核心，东西两侧分别向外逐层降低。广西阳朔县的商业服务设施覆盖率则整体相对较低，仅有县政府驻地阳朔镇为超过 0.95 的高值，而其余乡镇的覆盖率均在 75% 以下，甚至多数乡镇的覆盖率在 50% 以下；整体呈现以阳朔镇为核心的东北高、西南低的"偏向圈层式"空间分布特征。重庆永川区的商业服务设施覆盖率的均值在 0.5 左右，但低于 0.5 的样本体系多于高于 0.5 的，整体覆盖率相对不高；覆盖率超过 75% 的只有区政府驻地中山路街道以及邻近的胜利路街道，大多数乡镇的覆盖率在 [0.3，0.6] 的区间内；该样本区的商业服务设施覆盖率整体呈现西高东低的"圈层式"空间分布特征。四川双流区的商业服务设施覆盖率整体达到 0.55 以上，均值也达到了约 0.85，且高值样本体系的明显多于低值样本；整体呈现由北向南的"扇形圈层式"空间分布特征，以邻近成都主城区的北部镇街为高值核心，向南逐渐形成中值-低值的圈层分布（图 3-25）。

对比四个研究案例的指标数值发现，商业服务设施覆盖率的整体数值高低表现为：广东番禺区>四川双流区>重庆永川区>广西阳朔县；广东番禺区的整体数值最高，四川双流区则由众多高值与少数低值组合而成，整体数值相对较高，重庆永川区整体中值较多，而广西阳朔县则是中低值较多。

2. 金融服务设施覆盖率分布特征

金融服务设施覆盖率测度结果的数值特征如图 3-26 所示，位于 [0.0323，1] 区间内，该指标的中位值为 0.6317，意味着有一半以上样本体系内金融服务设施对居民点的覆盖率达到了 63% 以上，其中还有 4 个乡镇达到了 100% 全覆盖，可见研究案例区县内拥有相对完备的各类金融服务设施。

广东番禺区的金融服务设施覆盖率整体达到 0.75 以上，均值更是达到了近 90%，整体呈现"间隔圈层式"的空间分布特征，即以区政府驻地市桥街道为核心，东西两侧分别

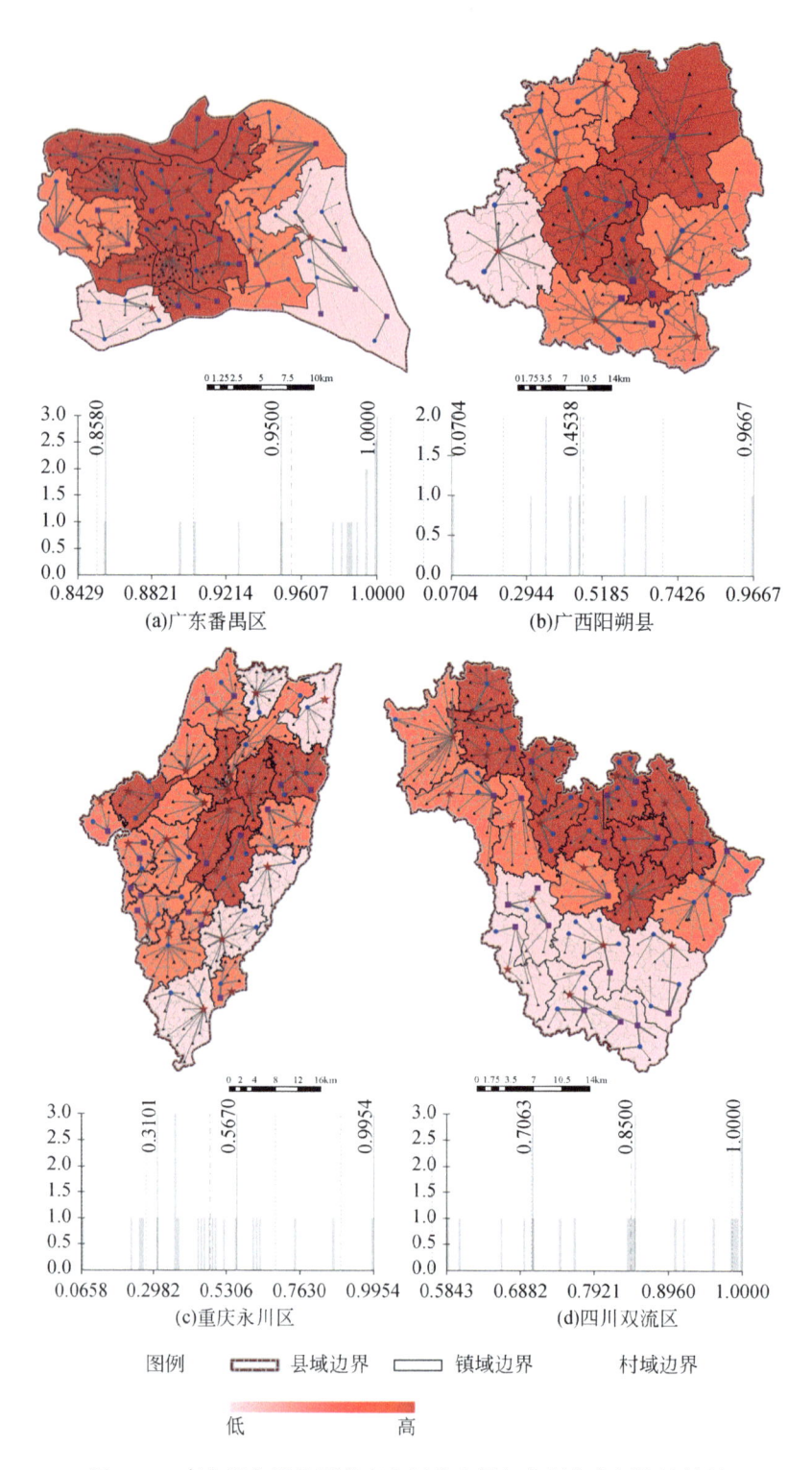

图3-25 商业服务设施覆盖率空间分布图与分研究案例统计结果

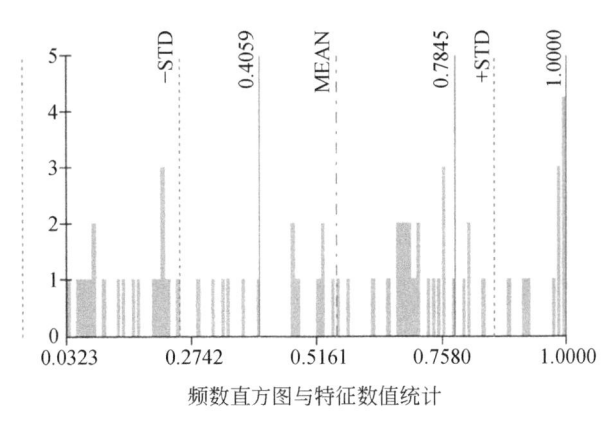

第 3 章 | 村镇聚落体系的空间谱系构建与解析

最小值	最大值	中位值	平均值	标准差
0.0323	1.0000	0.6317	0.5553	0.3039

图 3-26　金融设施覆盖率直方图与统计汇总

向外逐层形成高值-低值-中值的圈层分布，该类设施与商业设施分布特征不同的原因在于番禺区的东南部毗邻南沙区，南沙新区作为粤港澳大湾区的地理中心，受对外开放需求的影响，带动了番禺区东南部的金融产业发展。广西阳朔县的金融服务设施覆盖率则整体较低，均在 0.75 以下，且除了县政府驻地阳朔镇外，其余乡镇的覆盖率均在 40% 以下；整体呈现以阳朔镇为核心"中部高、东西低"的空间分布特征。重庆永川区的金融服务设施覆盖率的均值约在 0.6，多数乡镇的覆盖率高于 0.5，区政府驻地中山路街道、胜利路街道、人安街道更是出现了超过 80% 的高值；永川区除核心高值区之外，整体呈现"东南高、西北低"的空间分布特征。四川双流区的金融服务设施覆盖率整体不高，均在 0.7 以下，仅有西航港街道、东升街道、华阳街道、中和街道 4 个样本体系的覆盖率达到 0.5 以上；同商业设施类似地呈现由北向南的"扇形圈层式"空间分布特征，但重心有所北移，中低值增多（图 3-27）。

对比四个研究案例的指标数值发现，金融服务设施覆盖率的整体数值高低表现为：广东番禺区>重庆永川区>四川双流区>广西阳朔县。

3. 生活服务设施覆盖率分布特征

生活服务设施覆盖率测度结果的数值特征如图 3-28 所示，位于 [0，1] 区间内，数值分布相对分散；且该指标的中位值为 0.4954，意味着有一半以上的乡镇生活服务设施对居民点的覆盖率达到了 50% 以上，其中还有 3 个乡镇达到了 100% 的全覆盖。

四个研究案例的生活服务设施覆盖率所表现的数值空间分布特征与商业服务设施覆盖率非常类似。不同之处在于生活服务设施覆盖率整体相对低于商业设施覆盖率：广东番禺区的生活服务设施覆盖率除了化龙镇为 51% 外，其余乡镇均超过 60%；广西阳朔县除了县政府驻地阳朔镇之外，其余乡镇均低于 50%；重庆永川区的生活服务设施覆盖率超过 75% 的有区政府驻地中山路街道、胜利路街道、卫星湖街道与三教镇；四川双流区的生活

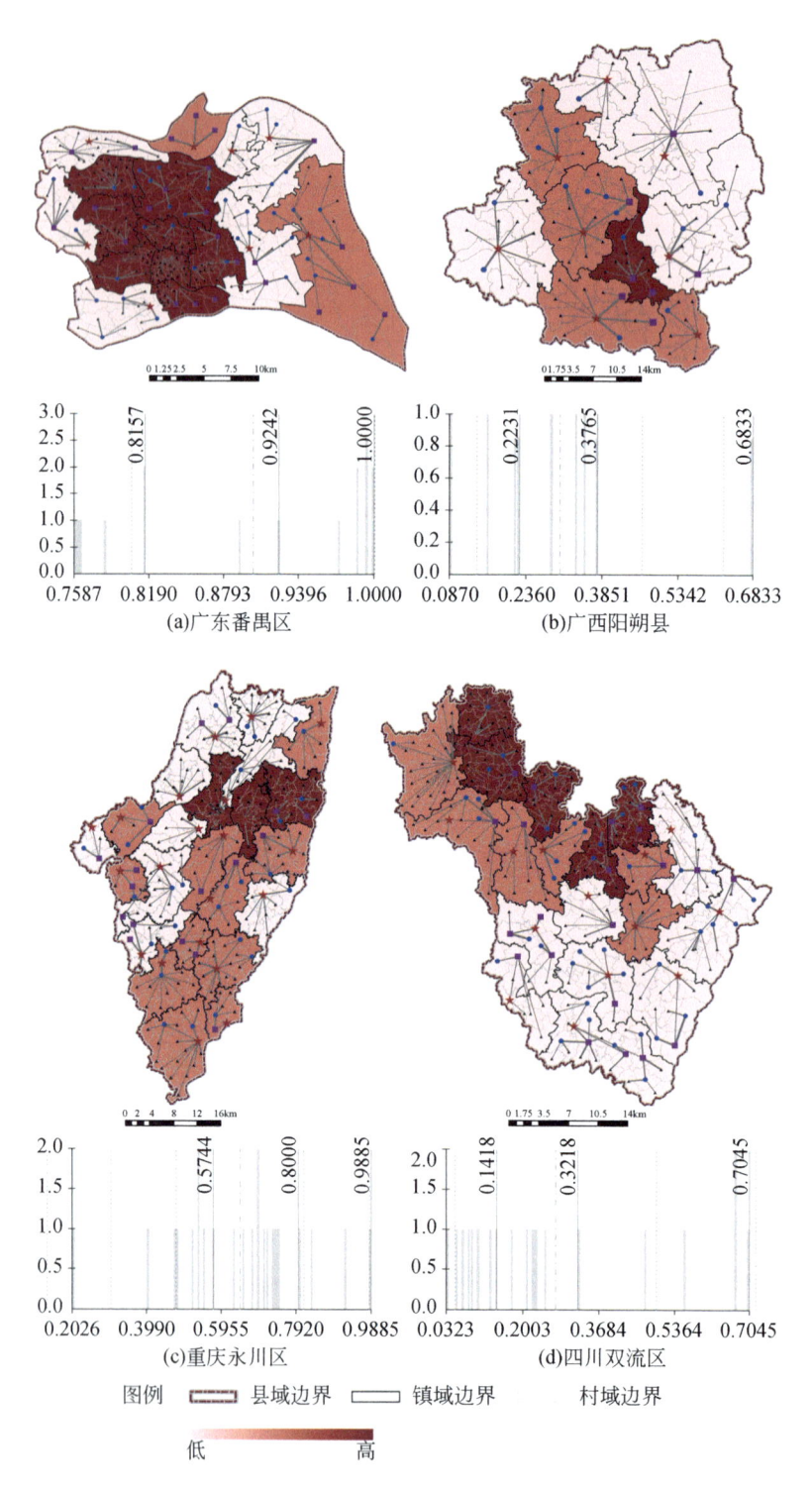

图 3-27　金融服务设施覆盖率空间分布图与分研究案例统计结果

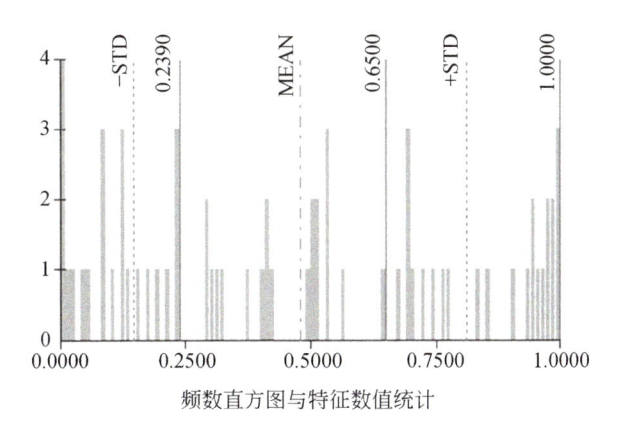

最小值	最大值	中位值	平均值	标准差
0.0000	1.0000	0.4954	0.4795	0.3338

图 3-28　生活设施覆盖率直方图与统计汇总

服务设施覆盖率超过 50% 只有北部的西航港街道、东升街道、华阳街道、中和街道、万安街道、九江街道（图 3-29）。总的来说，生活服务设施覆盖率的整体数值高低也同商业设施类似，表现为：广东番禺区>四川双流区>重庆永川区>广西阳朔县。

4. 教育服务设施覆盖率分布特征

教育服务设施覆盖率测度结果的数值特征如图 3-30 所示，位于 [0, 1] 区间内，数值分布相对分散；该指标的中位值为 0.5463，意味着有一半的乡镇教育服务设施对居民点的覆盖率达到了 54% 以上，其中还有 2 个乡镇达到了 100% 全覆盖。

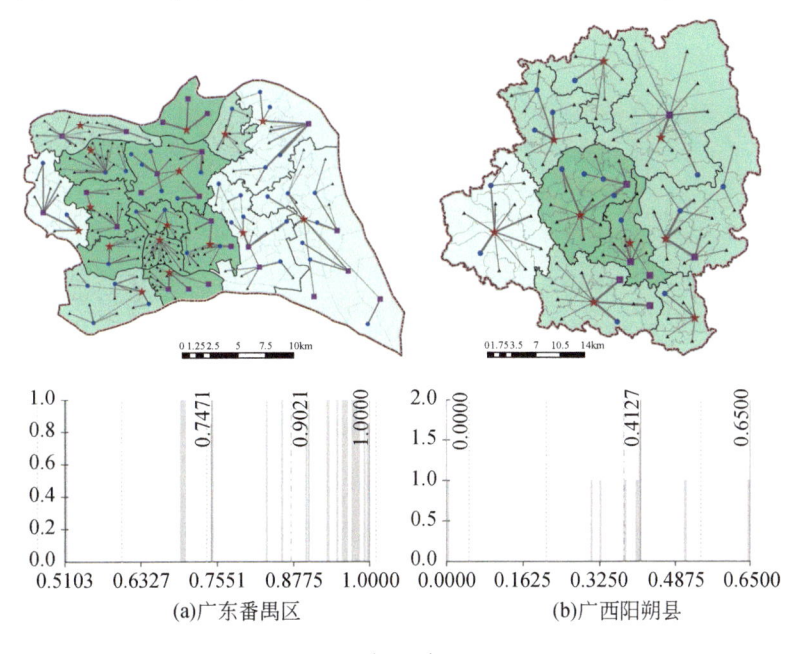

(a)广东番禺区　　(b)广西阳朔县

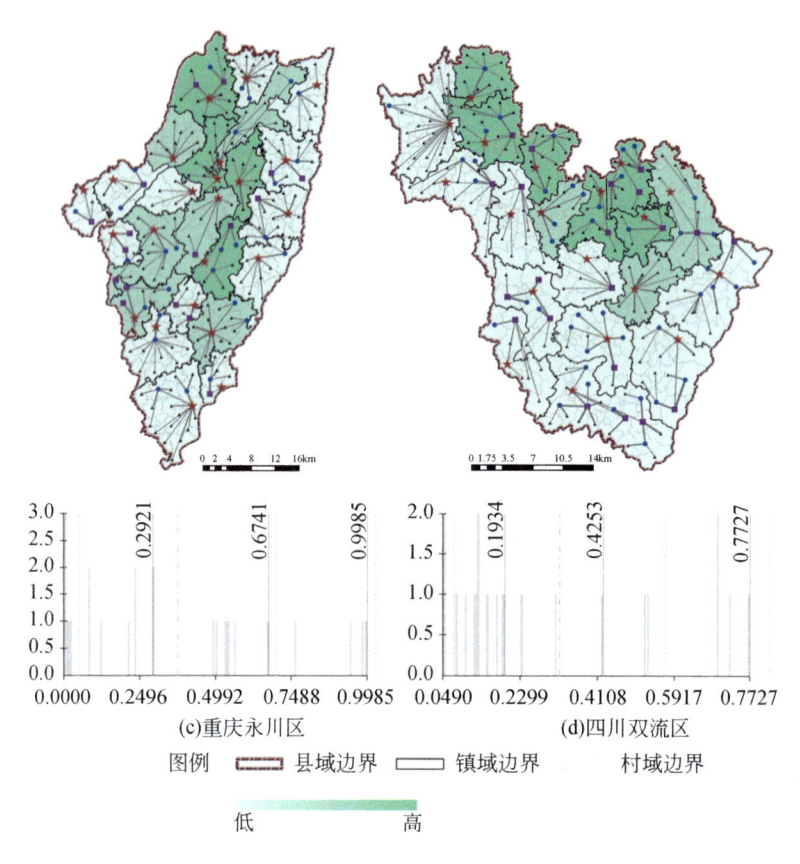

图 3-29　生活服务设施覆盖率空间分布图与分研究案例统计结果

最小值	最大值	中位值	平均值	标准差
0.0000	1.0000	0.5463	0.5430	0.3039

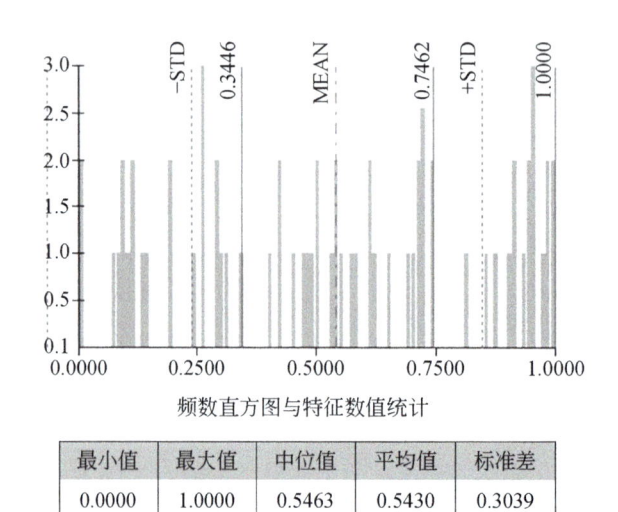

图 3-30　教育设施覆盖率直方图与统计汇总

第 3 章 | 村镇聚落体系的空间谱系构建与解析

四个研究案例中，广东番禺区与四川双流区的教育服务设施覆盖率所表现的数值空间分布特征与商业服务设施覆盖率的非常类似。其中，广东番禺区的教育服务设施覆盖率除了化龙镇外，其余乡镇均超过80%；四川双流区则整体在75%以下，且低值样本体系偏多。广西阳朔县的教育服务设施覆盖率的数值分布比较分散且整体偏低，除了县政府驻地阳朔镇之外，其余乡镇均在75%以下，整体呈现"中部高、西北-东南低"的空间分布特征。重庆永川区的教育服务设施覆盖率在区政府驻地中山路街道与胜利路街道呈现大于75%的高值，其余镇街覆盖率主要在［0.3，0.7］的区间内；整体呈现中部高外围低的"放射性圈层式"空间分布特征（图3-31）。对比四个研究案例的指标数值发现，教育服务设施覆盖率的整体数值高低表现为：广东番禺区＞重庆永川区＞广西阳朔县＞四川双流区。

5. 文体服务设施覆盖率分布特征

文体服务设施覆盖率测度结果的数值特征如图3-32所示。就华南-西南地区四个研究样本区县共67个镇域体系而言，文体服务设施覆盖率位于［0，1］区间内，该指标的中位值为0.6231，意味着有一半以上的乡镇文体服务设施对居民点的覆盖率达到了60%以上，其中还有2个乡镇达到了100%全覆盖。

四个研究案例中，广东番禺区与四川双流区的文体服务设施覆盖率所表现的数值空间分布特征与商业服务设施覆盖率同样比较相似，在数值特征上，广东番禺区的文体服务设施覆盖率整体超过50%；四川双流区则整体在70%以下，且低值样本体系偏多。广西阳朔县的文体服务设施覆盖率在数值空间分布特征上则表现为与其金融服务设施相类似；数值分布同样比较分散且整体偏低，除了县政府驻地阳朔镇之外，其余乡镇均在50%以下。重庆永川区的文体服务设施覆盖率数值分布相对集中，除了个别镇街外，均在50%以上，

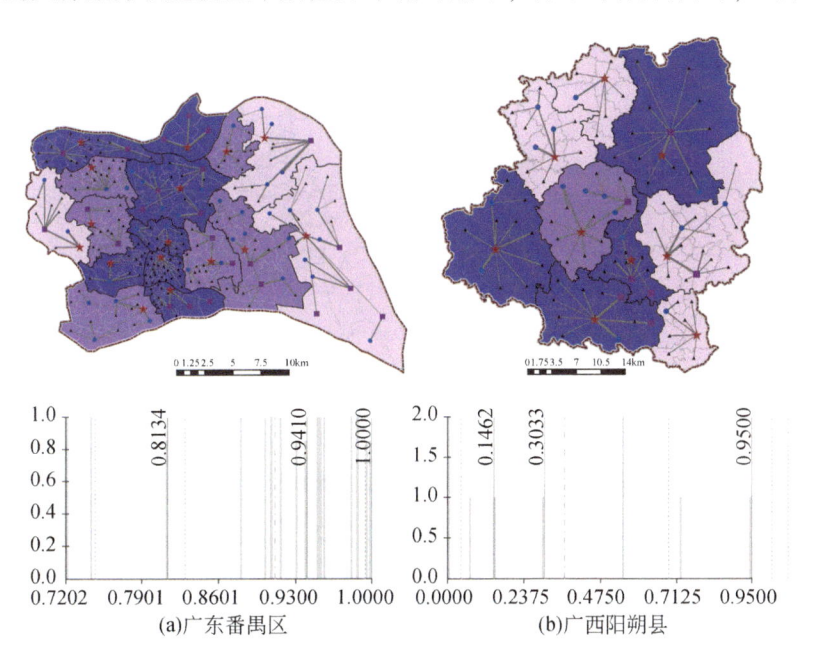

(a)广东番禺区

(b)广西阳朔县

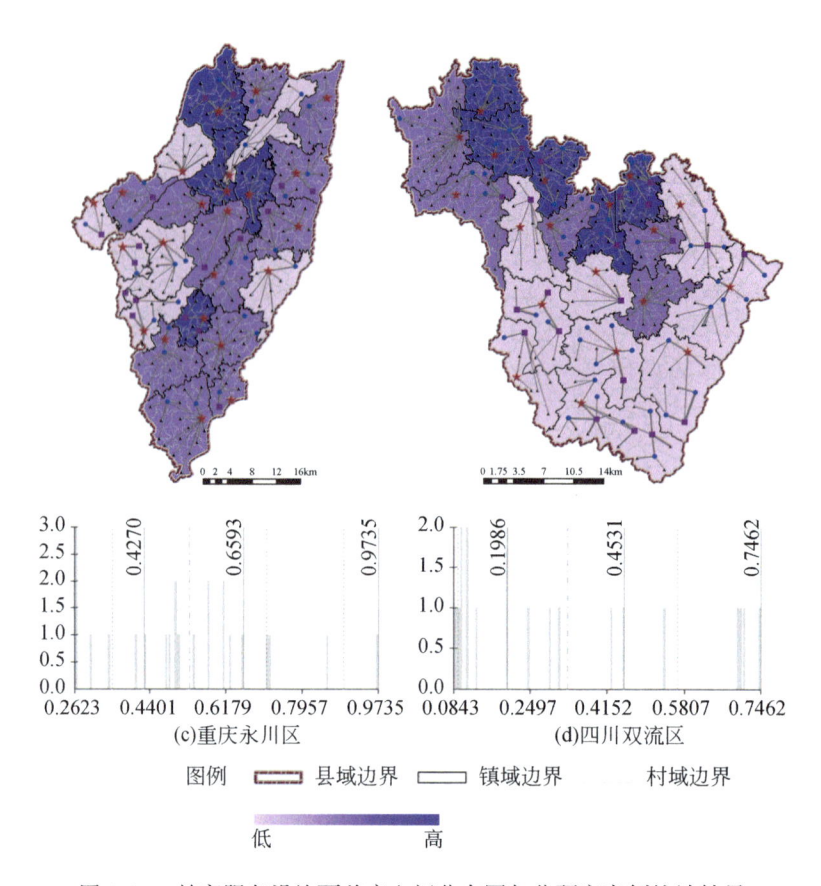

图 3-31　教育服务设施覆盖率空间分布图与分研究案例统计结果

最小值	最大值	中位值	平均值	标准差
0.0000	1.0000	0.6231	0.5449	0.3532

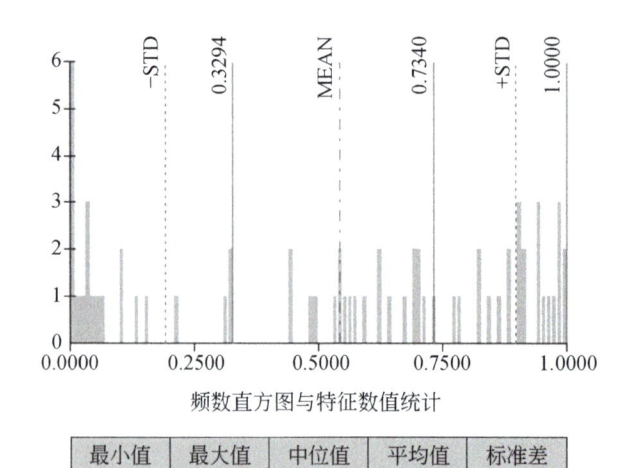

图 3-32　文体设施覆盖率直方图与统计汇总

且大多数为大于75%的高值，在空间分布上大致呈现"南高北低"的特征，这是由于永川区南部拥有著名的黄瓜山风景旅游区，相关的文体设施配套更加完备（图3-33）。

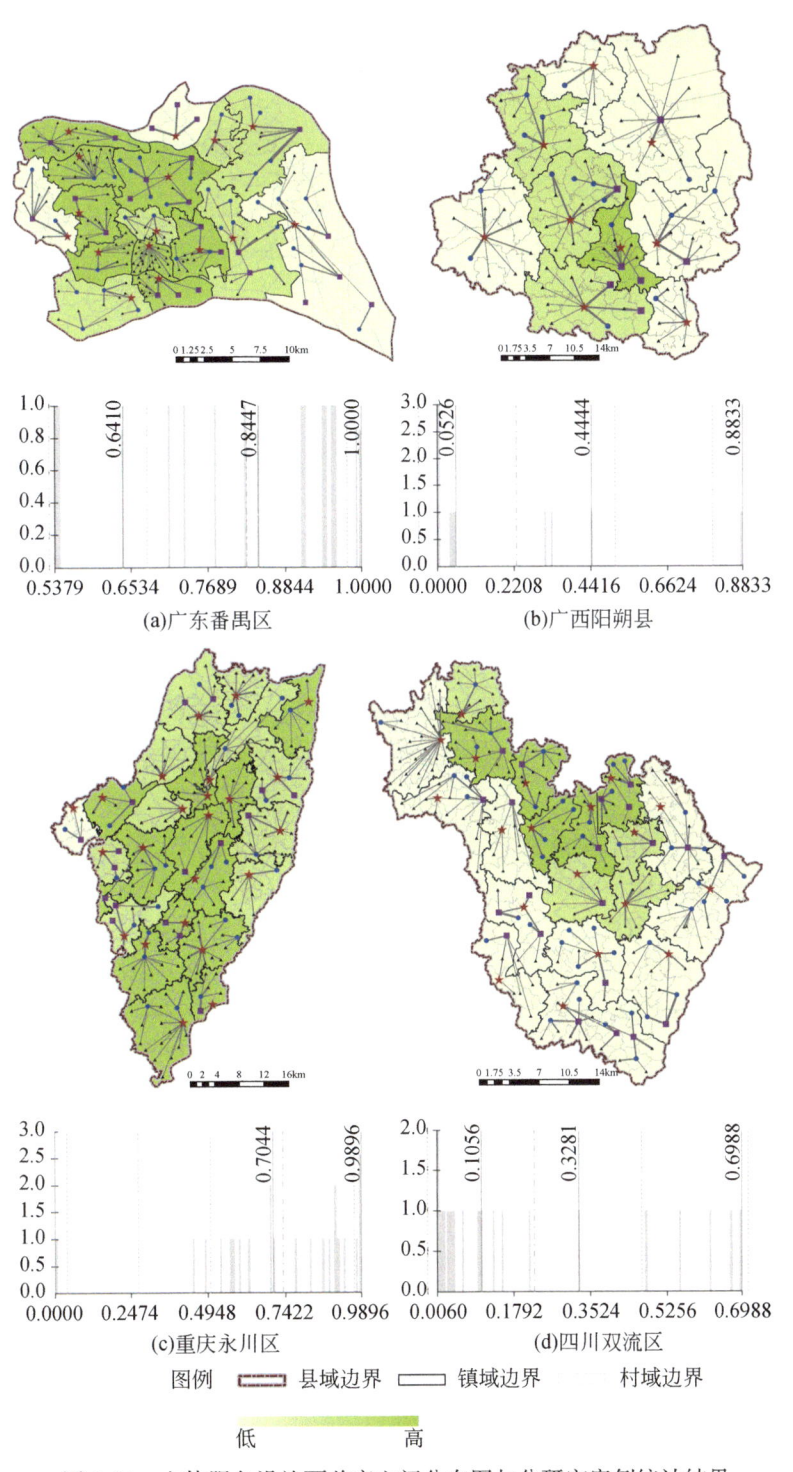

(a)广东番禺区

(b)广西阳朔县

(c)重庆永川区

(d)四川双流区

图例　——县域边界　——镇域边界　　村域边界

低　　高

图3-33　文体服务设施覆盖率空间分布图与分研究案例统计结果

对比四个研究案例的指标数值发现，文体服务设施覆盖率的整体数值高低表现为：广东番禺区>重庆永川区>四川双流区>广西阳朔县。

6. 医疗卫生设施覆盖率分布特征

医疗卫生设施覆盖率测度结果的数值特征如图 3-34 所示，位于 [0.0909, 1] 区间内，该指标的中位值为 0.5915，意味着大约有一半乡镇医疗卫生设施对居民点的覆盖率达到了 60% 以上，其中还有 3 个乡镇达到了 100% 全覆盖。

频数直方图与特征数值统计

最小值	最大值	中位值	平均值	标准差
0.0909	1.0000	0.5915	0.5682	0.2795

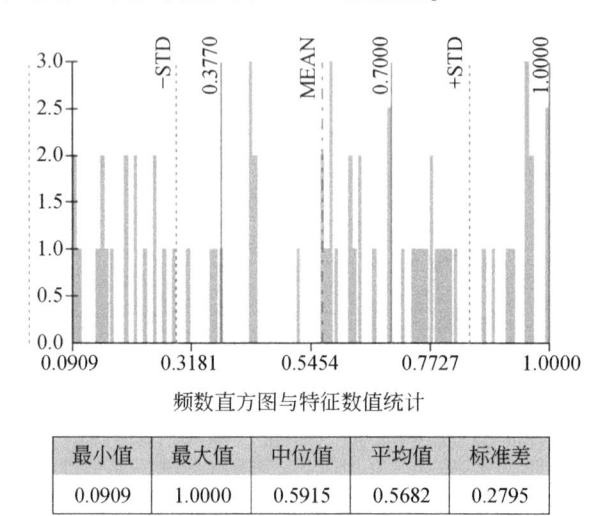

图 3-34　医疗设施覆盖率直方图与统计汇总

广东番禺区的医疗卫生设施覆盖率整体达到 70% 以上，超过一半的乡镇更是达到了 90% 以上，整体呈现"圈层式"的空间分布特征，即以区政府驻地市桥街道为核心，向外逐层形成高值–中值–低值的圈层分布，但在中低值圈层偶尔出现了如大安街道与新造镇的个别高值。广西阳朔县的医疗卫生设施覆盖率则整体相对较低，均在 70% 以下，且除了县政府驻地阳朔镇外，其余乡镇的覆盖率均在 40% 以下；整体呈现以阳朔镇为核心"中部高、外围低"的空间分布特征。重庆永川区的医疗卫生设施覆盖率的均值在 64% 左右，多数乡镇的覆盖率高于 50%，区政府驻地中山路街道、胜利路街道、红炉镇更是出现了超过 80% 的高值；整体呈现沿山脉东北–西南走向"中部高、两侧低"的空间分布特征。四川双流区的医疗卫生设施覆盖率整体不高，均在 75% 以下，整体中低值偏多，仅有东升街道、西航港街道、中和街道、华阳街道 4 个镇街的覆盖率达到 50% 以上；整体呈现北高南低的"扇形圈层式"空间分布特征（图 3-35）。

对比四个研究案例的指标数值发现，医疗卫生设施覆盖率的整体数值与商业服务设施类似，表现为：广东番禺区>重庆永川区>四川双流区>广西阳朔县。

第 3 章 | 村镇聚落体系的空间谱系构建与解析

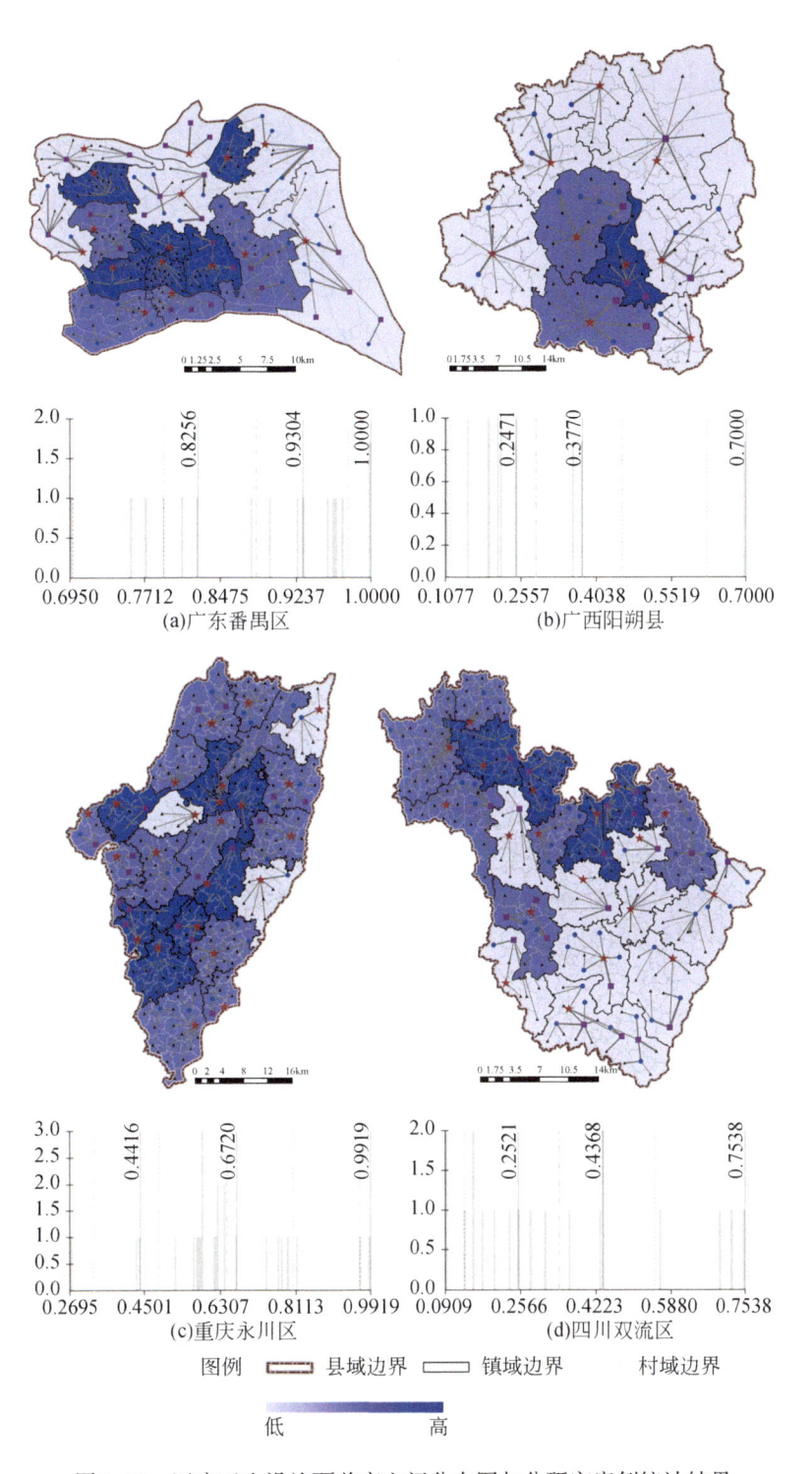

(a)广东番禺区　(b)广西阳朔县

(c)重庆永川区　(d)四川双流区

图例　县域边界　镇域边界　村域边界

低　高

图 3-35　医疗卫生设施覆盖率空间分布图与分研究案例统计结果

3.2.4 交通通达程度特征

村镇聚落体系的交通条件通达程度反映了村镇聚落交通建设总量、交通网络结构的连通与衔接情况等,是直接影响村镇聚落区位可达条件、市场经济活力、居民点空间分布的最重要因素之一(李云强等,2011)。关于交通条件的量化测度,既有方法在城乡空间的应用已经相对成熟(表3-5)。

表3-5 交通条件维度的常用测度指标与方法

学者	年份	指标选用	方法特点
施耀忠等	1995	公路网密度、布局均衡度、节点连通度	公路网结构性评价技术研究
王姣娥,金凤君	2005	铁路网的旅行时间、时间区位系数	基于铁路网旅行时间模型的交通网络通达性测度与演进情况研究
潘裕娟,曹小曙	2010	路网连通度、可达性、农村路网与干线路网衔接	多指标的农村路网结构通达水平测度与形成机理研究
查凯丽等	2018	路网密度、可达性、直达性	多指标的农村路网通达性测度
周薇等	2021	等效路网密度、内部可达性、居民点–公路邻近度、干线衔接度、地形阻力系数	多指标的乡镇综合交通通达性指标测度与空间格局分析

对于村镇地区而言,交通条件的决定性因素为公路网的运输能力,其量化测度也应着重研究公路网的建设情况。本书考虑到指标适用性广、刻画特征全面等需求,以及从研究的实际需要出发,最终选取了能够整体衡量路网建设总量、结构合理情况、村镇最后一公里通达程度的相关指标,包括路网密度、路网连通度和干支路网平均衔接距离,挖掘交通通达性对村镇聚落空间结构的内在影响机制。

1. 路网密度

路网密度是表征一定地区公路发展水平的宏观基本指标之一,路网密度的测度可以分为面积密度、经济密度、人口密度、车辆密度、运输密度等多种方式。本书结合村镇聚落空间研究的实际,选用了面积密度进行测度,其定义为镇域村镇聚落内道路总长度与村镇总面积的比值,其计算公式如式(3-19):

$$D_{rd} = \frac{\sum l_i}{A} \tag{3-19}$$

式中,D_{rd}为村镇体系的路网密度;$\sum l_i$为某一村镇体系镇域内道路总长度;A为该镇域的总面积。路网密度越大,则村镇内路网总容量越大,村镇的交通通达性和服务能力也越强。

路网密度测度结果的数值特征如图3-36所示,位于[0.4690,15.0793]区间内,多数乡镇的该指标分布于平均值5.4666以下,高值的样本较少,从数值统计结果来看,67个样本中只有7个乡镇路网密度大于10km/km^2,有34个乡镇的路网密度大于5km/km^2。

频数直方图与特征数值统计
(单位：km/km²)

最小值	最大值	中位值	平均值	标准差
0.4690	15.0793	5.0711	5.4666	3.8797

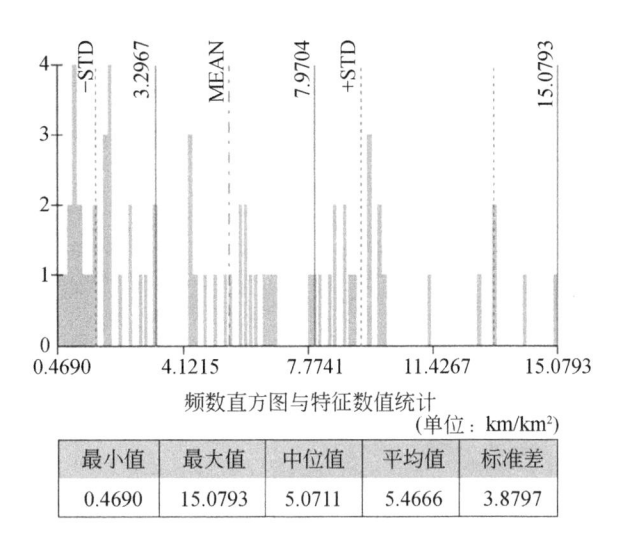

图 3-36　路网密度直方图与统计汇总

广东番禺区的路网密度在市桥街道、小谷围街道与桥南街道出现大于 10km/km² 的高值，且除了石楼镇为 4.37km/km² 的最低值之外，其余镇街均在 5km/km² 以上；该样本区的路网密度整体大致呈现"西高东低"的空间分布特征，区西部的路网干线密布且路网等级结构完善。广西阳朔县全域的路网密度整体偏低，均在 3km/km² 及以下，且除了县政府驻地阳朔镇以外，其余乡镇均在 2.3km/km² 以下；整体呈现"中部高、东西低"的空间分布特征，这是因中部地区有国道 312 和包茂高速等高级别公路干线穿过，路网条件相对较好。重庆永川区的路网密度仅在区政府驻地中山路街道出现大于 5km/km² 的高值，而同时在板桥镇、双石镇、大安街道也出现 3 个相对高值样本；其余镇街均小于 4km/km²，并大体呈现"东高西低"的空间分布特征，其中，山脉密布的西南部路网交通条件较差，路网密度大多在 1.5km/km² 以下。四川双流区的路网密度在西航港街道、中和街道与九江街道出现大于 10km/km² 的高值，且除了永兴街道为 4.38km/km² 的最低值之外，其余镇街均在 5km/km² 以上；该样本区的路网密度整体呈现由北向南递减的"扇形圈层式"空间分布特征，这主要由于区北部临近成都主城区区域，路网建设相对完善（图 3-37）。

对比四个研究案例的指标数值发现，路网密度的整体数值高低表现为：广东番禺区>四川双流区>重庆永川区>广西阳朔县。

2. 路网连通度

路网连通度是对一定地区各节点依靠路网相互连通程度的衡量，是通过节点连通情况表征路网空间布局的整体结构特点，其计算公式如式（3-20）：

$$C_{rd} = \frac{\sum l_i / \xi}{\sqrt{n \times A}} \tag{3-20}$$

式中，C_{rd} 为村镇体系的路网密度；$\sum l_i$ 为某一村镇体系镇域内道路总长度；ξ 为该镇域路网变形系数，即各节点间实际路网总里程与空间直线总长度（欧式距离）的比值，该值反

(a)广东番禺区　　(b)广西阳朔县

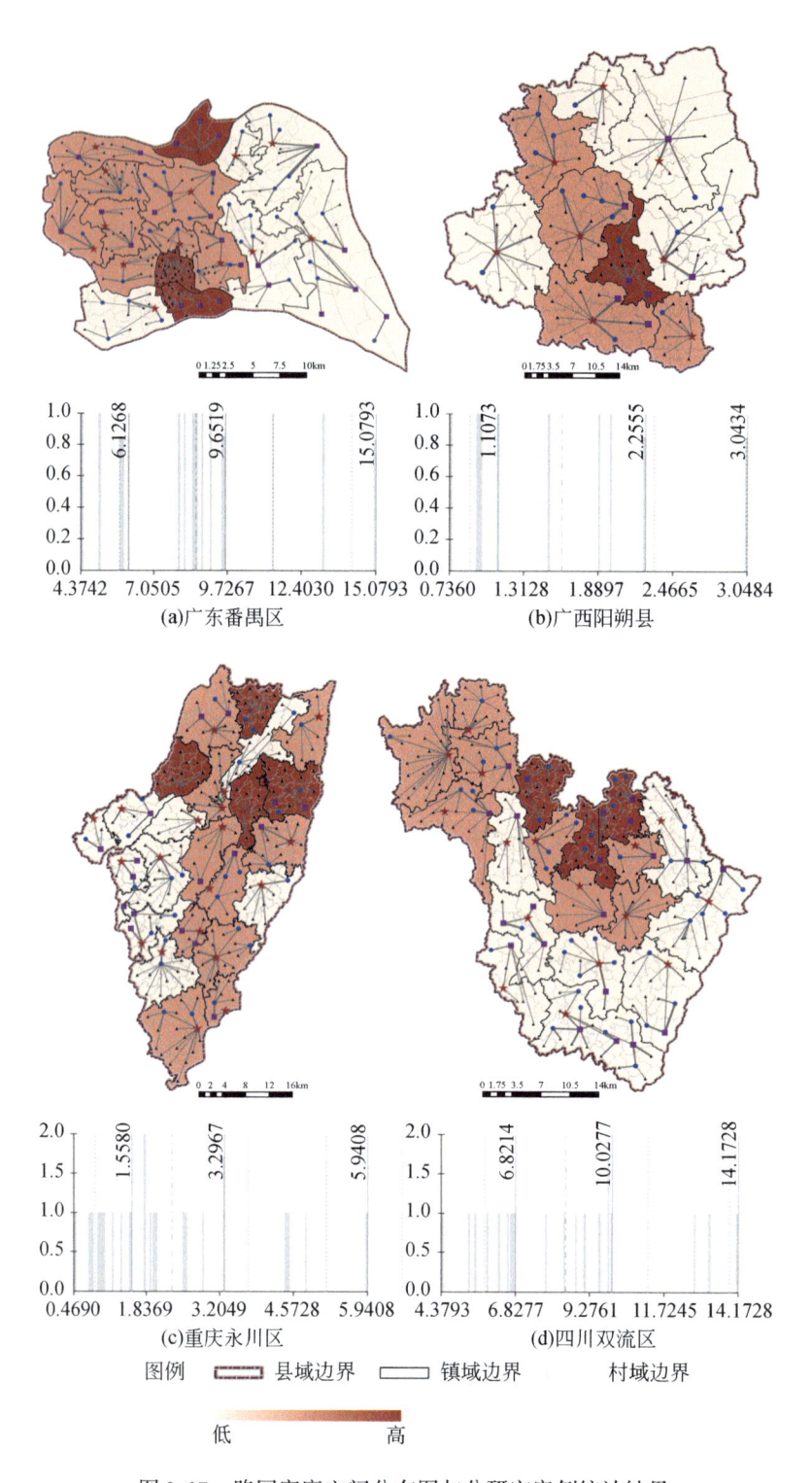

(c)重庆永川区　　(d)四川双流区

图例　县域边界　镇域边界　村域边界

低　高

图3-37　路网密度空间分布图与分研究案例统计结果

映了道路的扭曲情况与节点分布的几何关系;A 为该镇域的总面积;n 为该镇域路网节点的总个数。路网连通度越高,则该路网空间布局结构的实际联通能力越高效。

路网连通度测度结果的数值特征如图 3-38 所示,位于 [0.3070,7.9250] 区间内,多数乡镇的路网连通度分布于平均值 1.9088 以下,高值的样本较少,大部分数值集中分布于均值的正负一倍标准差范围内,即 [0.6479,3.1697] 区间内。从数值统计结果来看,67 个乡镇中只有 2 个乡镇路网连通度大于 5,有 30 个乡镇路网连通度大于 2。

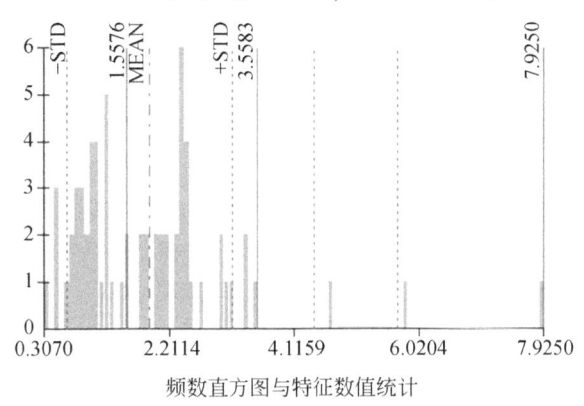

频数直方图与特征数值统计

最小值	最大值	中位值	平均值	标准差
0.3070	7.9250	1.7845	1.9088	1.2609

图 3-38 路网连通度直方图与统计汇总

广东番禺区的路网连通度在市桥街道与小谷围街道出现大于 5 的绝对高值,其余镇街也基本在 1.5 以上;整体大致呈现"西高东低"的空间分布特征,即西部的路网结构连通程度优于东部。广西阳朔县全域的路网连通度整体偏低,均在 1.5 以下,除了中部的阳朔镇、葡萄镇、白沙镇 3 个高值乡镇外,其余乡镇均小于 1;整体大致呈现"中部高、东西低"的空间分布特征,其中东西两侧又以西部的路网结构连通程度优于东部。重庆永川区的路网连通度整体在 [0.5,1.5] 的区间内,大部分乡镇的数值集中分布在均值 1 左右,大于 1.2 的相对高值为中山路街道、永荣镇、板桥镇、仙龙镇、临江镇;大体呈现"西南高、东北低"的空间分布特征。四川双流区的路网连通度整体较高,位于 [1.7,2.5] 的区间内,且高值样本体系较多,有 16 个镇街的路网连通度大于 2;在空间分布上也类似地呈现由北向南递减的"扇形圈层式"特征(图 3-39)。

对比四个研究案例的指标数值发现,路网连通度的整体数值高低与路网密度相似,表现为:广东番禺区>四川双流区>重庆永川区>广西阳朔县。

3. 干支路网平均衔接距离

干支路网平均衔接距离测度的是村镇路网与外围干线路网衔接情况,能够表征公路网向村镇最后一公里延伸与承接效果,衡量村镇路网的最终运输集散能力。指标测度中,以镇域体系内各个村镇聚落节点到达最近干线路网高速口的平均距离,其计算公式如式(3-21):

(a)广东番禺区 (b)广西阳朔县

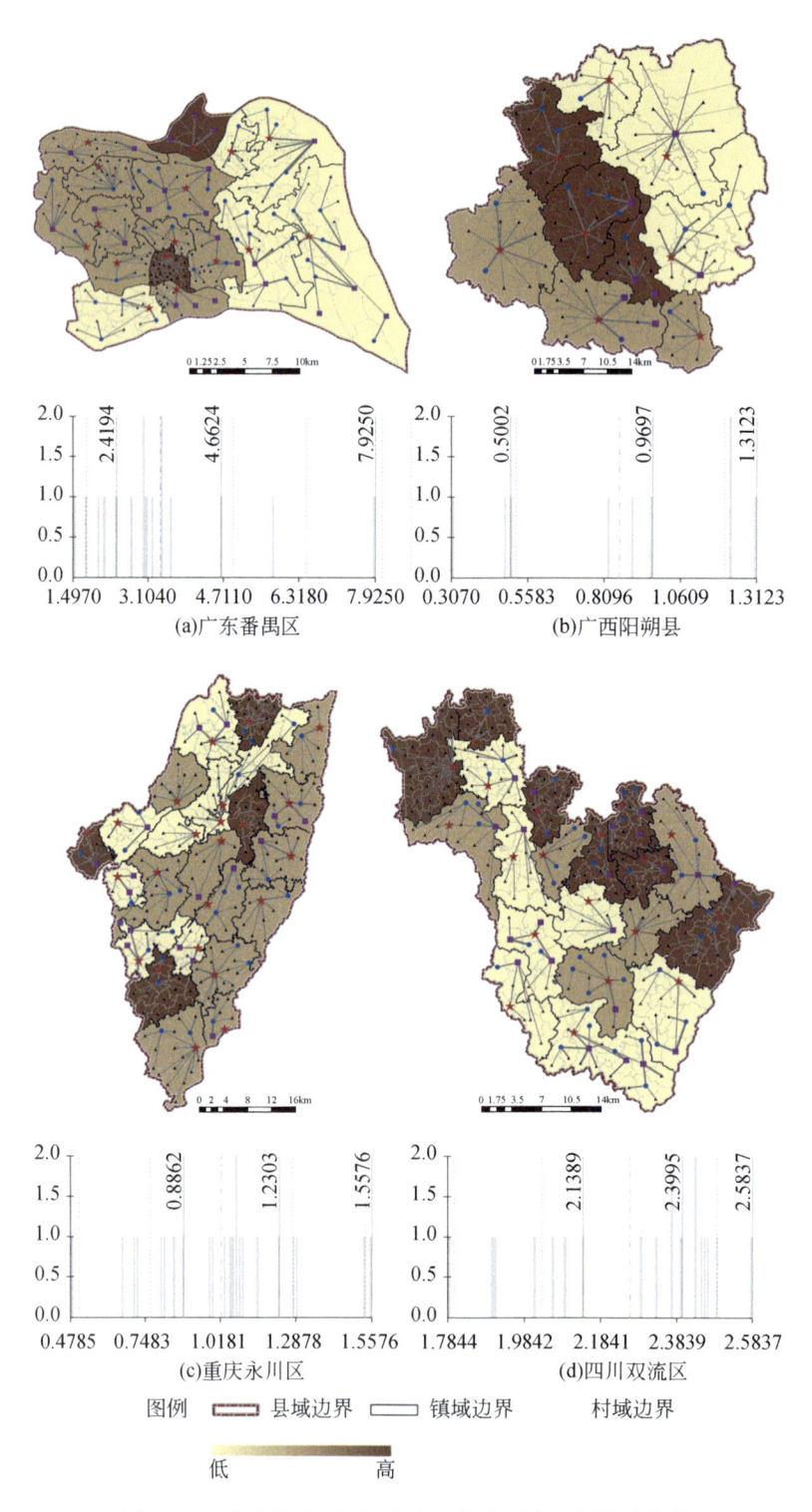

(c)重庆永川区 (d)四川双流区

图例   县域边界   镇域边界   村域边界

低   高

图 3-39   路网连通度空间分布图与分研究案例统计结果

$$\overline{CD}_{\text{rd}} = \frac{\sum d_{i\min}}{N} \tag{3-21}$$

式中，$\overline{CD}_{\text{rd}}$ 为村镇体系的干支路网平均衔接距离；$d_{i\min}$ 为村镇聚落 i 到达最近干线路网高速口的最短路径距离；N 该镇域内村镇聚落节点的数量。其中，最短路径距离 $d_{i\min}$ 使用高德地图开放平台的路径规划 API 接口获取，其求解基于 Python 编程采用经典算法 Dijkstra 算法实现。该指标反映村镇体系中路网的有效衔接程度和集散能力，其值越小，则村镇交通的集散能力越好。

干支路网平均衔接距离测度结果的数值特征如图 3-40 所示，位于 [2.2844，43.2888] 区间内，多数样本乡镇的指标分布于平均值 8.2393km 以下，低值的样本乡镇较多，从数值统计结果来看，67 个样本体系中有 24 个乡镇干支路网平均衔接距离小于 5km，有 49 个乡镇干支路网平均衔接距离小于 10km。总的来看，多数样本乡镇的交通集散能力处于较高水平。

频数直方图与特征数值统计

（单位：km)

最小值	最大值	中位值	平均值	标准差
2.2844	43.2888	5.8326	8.2393	7.3754

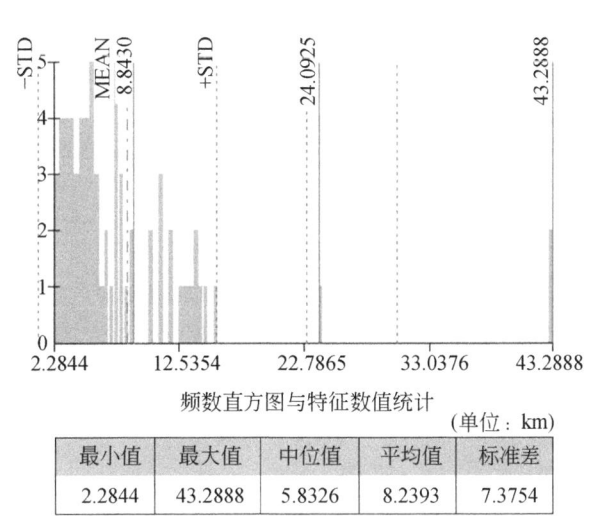

图 3-40　干支路网平均衔接距离直方图与统计汇总

广东番禺区的干支路网平均衔接距离整体均较低，除了桥南街道、市桥街道、石楼镇的部分高值，其余镇街均小于 5km；整体大致呈现"北高南低"的空间分布特征，这是因为区内干线路网的出入口主要位于区北部，是该区西北部广州南站高铁站的交通换乘衔接之处。广西阳朔县全域的干支路网平均衔接距离整体较高，除了南部高田镇为 7.5km 外，其余乡镇均在 10km 以上；整体大致呈现"西南高、东北低"的空间分布特征。重庆永川区的干支路网平均衔接距离均在 15km 以下，又以东北、西北、东南、西南四角的若干镇街为主要低值，其余中部镇街则相对数值较高；这是由于该样本区的主要干线路网呈"X"形穿越境内，邻近干线出入口的四周镇街干支路网平均衔接距离大多呈现低值。四川双流区的干支路网平均衔接距离也整体较低，除了彭镇之外，其余镇街均小于 10km；且在西航港街道、煎茶街道、万安街道、九江街道与新兴街道出现了小于 3km 的低值；双流区的干支路网平均衔接距离整体呈现"H"形低值的空间分布特征，这与主要国道、省道干线路网呈"H"形穿越境内有关（图3-41）。

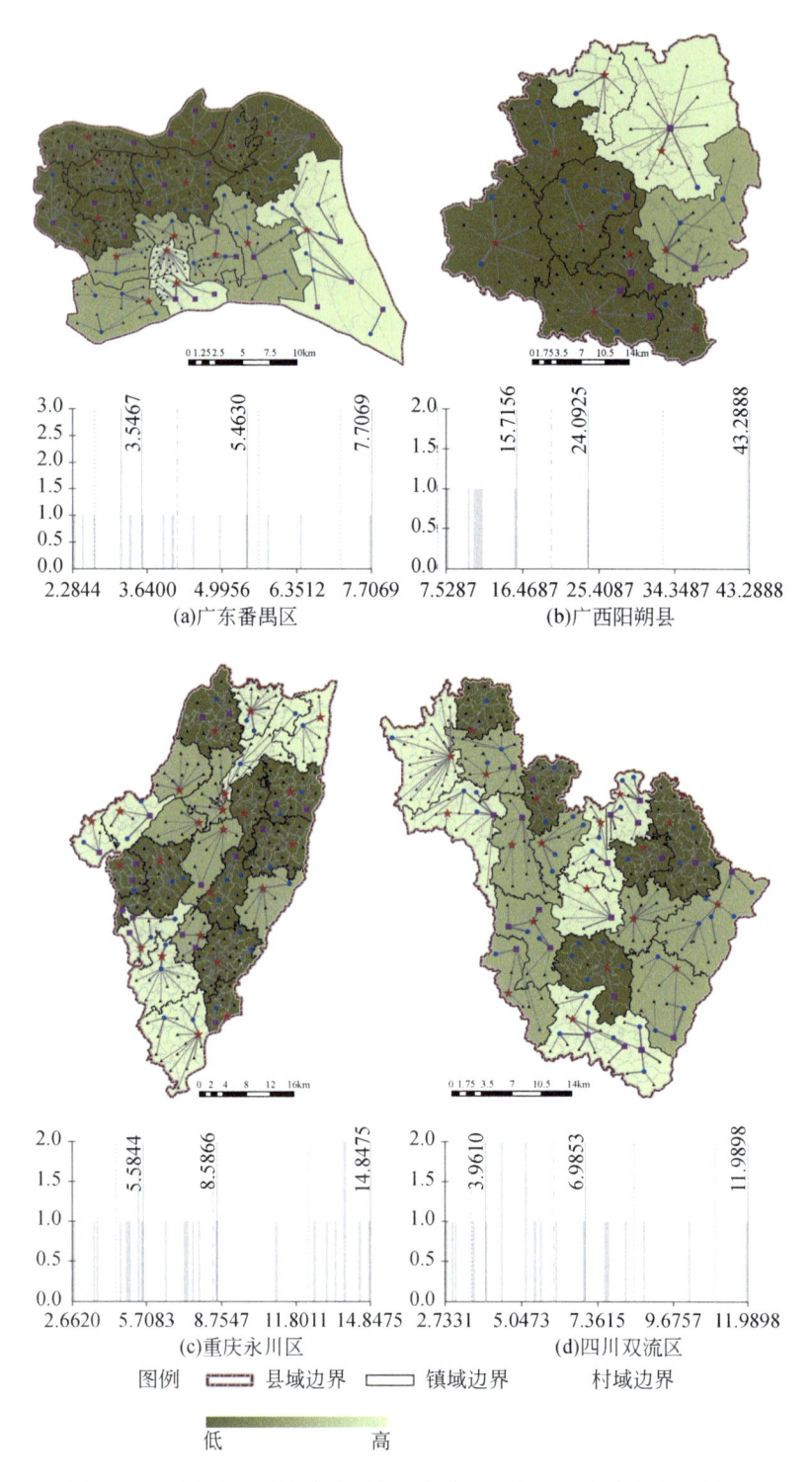

(a)广东番禺区

(b)广西阳朔县

(c)重庆永川区

(d)四川双流区

图例　▭县域边界　▭镇域边界　村域边界

低　高

图 3-41　干支路网平均衔接距离空间分布图与分研究案例统计结果

对比四个研究案例的指标数值发现，干支路网平均衔接距离的整体数值高低表现为：广东番禺区<四川双流区<重庆永川区<广西阳朔县。

综合上述 3 个衡量交通通达程度的指标测度结果可以发现，四个研究样本区县的交通条件有明显的优劣差异，3 个指标一致显示了广东番禺区与四川双流区的良好交通条件基础，以及重庆永川区与广西阳朔县的相对交通劣势。这是因番禺区和双流区均为城市近郊区的村镇，而永川区和阳朔县均远离城市中心，处于城市外围地区。由此可见，交通通达程度可以一定程度上反映村镇聚落所处的区位情况。

3.3 村镇聚落体系的特征类型生成

村镇聚落特征类型生成是谱系构建的关键环节，在村镇聚落体系不同维度空间特征识别的基础上，首先通过基于主成分法的因子分析有层次地提取村镇聚落体系特征类型因子，继而对于精炼提取后的复合因子按相应的特征维度进行基于自然间断法的谱系类型划分，以实现对村镇聚落体系类型特征规律的剖析，为谱系构建奠定基础。

根据华南-西南地区 4 个研究案例区县的 17 个特征指标测度结果进行主成分分析，发现当主成分因子数为 4 时，其累计特征贡献度达到 74.5%；同时，前四个主成分因子的特征值均大于 1（图 3-42），表示该主成分因子对样本数据信息的解释能力强于单个原始指标，符合主成分需"特征值大于 1"的原则。

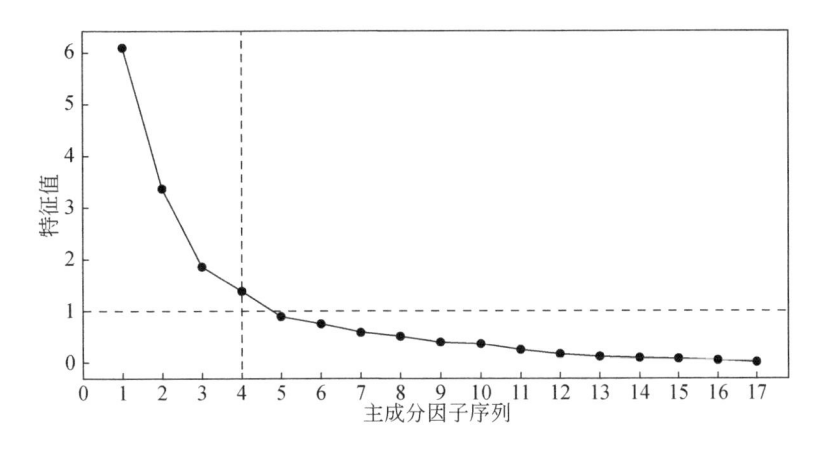

图 3-42 主成分因子的特征值曲线

同时，根据方差最大正交旋转法（varimax）对主成分矩阵进行旋转处理，使每个主成分因子与原标签之间的荷载系数向±1 或 0 收敛（图 3-43），并获得特征差异明显且含义合适的旋转主成分因子 A、B、C、D，便于研究者根据旋转后的因子荷载系数矩阵进行因子含义阐释。

最终确定选取特征值依次为 6.044、3.377、1.832、1.422 的前四个主成分因子作为原始 17 个特征指标的降维分析结果，该结果能够解释原始数据的 74.5% 的特征信息，整体降维凝练效果良好。

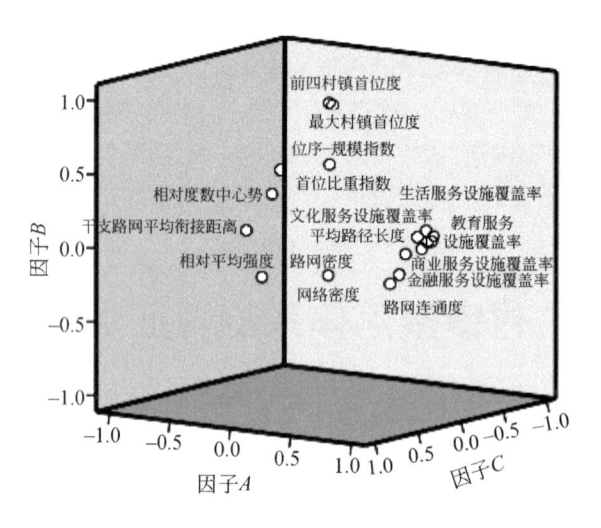

图 3-43　因子分析的旋转荷载图

依据因子荷载系数所揭示的主成分因子所载荷的指标信息与原始指标信息的比率情况，通常可以认为当荷载系数达到 0.5 时，该原始指标为相应主成分因子的关联指标。因子 A 特征维度主要与原始指标中的各类功能服务设施覆盖率及路网密度、路网连通度、干支路网平均衔接距离等交通条件通达程度指标高度相关，其中，其与干支路网平均衔接距离负相关，与其余上述其他原始指标正相关；因子 B 特征维度主要与原始指标中的最大村镇首位度、前四村镇首位度、位序-规模指数、首位比重指数呈高度正相关；因子 C 特征维度主要与原始指标中的平均路径长度、网络密度、首位比重指数、相对度数中心势相关，其中，其与平均路径长度呈高度负相关，与其余上述其他原始指标呈正相关；因子 D 特征维度主要与原始指标中的相对平均强度、相对度数中心势、路网密度、路网连通度相关，其中，与相对平均强度负相关，与其余上述其他原始指标呈正相关。基于上述的相关关系，本书结合村镇聚落体系谱系研究的实际，对四个因子所代表的特征维度进行内涵归纳与解析，确定谱系层次的含义分别为：区位可达性、首位中心性、空间统筹性、网络联系性。

在此基础之上，通过自然断点法来进行类型划分。具体地，需要对四大特征维度分别进行方差拟合优度 GVF 的计算，从而确定各个四个特征维度的最佳分类数。基于 Python 编程计算所得的 GVF 曲线可知，区位可达性、首位中心性、空间统筹性、网络联系性的最佳分类数分别为 3 类、4 类、4 类、4 类，此时各个特征维度的 GVF 值已大于 0.9，且出现明显的收敛趋势（图 3-44，图 3-45）。

其中，区位可达性这一维度划分为低值（Ⅰ类）、中值（Ⅱ类）、高值（Ⅲ类）三个值段（类型），其余三个维度则为低值（Ⅰ类）、中低值（Ⅱ类）、中高值（Ⅲ类）、高值（Ⅳ类）四个值段（类型），值段（类型）划分结果如表 3-6 所示。

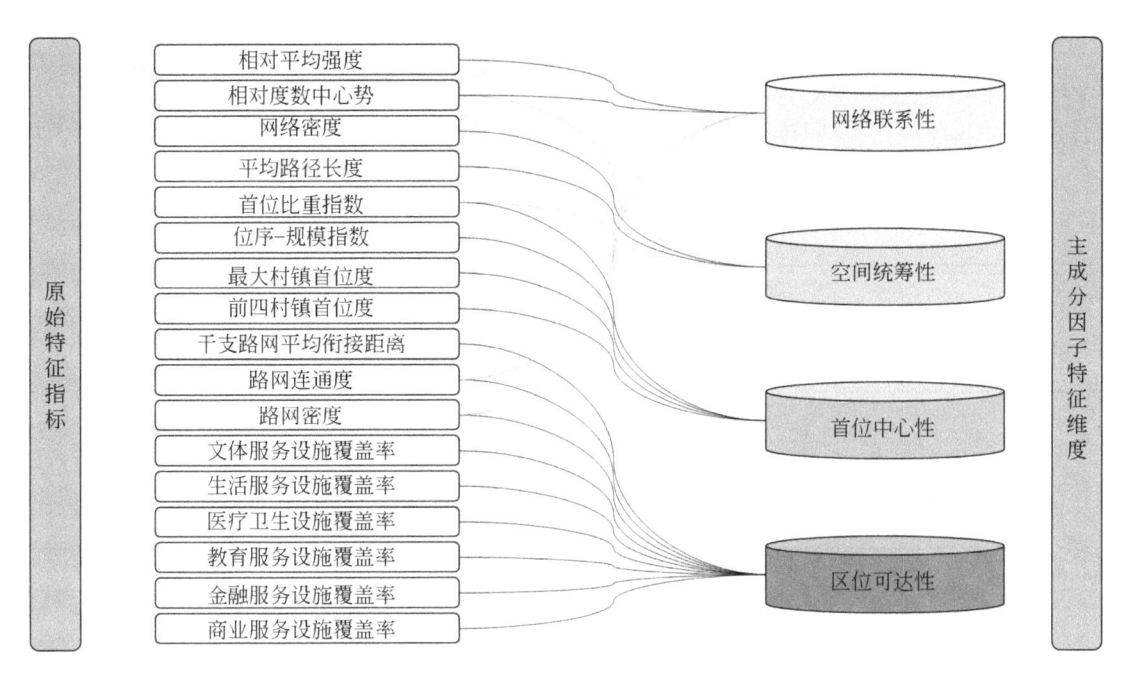

图 3-44　主成分因子特征维度与原始特征指标的归属对应关系图

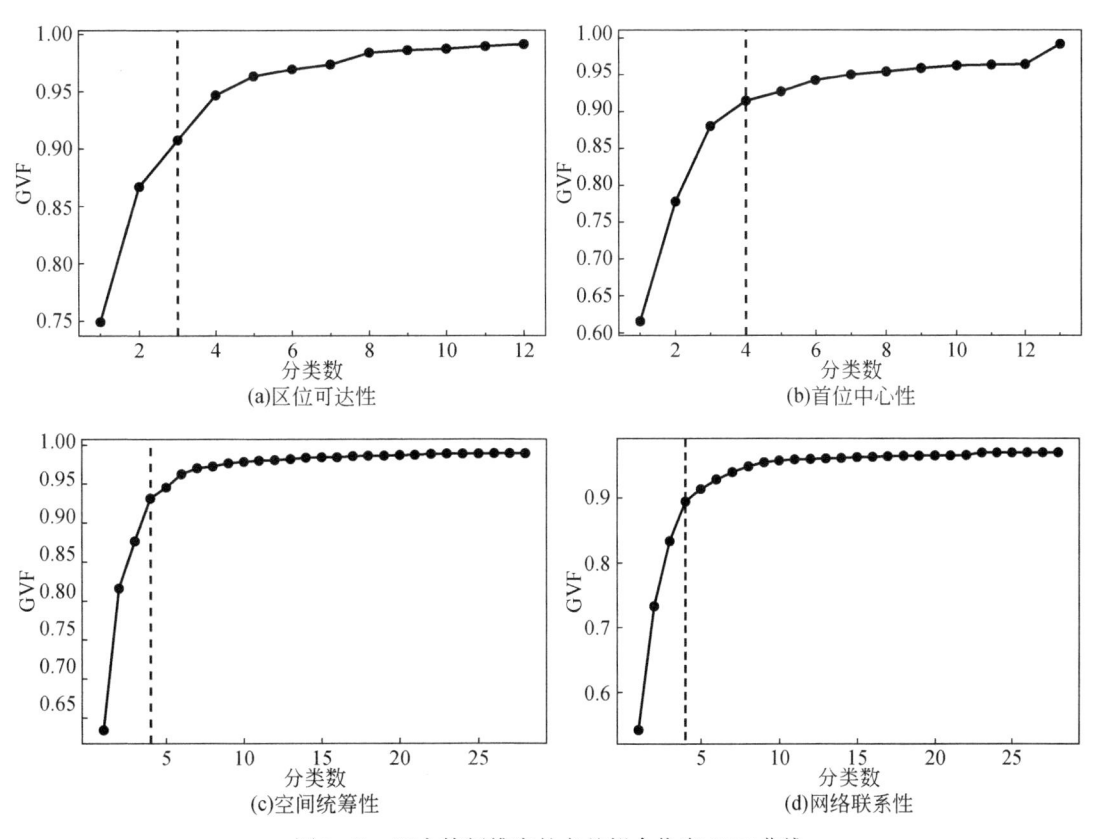

图 3-45　四大特征维度的方差拟合优度 GVF 曲线

| 村镇聚落空间谱系理论与构建方法 |

表 3-6　主成分因子的值段（类型）划分

A 区位可达性	B 首位中心性	C 空间统筹性	D 网络联系性
低值段：[−2.1257，−0.4105) 中值段：[−0.4105，0.7655) 高值段：[0.7655，2.4129)	低值段：[−1.8588，−0.6502) 中低值段：[−0.6502，0.3193) 中高值段：[0.3193，1.5322) 高值段：[1.5322，3.0359)	低值段：[−0.9580，−0.1281) 中低值段：[−0.1281，0.6819) 中高值段：[0.6819，1.6938) 高值段：[1.6938，3.2274)	低值段：[−2.0313，−0.8127) 中低值段：[−0.8127，0.1501) 中高值段：[0.1501，1.0927) 高值段：[1.0927，4.1396)
各值段样本数量 高：中：低=23：23：21	各值段样本数量 高：中高：中低：低= 3：9：36：19	各值段样本数量 高：中高：中低：低= 6：16：21：24	各值段样本数量 高：中高：中低：低= 4：18：34：11

最终，得到华南-西南地区村镇聚落体系的四大特征维度类型空间分布，如表 3-7 所示。

表 3-7　华南-西南地区村镇聚落体系谱系的分层次维度类型空间分布

区/县	A 区位可达性	B 首位中心性	C 空间统筹性	D 网络联系性
广东番禺区				
广西阳朔县				
重庆永川区				

续表

区/县	A 区位可达性	B 首位中心性	C 空间统筹性	D 网络联系性
四川双流区				
图例	低区位可达性 中区位可达性 高区位可达性	低首位中心性 中低首位中心性 中高首位中心性 高首位中心性	低空间统筹性 中低空间统筹性 中高空间统筹性 高空间统筹性	低网络联系性 中低网络联系性 中高网络联系性 高网络联系性

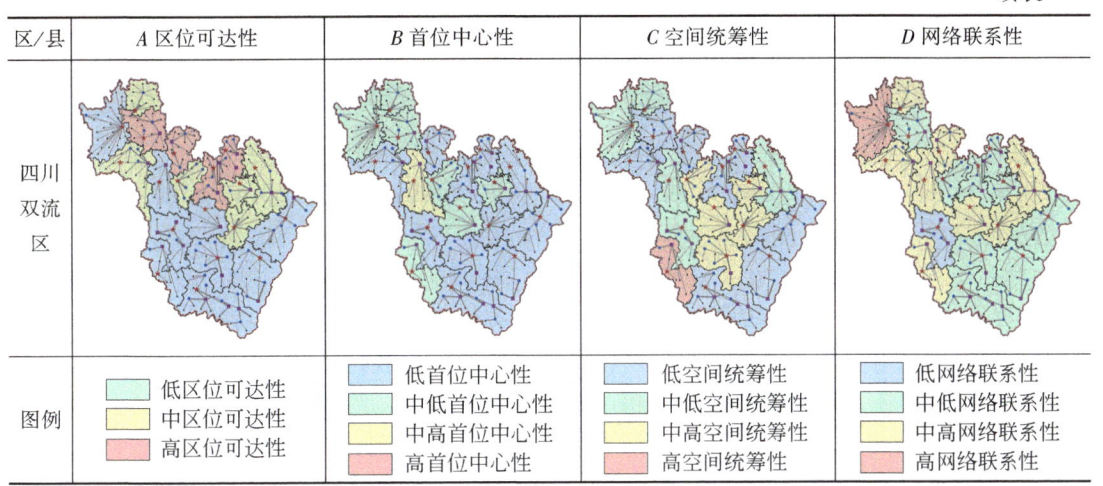

3.3.1 等级规模特征类型

1. 高首位中心性

该类型村镇聚落体系的等级规模极化趋势显著，空间发展要素向中心村镇集聚的程度极高，规模集聚发展趋势明显，呈现明显的单极强中心等级规模结构。其镇域内首位村镇的空间建设量远超其他村镇，首位村镇的辐射能力超强。在指标特征上，表现为最大村镇首位度、前四村镇首位度、首位比重指数、位序规模指数均极高，均在总体样本的均值加一倍标准差以上。其中，根据位序–规模原理，其位序–规模指数均大于1，呈现明显的规模离散分布，空间规模差异较大；首位度远大于或者接近2，意味着中心村镇远强于第二位村镇；前四村镇首位度大于或者接近1，意味着中心村镇对前四位龙头村镇的统领能力也相对较强；首位比重指数均大于0.33，意味着镇域内超过1/3的建设量集中在了中心村镇。因此，该类村镇体系不论对龙头村镇，还是镇域内所有村镇的统领能力都相当出色。在村镇等级构成上，该类村镇体系均由一个建设用地规模极大的首位村镇与剩余大量低级别村镇组成。该类型村镇体系较少，主要分布在阳朔县的阳朔镇与永川区的中山路街道与胜利路街道，其中阳朔镇与中山路街道均为区县政府驻地所在。

2. 中高首位中心性

该类型的村镇聚落体系等级规模极化趋势同样相对显著，空间发展要素向中心村镇的集聚程度也较高，呈现1~2个强中心等级规模结构。在指标特征上，最大村镇首位度基本大于或者接近1.5、前四村镇首位度均大于0.5；位序规模指数均接近或大于1；首位比重指数在0.3左右。依据位序–规模的原理，可以认为该类首位中心村镇对龙头村镇的统领能力较强。在村镇等级构成上，该类村镇大致由建设用地规模较大的场镇与少数一、二级村镇以及剩余大量三级村镇组成，主要包括番禺区的化龙镇、沙头街道，阳朔县的杨堤乡、葡萄镇、高田镇、普益乡，永川区的茶山竹海街道与双石镇，以及双流区的黄甲街道。

3. 中低首位中心性

该类型的村镇聚落体系等级规模分布相对均衡，空间发展要素不仅是向中心村镇集聚，也向2~3个龙头村镇聚集，形成了多中心的等级规模结构。在指标特征上，其最大村镇首位度基本在1.5以下；前四村镇首位度基本在[0.4，0.6]内；位序规模指数基本小于1；首位比重指数均在0.3以下。依据位序-规模的原理，这意味着该类村镇体系前几个龙头村镇的空间发展规模均衡，相对势均力敌，但是略有高低。在村镇等级构成上，该类村镇体系大多由一个场镇与少数规模相对接近的一、二级村镇以及剩余较多的三级村镇组成。该类村镇体系所占数量最多，超过总样本数的一半，约占总量的54%。

4. 低首位中心性

该类型的村镇聚落体系等级规模分布最为均衡，空间发展要素的集聚趋势不明显，整体呈现几乎无中心的等级规模结构。在指标特征上，其最大村镇首位度往往只略大于1；前四村镇首位度均在0.5以下；位序规模指数基本在0.5以下；首位比重指数基本在0.2以下。依据位序-规模的原理，这意味着前几位位序村镇的空间发展规模相当均衡，且占整个镇域空间规模的比例也不大。在村镇等级构成上，该类村镇体系大多由一个场镇与大量一、二级村镇以及剩余少量三级村镇组成；也有少数特殊的由一个中心性相对极弱的场镇与剩余较多的三级村镇组成。这两种构成方式均体现了村镇体系的空间规模的高度均衡分布。该类村镇体系所占数量相对较多，约占总量的30%。

3.3.2 网络关系特征类型

1. 高网络联系性

该类型村镇聚落体系所在镇域的交通条件优越、网络结构极化联系程度最为显著。在指标特征上，该类村镇体系的路网密度与路网连通度均极高，远超总样本平均值，这表明镇域内的路网建设量大且路网结构合理，这为形成显著极化联系的网络关系提供了重要的交通通达条件；同时，其相对度数中心势也较高，意味着体系网络中聚落节点的权力集中，网络结构有明显极化趋势，这一特征往往出现在具有强中心的简单网络结构中，该类网络结构的主导联系因极化程度高，龙头村镇更容易与其余大量低级别村镇进行直接服务联系，加之具有良好的交通条件支撑，使得整体极化联系的能力很强。但是其相对平均强度往往较低，原因在于该类村镇体系低级别节点比例过高，该指标计算的强度又包含了节点中心性的权重，从而使得指标数值偏低。该类村镇体系主要包括了番禺区的市桥街道、桥南街道与大石街道，以及双流区的彭镇等。

2. 中高网络联系性

该类型村镇聚落体系所在镇域的交通条件也相对优越、网络结构极化联系程度相对较高。此类较高的网络联系性主要是由两类情况造成：一是由于交通路网条件的完善，体系整体网络联系的基础较强，尽管其主导联系网络结构的极化程度相对降低，也能拥有较高的整体联系性，这种情况的网络结构均为具有2～3个较强中心的多中心分区极化类型，主要分布于番禺区西北部国道省道密布区域与双流区中部的国道省道沿线区域；二是由于网络结构的极化趋势使得主导联系形成相对容易，即使镇域内交通条件相对较弱，但依然保有较高的网络联系性，这种情况的网络结构主要是相对简单的单强中心类型，分布在阳朔县的北部。总体而言，该类村镇体系的相对平均强度，或是随着高级别聚落节点的增加、节点中心上升而有所上升，或者随着交通条件的相对降低造成引力联系强度下降，带来了相对平均强度升高。该类村镇体系数量较多，占总样本数的近30%。

3. 中低网络联系性

该类型村镇聚落体系的整体网络联系性较低，其所在镇域往往交通条件较为一般，网络结构的整体趋向均衡。从指标特征上来看，其路网密度与路网连通度，或相对度数中心势，至少有一类指标位于样本均值以下。其中，交通条件相对好的村镇体系，其网络结构的复杂程度明显增加，往往出现较多的一、二级村镇，且呈现多束型的树状网络结构，因复杂结构使得网络整体联系难度增大；而少数极化程度较高的单束型的树状网络结构，又因缺乏交通条件的支撑而削弱了网络联系能力。该类村镇体系在4个研究案例样本区县中均有出现，其占样本总量的比例最大，略超过了50%。

4. 低网络联系性

该类型村镇聚落体系的整体网络联系性最低，其所在镇域不仅交通条件差，且网络结构显著均衡，难以形成极化联系。在指标特征上，该类村镇体系的路网密度、路网连通度与相对度数中心势基本均在样本均值以下，意味着其不管在路网建设总量、路网结构合理性、网络结构集中性上表现均较差。该类村镇聚落往往处于县域边缘，区位条件较差；且聚落节点的高级别村镇占比很高，节点规模均衡分布，各个聚落节点接受更高级别村镇的服务并产生主导联系的需求以及能力较低。同时，因高级别村镇增加带来的中心性上升，以及交通条件下降带来的引力联系强度降低，使得其成为相对平均强度数值最高的一类。该类村镇体系主要分布在永川区与双流区，其占样本总量的比例较小，约为16%。

3.3.3 空间统筹特征类型

1. 高空间统筹性

该类型村镇聚落体系网络结构的统筹联通程度极高，即乡镇/街道内仅划分为少数的村级行政单元进行统筹管辖，并由此形成结构相对简单、联通情况良好的体系网络，促成了网络结构在空间分布与联通上的高效性。具体的网络结构特征表现为：镇域内网络节点个数很少，为4～7个；网络关系呈现为单束型树状结构或明显强弱差异显著的双束型树状结构，且每一树状分支上的节点级别较少，一般仅从该束树状中心向外延伸不超过2级的节点。在这种特征下的村镇体系在相关指标测度中表现为网络密度、首位比重指数均较高，均在总体样本的均值加一倍标准差以上；而平均路径长度与空间网络联通程度成反比，数值均较低，均在均值减一倍标准差以下。该类村镇体系拥有较少的聚落节点，且由1~2个中心村镇对其余村镇进行直接的统筹发展与服务带动，因此，村镇的整体行政管理与统筹协调能力较强。该类村镇体系主要存在于番禺区的小谷围街道，阳朔县的杨堤乡，永川区的永荣镇、青峰镇、宝峰镇，以及双流区的黄龙溪镇等。

2. 中高空间统筹性

该类型村镇聚落体系的网络结构的统筹联通程度也相对较高。具体的网络结构特征表现为：镇域内聚落节点个数往往也较少，在10个及以下；网络关系呈现为双束型或三束型的树状结构，偶有单束型树状结构出现，且每一树状分支上的节点级别也相对较少，大部分分支为该束树状中心向外延伸1~2级节点。在这种特征下的村镇体系在相关指标测度中表现为因网络节点个数增加导致的网络密度、首位比重指数有所下降，但仍均在总样本的均值以上；平均路径长度也类似地有所上升，但均在总样本的均值以下，即村镇之间联系的最短路径平均在2步左右。这体现了该类村镇体系通过将镇域范围划分成相对小的行政村，且由1~3个中心村镇对其余村镇进行分区域的统筹与服务，因此，也在一定程度上保证了镇域的整体统筹连通性。该类村镇体系主要部分位于永川区的中部、双流区的中部以及阳朔区的南部，数量占总样本量的约1/4。

3. 中低空间统筹性

该类型村镇聚落体系的网络结构的统筹联通程度相对较低。具体的网络结构特征表现为：镇域内聚落节点个数增多，为10~15个；网络关系均呈现为双束型以上的树状结构，且某些树状分支上的节点级别开始出现2级以上。在这种特征下的村镇体系在相关指标测度中表现为网络密度、首位比重指数均相对较低，均在均值以下；而平均路径长度的上升相对不显著，均匀分布在样本均值左右。该类村镇体系因统筹管辖了相对较多的行政村，聚落节点的数量与等级种类均增加，整体构成相对复杂的网络体系，使得体系网络的空间联通关系更多变，整体联通程度明显下降，因此，也就往往需要由两个以上的高级别村镇对其余数量较多低级别村镇进行分区域的统筹与服务，才能更好地形成覆盖全镇域范围的空间联通体系。该类村镇体系的数量约占总样本量的30%。

4. 低空间统筹性

该类型村镇聚落体系的网络结构的统筹联通程度最低。具体的网络结构特征表现为：镇域内聚落节点个数剧烈增多，为12~25个，且村镇体系中的一、二级村镇数量明显较多，而三级村镇的数量相应变少；网络关系大多呈现为多束型树状结构，且常常出现基本能涵盖从场镇到一、二、三级村镇4级节点的树状分支。在这种特征下的村镇体系在相关指标测度中表现为网络密度、首位比重指数均很低，平均路径长度也全部大于样本均值。该类村镇体系所在镇域范围管辖了大量的行政村，且各级村镇依次受高级别村镇统筹与服务的情况普遍，主导联系形成的体系网络极度复杂，整体空间联通能力差。该类村镇体系的数量最多，约占总样本量的36%。

3.3.4 区位可达特征类型

1. 高区位可达性

该类型村镇聚落体系的主要特征为，区位禀赋优越、交通条件便利、服务设施建设完善且分布均衡，在整个县域乃至更大的市域范围内具有较强的辐射作用和核心优势。这类村镇聚落大多分布在县域中心以及重要高速公路与省县乡道公路的交会处。一方面，县政府所在镇及其周边乡镇因位于县域中心往往聚集着较多的各类服务设施，且拥有密度高、结构合理的交通路网，是服务整个县域的重要核心，因此区位可达性高；另一方面，一些位于重要公路交会处的乡镇，因具有较好的外部交通条件，路网通达性较高，更易吸引功能服务设施在此聚集发展，从而形成了较好的区位可达性。

值得注意的是，番禺区的全部镇街均属于区位可达性高的类型，这是因为该区紧邻广州市中心城区，又有广州南站作为发展触媒，处于能够辐射全市乃至全省发展的重要战略位置，整体拥有异常优越的区位禀赋；同时，其城镇化水平较高，已经进入村镇聚落城镇化的相对成熟阶段，因此其全域的区位可达程度均较高。其余该类型的村镇聚落则主要位于永川区的区政府所在镇周边以及双流区的南四环——成渝环线高速沿线。

2. 中区位可达性

该类型村镇聚落体系的主要特征为，区位禀赋尚可、交通条件良好、有一定的服务设施建设，因临近县域中心或重要交通节点，受到周边高区位可达性镇的辐射带动作用较强，已经形成了一定的区位可达优势。这类村镇体系主要分布在临近县域中心或主要交通干道，且地势相对平坦的区域。平坦的地形地貌使得其能够有更大的空间发展腹地，能够承接周边核心镇域的功能外溢，形成自身的发展优势。

例如，在阳朔县中部的阳朔镇本身即为县政府所在镇，但因阳朔县整体的村镇发展程度不高，各类功能设施与交通条件较之其余研究案例区县整体较差，故其县域中心也只呈现了中等的区位可达性；同时，同在中部平原区域的、临近县域中心的白沙镇在该维度中也属同类。在双流区中，区位可达性的镇域体系则主要位于南四环沿线向南扩展的空间圈层。另外，重庆永川区因位于直辖市内，受重庆主城区辐射带动作用较强，虽境内山地丘陵众多，也已有较多镇街拥有良好的区位优势。

3. 低区位可达性

该类型村镇聚落体系的主要特征为，处于县域边缘区域、远离县域中心、交通条件不甚便利、居民生活所需服务设施建设不甚完备，往往需要由邻近的城镇予以提供，整体的区位可达性较低。这类村镇体系主要分布在地形起伏较大的山地丘陵地区，或是拥有大面积水域、耕地等自然生态保护要素的区域。受地形地貌、自然环境要素的限制，该类村镇体系往往处于发展尚不成熟阶段，交通路网与服务设施建设相对落后，故而整体区位可达情况较差。

例如，阳朔县除县域中心之外的部分区域；永川区东北、东南、西部的部分与重要交通干线相错位的高海拔丘陵地区；双流区东西两侧的山脉余脉区域，以及广大的南部耕地保育区域，均广布低区位可达性的村镇类型。

3.4 村镇聚落体系的空间谱系构建

3.4.1 村镇聚落体系的空间谱系生成

1. 村镇聚落体系的空间谱系类型

根据村镇聚落空间谱系的概念内涵，以空间体系的多维特征为研究对象，以特征内在主导性为线索，构建系统性、层次化的村镇聚落体系谱系，以此实现对村镇聚落体系多维特征完整面貌的全面洞察，挖掘不同地域特征下村镇聚落体系的多维特征相互间的深层作用规律，这种规律可以用进化树的形式来展示不同特征类型的空间体系及其相互之间的内在联系。因此，其中的关键在于对村镇聚落体系的空间特征维度进行重要性关联解析。

按照前文主成分分析，依据主成分因子特征贡献度的高低，确定其所代表的特征维度的层次排序，分别为第一层次的因子 A "区位可达性"；第二层次的因子 B "首位中心性"；第三层次的因子 C "空间统筹性"；第四层次的因子 D "网络联系性"。

继而，将四大特征维度的类型划分结果按层次排序叠加完成村镇聚落体系谱系数字化建构，67个样本体系的谱系类型结果如表3-8所示。依据本书的谱系划分方式，理论上将形成 $3\times4\times4\times4=192$ 类体系类型（图3-46），而本书中出现了其中45类。

表3-8 华南-西南地区的村镇聚落体系谱系类型划分结果

区/县	镇/乡/街道	谱系类型	代号	同型数量
广东番禺区	洛浦街道	高区位可达性-中低首位中心性-低空间统筹性-中高网络联系性	A3B2C1D3	2
	小谷围街道	高区位可达性-低首位中心性-高空间统筹性-中高网络联系性	A3B1C4D3	1
	新造镇	高区位可达性-中低首位中心性-中低空间统筹性-中高网络联系性	A3B2C2D3	4
	化龙镇	高区位可达性-中高首位中心性-低空间统筹性-中低网络联系性	A3B3C1D2	1
	大石街道	高区位可达性-中低首位中心性-低空间统筹性-高网络联系性	A3B2C1D4	1
	南村镇	高区位可达性-低首位中心性-低空间统筹性-中低网络联系性	A3B1C1D2	4
	石壁街道	高区位可达性-中低首位中心性-中低空间统筹性-中高网络联系性	A3B2C2D3	4
	石楼镇	高区位可达性-中低首位中心性-低空间统筹性-中低网络联系性	A3B2C1D2	3
	钟村街道	高区位可达性-中低首位中心性-中低空间统筹性-中高网络联系性	A3B2C2D3	4
	沙头街道	高区位可达性-中高首位中心性-中低空间统筹性-中高网络联系性	A3B3C2D3	1
	石碁镇	高区位可达性-中低首位中心性-低空间统筹性-中低网络联系性	A3B2C1D2	3
	沙湾街道	高区位可达性-低首位中心性-低空间统筹性-中低网络联系性	A3B1C1D2	4

续表

区/县	镇/乡/街道	谱系类型	代号	同型数量
广东番禺区	桥南街道	高区位可达性-中低首位中心性-中低空间统筹性-高网络联系性	A3B2C2D4	1
	东环街道	高区位可达性-中低首位中心性-中低空间统筹性-中高网络联系性	A3B2C2D3	4
	大龙街道	高区位可达性-中低首位中心性-低空间统筹性-中高网络联系性	A3B2C1D3	2
	市桥街道	高区位可达性-低首位中心性-中低空间统筹性-高网络联系性	A3B1C2D4	1
广西阳朔县	兴坪镇	低区位可达性-中低首位中心性-低空间统筹性-中高网络联系性	A1B2C1D3	1
	杨堤乡	低区位可达性-中高首位中心性-高空间统筹性-中高网络联系性	A1B3C4D3	1
	葡萄镇	低区位可达性-中高首位中心性-中低空间统筹性-中低网络联系性	A1B3C2D2	1
	白沙镇	中区位可达性-中低首位中心性-低空间统筹性-中低网络联系性	A2B2C1D2	3
	金宝乡	低区位可达性-中低首位中心性-中低空间统筹性-中低网络联系性	A1B2C2D2	1
	福利镇	低区位可达性-中低首位中心性-低空间统筹性-中低网络联系性	A1B2C1D2	1
	阳朔镇	中区位可达性-高首位中心性-中低空间统筹性-中低网络联系性	A2B4C2D2	1
	普益乡	低区位可达性-中高首位中心性-中高空间统筹性-中低网络联系性	A1B3C3D2	2
	高田镇	低区位可达性-中高首位中心性-中高空间统筹性-中低网络联系性	A1B3C3D2	2
重庆永川区	三教镇	中区位可达性-中低首位中心性-低空间统筹性-中低网络联系性	A2B2C1D2	3
	板桥镇	低区位可达性-中低首位中心性-中高空间统筹性-中低网络联系性	A1B2C3D2	3
	金龙镇	低区位可达性-中低首位中心性-中高空间统筹性-中低网络联系性	A1B2C3D2	3
	茶山竹海街道	中区位可达性-中高首位中心性-中低空间统筹性-中低网络联系性	A2B3C2D2	1
	双石镇	中区位可达性-中高首位中心性-中高空间统筹性-中高网络联系性	A2B3C3D4	1
	胜利路街道	高区位可达性-高首位中心性-中高空间统筹性-中低网络联系性	A3B4C3D2	2
	中山路街道	高区位可达性-高首位中心性-中高空间统筹性-中低网络联系性	A3B4C3D2	2
	大安街道	中区位可达性-低首位中心性-低空间统筹性-中低网络联系性	A2B1C1D2	1
	红炉镇	中区位可达性-中低首位中心性-中高空间统筹性-低网络联系性	A2B2C3D1	2
	永荣镇	低区位可达性-低首位中心性-高空间统筹性-低网络联系性	A1B1C4D1	1
	青峰镇	低区位可达性-中低首位中心性-高空间统筹性-低网络联系性	A1B2C4D1	1
	南大街街道	中区位可达性-中低首位中心性-中高空间统筹性-中低网络联系性	A2B2C3D2	3
	陈食街道	中区位可达性-中低首位中心性-低空间统筹性-低网络联系性	A2B2C1D1	2
	宝峰镇	中区位可达性-低首位中心性-高空间统筹性-低网络联系性	A2B1C4D1	1
	来苏镇	中区位可达性-中低首位中心性-低空间统筹性-低网络联系性	A2B2C1D1	2
	卫星湖街道	高区位可达性-中低首位中心性-中低空间统筹性-低网络联系性	A3B2C2D1	1
	临江镇	低区位可达性-中低首位中心性-中高空间统筹性-中低网络联系性	A1B2C3D2	3
	吉安镇	中区位可达性-中低首位中心性-低空间统筹性-低网络联系性	A2B2C1D1	2
	五间镇	中区位可达性-低首位中心性-中低空间统筹性-低网络联系性	A2B1C2D1	1
	何埂镇	中区位可达性-中低首位中心性-中低空间统筹性-中低网络联系性	A2B2C2D2	2
	仙龙镇	中区位可达性-中低首位中心性-中低空间统筹性-中低网络联系性	A2B2C2D2	2
	松既镇	中区位可达性-中低首位中心性-中高空间统筹性-低网络联系性	A2B2C3D1	2
	朱沱镇	中区位可达性-中低首位中心性-低空间统筹性-中低网络联系性	A2B2C1D2	3

续表

区/县	镇/乡/街道	谱系类型	代号	同型数量
四川双流区	彭镇	低区位可达性-中低首位中心性-中低空间统筹性-高网络联系性	A1B2C2D4	1
	九江街道	中区位可达性-中低首位中心性-中低空间统筹性-中高网络联系性	A2B2C2D3	1
	东升街道	高区位可达性-中低首位中心性-低空间统筹性-中低网络联系性	A3B2C1D2	3
	西航港街道	高区位可达性-低首位中心性-低空间统筹性-中高网络联系性	A3B1C1D3	1
	中和街道	高区位可达性-低首位中心性-低空间统筹性-中低网络联系性	A3B1C1D2	4
	黄水镇	中区位可达性-低首位中心性-低空间统筹性-中高网络联系性	A2B1C1D3	1
	黄甲街道	低区位可达性-中高首位中心性-中低空间统筹性-中高网络联系性	A1B3C2D3	1
	华阳街道	高区位可达性-低首位中心性-低空间统筹性-中低网络联系性	A3B1C1D2	4
	新兴街道	中区位可达性-低首位中心性-中低空间统筹性-中高网络联系性	A2B1C2D3	1
	怡心街道	中区位可达性-中低首位中心性-中高空间统筹性-中低网络联系性	A2B2C3D2	3
	太平街道	低区位可达性-低首位中心性-低空间统筹性-中低网络联系性	A1B1C1D2	3
	永安镇	低区位可达性-低首位中心性-中低空间统筹性-低网络联系性	A1B1C2D1	1
	正兴街道	低区位可达性-中低首位中心性-中高空间统筹性-中低网络联系性	A1B2C3D2	1
	黄龙溪镇	低区位可达性-中低首位中心性-高空间统筹性-中高网络联系性	A1B2C4D3	1
	煎茶街道	低区位可达性-低首位中心性-中低空间统筹性-中低网络联系性	A1B1C3D2	1
	兴隆街道	中区位可达性-低首位中心性-中高空间统筹性-中高网络联系性	A2B1C3D3	1
	永兴街道	低区位可达性-低首位中心性-低空间统筹性-中低网络联系性	A1B1C1D4	3
	籍田街道	低区位可达性-低首位中心性-低空间统筹性-中低网络联系性	A1B1C1D2	3
	万安街道	中区位可达性-中低首位中心性-中高空间统筹性-中低网络联系性	A2B2C3D2	3

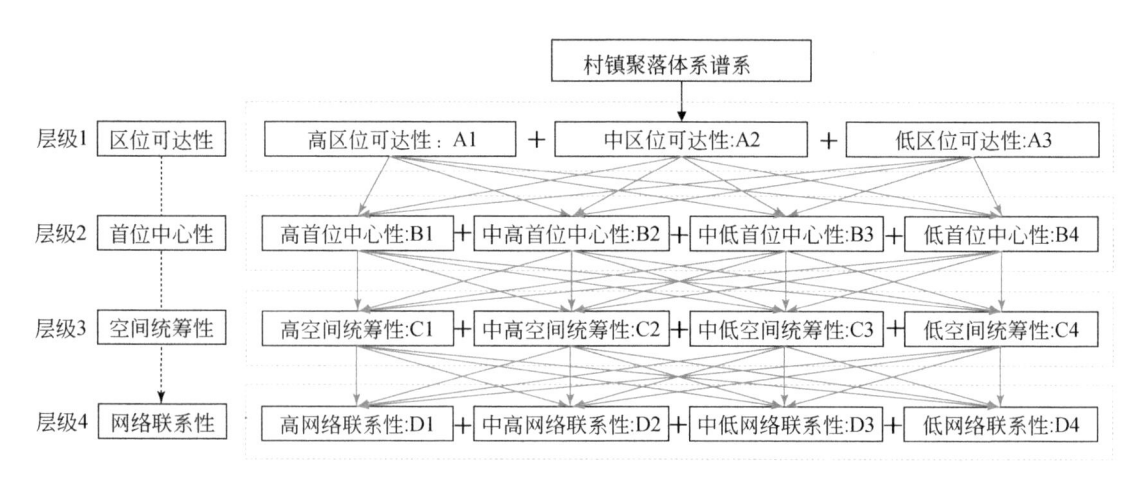

图 3-46 村镇聚落体系的空间谱系（理论类型）

第 3 章 | 村镇聚落体系的空间谱系构建与解析

综上所述，本章实证研究中因子分析所得的主成分因子特征维度与原始特征指标的归属对应关系如图 3-44 所示。

在华南-西南地区村镇聚落体系谱系的综合类型结果中，其具体空间分布情况如图 3-47 所示。因谱系类型数量众多，本书结合图 3-46 中的总体样本类型，以及图 3-48 的分研究案例类型数统计结果，挑选出了在总体样本与单个研究案例中综合出现频率较高的典型谱系类型，进行具体的案例村镇指标分布统计以及综合特征解析（表 3-9）。

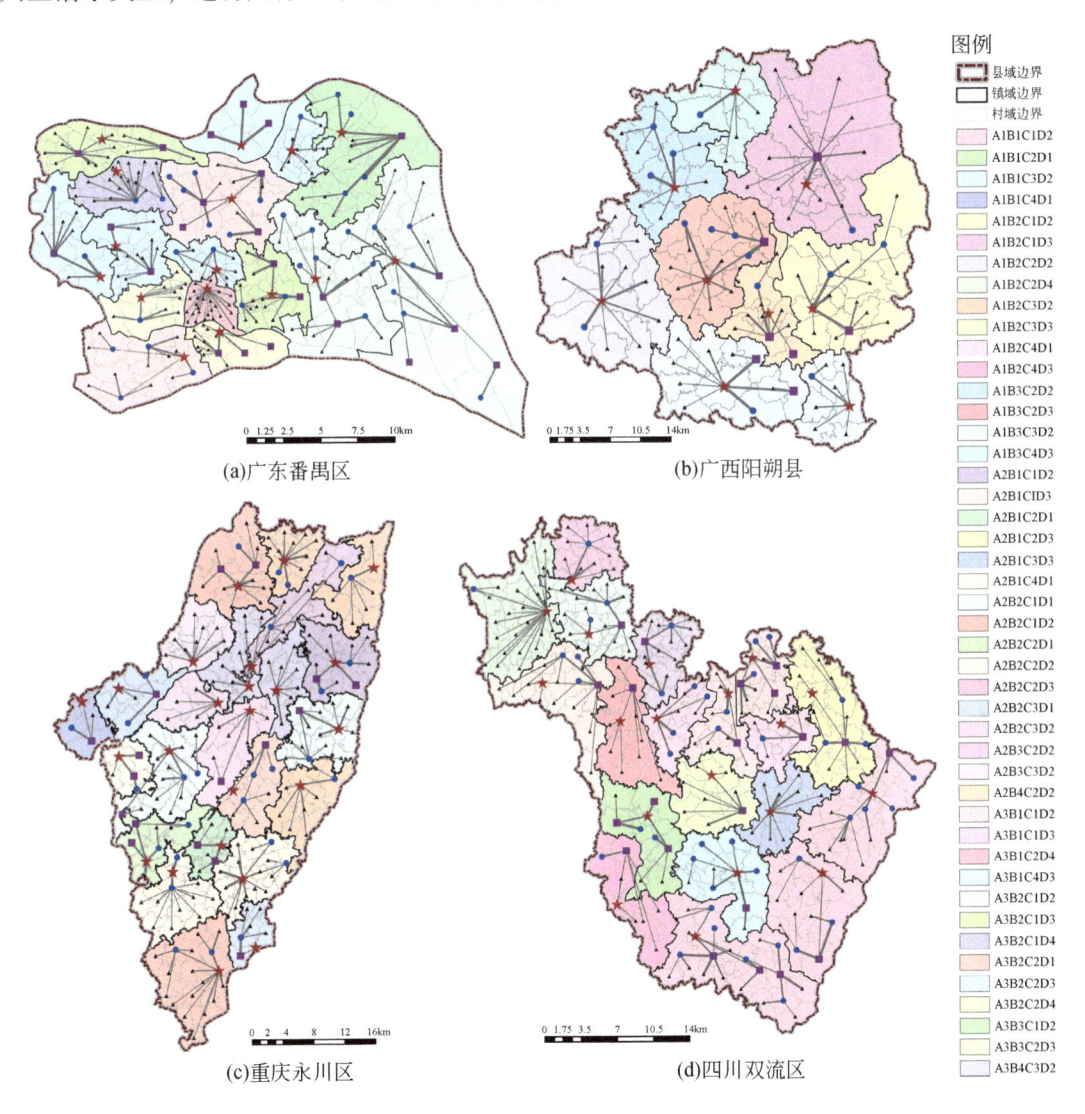

(a) 广东番禺区
(b) 广西阳朔县
(c) 重庆永川区
(d) 四川双流区

图 3-47 华南-西南地区村镇聚落体系谱系类型的空间分布图

| 103 |

(a) 广东番禺区

- A3B1C1D2　A3B1C2D4　A3B1C4D3　A3B2C1D2
- A3B2C1D3　A3B2C1D4　A3B2C2D3　A3B2C2D4
- A3B3C1D2　A3B3C2D3

(b) 广西阳朔县

- A1B2C1D3　A1B3C4D3　A1B3C2D2　A2B2C1D2
- A1B2C2D2　A1B2C1D2　A2B4C2D2　A1B3C3D2

(c) 重庆永川区

- A1B1C4D1　A1B2C3D2　A1B2C4D1　A2B1C1D2
- A2B1C2D1　A2B1C4D1　A2B2C1D1　A2B2C1D2
- A2B2C2D1　A2B2C2D2　A2B2C3D1　A2B2C3D2
- A2B3C2D2　A2B3C3D2　A3B2C2D1　A3B4C3D2

(d) 四川双流区

- A1B2C2D4　A2B2C2D3　A3B2C1D2　A3B1C1D3
- A3B1C1D2　A2B1C1D3　A1B3C2D3　A2B1C2D3
- A2B2C3D2　A1B1C1D2　A1B1C2D1　A1B2C3D3
- A1B2C4D3　A1B1C3D3　A2B1C3D3　A1B1C1D2
- A2B2C3D2

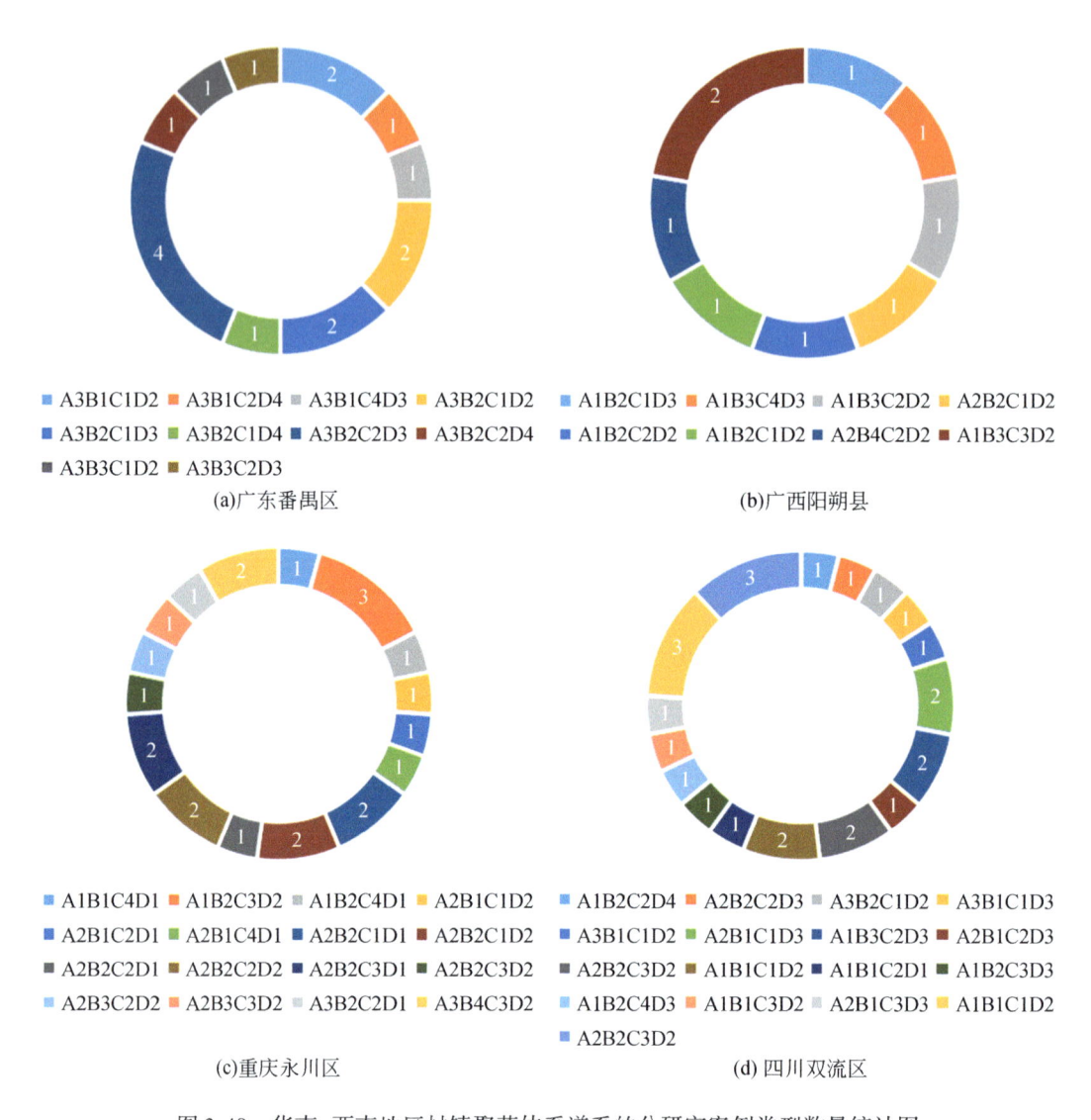

图 3-48　华南-西南地区村镇聚落体系谱系的分研究案例类型数量统计图

具体来说，分别考虑了总体样本中同类数量占比最高的前 1/3，即同类数量为 4、3 的前七类，以及单个研究案例中占比最高类型的共五类（其中双流区有两类），在除去重复类型后，实际选取了一共八类的典型类型进行综合解析，分别为：［A3B1C1D2］高区位可达性-低首位中心性-低空间统筹性-中低网络联系性、［A3B2C2D3］高区位可达性-中低首位中心性-中低空间统筹性-中高网络联系性、［A1B1C1D2］低区位可达性-低首位中心性-低空间统筹性-中低网络联系性、［A1B2C3D2］低区位可达性-中低首位中心性-中高空间统筹性-中低网络联系性、［A2B2C1D2］中区位可达性-中低首位中心性-低空间统筹性-中低网络联系性、［A2B2C3D2］中区位可达性-中低首位中心性-中高空间统筹性-中低网络联系性、［A3B2C1D2］高区位可达性-中低首位中心性-低空间统筹性-中低网络联系性、［A1B3C3D2］低区位可达性-中高首位中心性-中高空间统筹性-中低网络联系性。

第 3 章 | 村镇聚落体系的空间谱系构建与解析

表 3-9　华南-西南地区村镇聚落体系谱系的典型类型解析

号	谱系类型	案例村镇
A3 B1 C1 D2	高区位可达性- 低首位中心性- 低空间统筹性- 中低网络联系性	番禺-南村镇　番禺-沙湾街道 双流-中和街道　双流-华阳街道

数	指标分布	类型特征
4	（雷达图）	镇街紧邻区县中心，且样本区县位于城市近郊毗邻城市主城的区域；交通条件便利、功能服务设施建设完善且分布均衡；镇街内建设用地量较大，为主导用地类型；呈现相对均衡的无中心等级规模结构，网络节点个数很多且高级别村镇比例高，基本为三束型以上的多束型树状网络结构，由 3 个以上的高级别村镇分区统筹整个镇域；虽具有良好交通优势，但网络结构因存在相对复杂的多分支而极化程度低，网络整体联系能力较低

号	谱系类型	案例村镇
A3 B2 C2 D3	高区位可达性- 中低首位中心性- 中低空间统筹性- 中高网络联系性	番禺-新造镇　番禺-石壁街道 番禺-钟村街道　番禺-东环街道

续表

数	指标分布	类型特征
4	(雷达图)	镇街临近区县中心，且样本区县位于城市近郊毗邻城市主城的区域；交通条件便利、功能服务设施建设完善且分布均衡；镇街内建设用地量较大，为主导用地类型；呈现分区极化的多中心等级规模结构，网络节点个数较多且有一定量的高级别村镇，基本为双束型或三束型的树状网络结构，由2~3个及以上的高级别村镇分区统筹整个镇域；因具有良好交通优势，以及较高的网络结构极化程度，网络整体联系能力较强

号	谱系类型	案例村镇
A1 B1 C1 D2	低区位可达性- 低首位中心性- 低空间统筹性- 中低网络联系性	双流-太平街道　双流-永兴街道　双流-籍田街道

数	指标分布	类型特征
3	(雷达图)	镇街位于区县边缘区域，交通条件尚可，然而功能服务设施建设不全，多类设施的服务覆盖率较低；镇域内建设用地较少，而林地、耕地、水域等自然要素丰富；呈现相对均衡的无中心的等级规模结构，网络节点个数很多且高级别村镇比例很高，均为多束型树状网络结构，由3个以上高级别村镇分区统筹整个镇域；虽因网络结构中存在相对复杂的多分支而极化程度低，但有相对良好交通的联系基础支撑，网络整体联系能力较低但不至到最低的类别

号	谱系类型	案例村镇
A1 B2 C3 D2	低区位可达性- 中低首位中心性- 中高空间统筹性- 中低网络联系性	永川-板桥镇　永川-金龙镇　永川-临江镇

数	指标分布	类型特征
3	(雷达图)	乡镇位于区县边缘区域，交通条件较差，且功能服务设施建设相当不全，多种类型设施的服务覆盖率较低；镇域内建设用地较少，而林地、耕地、水域等自然要素丰富，林地为主导用地类型；呈现相对均衡的弱多中心等级规模结构，网络节点个数较少且高级别村镇比例很低，为单束型或双束型的树状网络结构，由1~2个高级别村镇分区统筹整个镇域；虽网络结构相对简单且具有相对明显的极化趋势，但缺乏良好交通联系的基础支撑，网络整体联系能力较低

号	谱系类型	案例村镇
A2 B2 C1 D2	中区位可达性- 中低首位中心性- 低空间统筹性- 中低网络联系性	永川-三教镇　　永川-朱沱镇　　阳朔-白沙镇

数	指标分布	类型特征
3		镇域的区位可达程度中等，或位于临近区县中心，或处于区县内远离中心的其他重要战略位置（如朱沱镇位于长江沿岸），但交通条件较差，功能服务设施建设的完备程度尚可；镇域内有一定量的建设用地，但林地、耕地、水域等自然要素类型占比较高；呈现相对均衡的弱多中心等级规模结构，网络节点个数很多且高级别村镇比例很高，基本为三束型树状网络结构，由3个高级别村镇分区统筹整个镇域，网络结构呈现一定的极化趋势；因缺乏良好交通联系的支撑，且网络联系的极化趋势不甚显著，网络整体联系能力较低

号	谱系类型	案例村镇
A2 B2 C3 D2	中区位可达性- 中低首位中心性- 中高空间统筹性- 中低网络联系性	永川-南大街街道　　双流-怡心街道　　双流-万安街道

数	指标分布	类型特征
3		镇域的区位可达程度中等，或位于临近区县中心，或处于区县内交通干线沿线，交通条件相对便利，但功能服务设施建设的完备程度一般；镇域内有较大量的建设用地量，但同时也拥有丰富的林地、耕地、水域等自然要素；呈现相对均衡的弱多中心等级规模结构，网络节点个数较少且高级别村镇比例不高，为单束型或双束型的树状网络结构，由1~2个高级别村镇分区统筹整个镇域；虽有良好的交通联系基础，但因网络结构极化程度不高，网络整体联系能力较低

号	谱系类型	案例村镇
A3 B2 C1 D2	高区位可达性- 中低首位中心性- 低空间统筹性- 中低网络联系性	番禺-石楼镇　　番禺-石碁镇　　双流-东升街道

续表

数	指标分布	类型特征
3	(雷达图)	镇街或为区县中心，或虽离区县中心有一定距离，但因样本区县位于城市近郊毗邻城市主城的区域而整体区位优势显著；交通条件尚可，且功能服务设施建设完善且分布均衡；镇街内建设用地量较大，但存在一定量的耕地与水域；呈现相对均衡的弱多中心等级规模结构，网络节点个数很多且高级别村镇比例很多，为三束型及以上的树状网络结构，由3个以上高级别村镇分区统筹整个镇域；虽具有相对良好交通优势，但网络结构因存在复杂的多分支而极化程度低，因此网络整体联系能力较低

号	谱系类型	案例村镇
A1 B3 C3 D2	低区位可达性- 中高首位中心性- 中高空间统筹性- 中低网络联系性	阳朔-普益乡　　阳朔-高田镇

数	指标分布	类型特征
2	(雷达图)	乡镇位于区县边缘区域，且区县整体交通条件均较差，功能服务设施建设相当不全，各类设施的服务覆盖率均低；镇域内建设用地较少，而林地、耕地、水域等自然要素丰富，林地为主导用地类型；呈现主副中心并存的强中心等级规模结构，网络节点个数较少且高级别村镇比例很低，为双束型或三束型的树状网络结构，由2~3个高级别的强核心村镇分区统筹整个镇域；虽网络结构相对简单且具有相对明显的极化趋势，但缺乏良好交通联系的基础支撑，网络整体联系能力较低

2. 村镇聚落体系的空间谱系结构模式

以广东番禺区为例，通过进一步将村镇体系的等级规模、空间分布、网络关系等概念进行整合，提炼出城市化密集地区村镇聚落体系谱系的圈层空间结构模型。

研究发现，番禺区村镇聚落体系谱系的空间分布呈现出一定圈层分布的特点。位于区域中心处的城关镇是地区绝对核心，为第一圈层，其内部为密集、连续且完全的城市建成空间；而番禺区城关镇向外5km左右地区，为第二圈层，村镇体系往往呈现出较高级的空间结构类型，多为双级以上的等级规模类型，簇状的空间分布类型以及星形或树形的网络关系类型；再往外围的第三圈层距城关镇中心5~10km左右，其中的村镇体系主要由中低等级的空间结构类型构成，以单级或双级的等级规模类型，簇状或点状的空间分布类型以及星形网络或扁平网络的网络关系类型为主；第四圈层位于县域边缘处（即距城关镇中心10~20km的地区），该圈层内部的村镇体系空间结构主要为双级或三级的等级规模类型，簇状空间分布类型以及星形、树形或网形的网络关系类型。通过对各圈层内部村镇体系的形态、空间结构、景观格局等特征，四种圈层可分别定义为主核心圈层、亚核心圈层、农业开敞圈层、次中心圈层。此外，区域交通输配廊道也是村镇体系空间结构中不可或缺的要素之一，它将分散在各地的村镇个体整合成一个完整的村镇体系，对空间圈层的形成与分异起到重要作用。基于此，本书提炼出城市化密集地区的村镇体系空间结构模型，如图3-49所示。

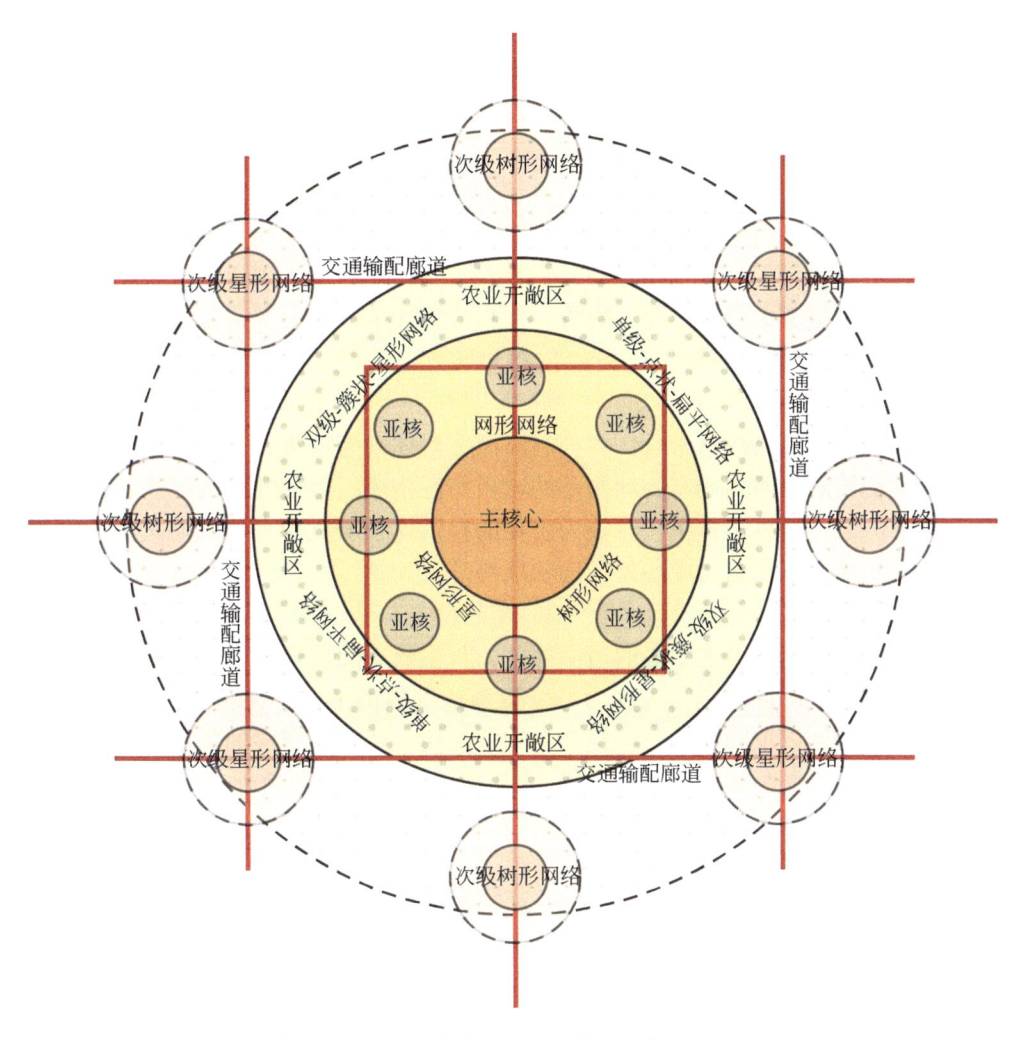

图3-49 城市化密集地区村镇体系空间结构原型

（1）主核心圈层

主核心圈层是村镇体系主中心的核心部分。之所以称为主核圈层，不仅是因其在空间位置上具有核心地位，还在于其职能上的核心地位。主核心圈层为区域城市（或城镇）所在地，集中了区域内主要的人口、产业、经济资源，包含较完善的城乡公共服务设施，拥有本地最高的行政等级，一般是县域或城区政府所在地。

就广东番禺区市桥街而言，2018年市桥街的常住人口为25万人，建设用地面积为

9.78km², 地区生产总值达 2 515 985 万元, 均为番禺区的最高值。主核心圈层作为区内经济社会最发达的空间实体, 对于整个县域村镇体系来说, 其核心作用体现为三个主要方面。

其一, 主核心圈层是重要的城乡商品交易中心。来自城市的资金与工业产品在这一交易平台中, 可以较高效率地分配到周边地区, 满足乡村地区居民生活、生产的需求, 城市中大量人口的集聚也产生了巨大的果蔬、肉禽、粮油以及其他农副产品的需求, 而城市中便捷的物流系统使得乡村的产品不仅仅可用于自足, 也可远销到其他地区, 大大促进了当地第一产业的发展。其二, 主核心圈层为周边地区提供了大量的就业岗位。主核心圈层是区域的经济中心, 集聚了较多的商业零售、商务办公、金融保险、旅馆酒店等商业、商务服务功能, 许多企业与公司落户于此, 创造了大量的劳动力需求。城市中较高的收入水平与更多的工作机遇将吸引周边地区的农村人口进城务工, 大大加快了农村剩余劳动力的流动, 为城市化进程提供了源源不断的动力。其三, 主核心圈层为周边区域提供完善的城乡公共服务。区域内绝大多数的医疗、教育、文化、行政等公共服务资源均集中在主核心圈层内, 相对便利的交通条件与区位条件使得城乡公共服务可以更好地辐射与覆盖周边地区。

从主核心圈层的空间形态来看, 主核心圈层一般体现为密集、连续且完全的城市建成空间, 由纵横交错的路网骨架与高低错落的城市街区构成。因其致密的形态特点, 主核心圈层内部的空间结构也更难辨析, 在较为宏观的村镇体系研究中, 可忽略其内部结构, 将其看作位于村镇体系圈层结构中心处的面状核心。

(2) 亚核心圈层

亚核心圈层是村镇体系主中心的边缘部分, 与主核心圈层环套并置。对城市化密集地区而言, 该圈层的空间形态往往表现为城乡聚落连续体的形式, 夹杂了大量的城乡社区、工业园区、物流园区以及购物中心等复杂的功能板块。亚核心圈层的集聚能力往往仅次于主核心圈层, 该圈层同样聚集了大量的人口以及经济要素 (包括外来的资金投入要素), 因其低廉的地租以及靠近主核便利的交通条件, 许多第二产业的制造业企业倾向于选择落户在亚核心圈层附近。

就广东番禺区而言, 其亚核心所在地主要包括沙湾镇、沙头街、东环街、钟村街、大龙街、桥南街等街镇范围, 2018 年这些街镇的总人口共计约 80.6 万人, 地区生产总值约 640.4 亿元。其总量甚至高于主核心, 具有相当大的发展潜力。亚核心圈层之于县域村镇体系来说, 其核心作用体现为两个主要方面: 其一, 与主核心功能形成互补, 完善村镇体系主中心职能。在亚核心圈层中存在各类因地价、空间条件约束而无法进入主核心圈层, 却又较依赖主核心优质的人口规模、道路交通、公服设施等条件的功能, 如大型工业厂房、大型居住社区、城市基础设施 (电信、电网、给排水等)、城市大型交通枢纽 (高铁站、机场、公交首末站) 等, 这些必要的功能能较好地为主核心的正常运行提供辅助。其二, 亚核心圈层可分担主核心圈层的压力, 起到缓冲作用。大量农村劳动力进城, 伴随人口数量以及生活、工作所必需的城市空间及公共设施的需求的激增, 亚核心圈层围绕主核心区, 提供了一定程度的居住空间与就业岗位, 成为新入城人员的落脚地, 减轻了快速城市化带来的社会问题与公共资源供求失衡的矛盾。

这一圈层中，围绕主中心主核形成了多个主中心亚核节点。从亚核心圈层的空间形态来看，亚核心圈层的土地利用较为复杂，建成区与农林地混杂，呈现出较强的斑块拼贴特征。位于这一圈层的局部村镇体系呈现出较高级的形态类型特点，多为双级以上的等级规模类型，簇状的空间分布类型以及星形或树形的网络关系类型。城乡连绵地区大量的村镇聚落聚集，加之复杂的业态功能构成以及剧烈的城市扩张过程，促使内部的村镇体系从原本散点式、扁平化的分布，逐渐朝着组团化、多中心化的模式演替。

（3）农业开敞带

农业开敞带指的是主核心圈层与亚核心圈层的外围，次中心圈层内部的环状地区。这一地区的景观格局以中低密度的村镇聚落、零散分布的区域城乡基础设施、湖泊水系与生态农林地共同构成。在村镇体系空间结构的若干圈层中，农业开敞带的分布最广，且范围最大，是村镇体系的基质地区。其空间基本要素为镇村农业生产单元，通过农业生产活动为区域内的城市或城镇提供日常所需的农业产品，保证了城市居民的粮食安全。

从其内部的局部村镇体系来看，一方面，农业开敞带内部的村镇受城市化蔓延扩张的影响较小，工业化程度也较低，该地区的村镇仍保留着传统农耕聚落的形式，经济收入主要由农业、畜牧业等第一产业提供，村民的居民点布局则倾向于选择靠近自留地的位置，故表现为存在大量散布于田野中的散居式的小规模聚落；另一方面，由于在城市化密集地区，农业开敞带仍处在主中心的辐射范围内，受到主中心较强的虹吸效应的影响，发展动力不足，难以形成较高等级的村镇中心，但相对便捷的城乡交通联系，使得主中心的功能也基本能覆盖农业开敞带的村镇聚落。

由于以上两项主要因素，总体而言，农业开敞带内部主要由中低等级的村镇体系空间结构类型构成。从广东番禺区的村镇体系识别分析来看，该地区的村镇体系类型主要以单级或双级的等级规模类型、簇状或点状的空间分布类型以及星形网络或扁平网络的网络关系类型为主。

（4）次中心圈层

次中心圈层是县域村镇体系空间结构的最外围圈层，其内部存在多个次级村镇体系或散点状的村镇聚落。这一地区的景观要素主要体现为小型城镇、集镇、村镇聚落与生态农林地等。在村镇体系空间结构的四大圈层中，次中心圈层并非必要出现，只有当地区经济水平达到一定的能级，或县域村镇体系的主中心无法满足外围乡村地区的发展需求时，才会形成次中心圈层。次中心圈层所提供的商业贸易服务、医疗卫生、教育培训、金融服务等公共服务，为远郊地区的乡村居民提供了便利，带动了远郊地区农业的发展。

次中心圈层的局部村镇体系特点主要有两个：一方面，该圈层内形成了多个次级的村镇核心。次中心圈层远离城镇，这类地区受城市化的影响较弱，生态环境优质、农业发展条件优良，存在大量的居民居住于此从事大规模的农业生产活动。然而这一圈层远离县域的中心城关镇，当地的村落往往难以享受中心城关镇所提供的城乡公共服务设施。因而需要发展该地区的小城镇（即次中心体系）以满足当地人工作生活的需求。另一方面，这一圈层内部村镇的等级层次化特点明显，规模分布呈现出金字塔式的特征。由于这一地区的次中心村镇大多数规模不大，仅能支撑较为局限的城乡公共服务，在自上而下区域发展的整体谋划中，往往更需要按照其行政等级的高低对公共服务设施配套资源进行相应的分配，同时由于农业生产所需的相关配套产业总量较小，且这类产业不存在类似服务产业的极化效应，难以借助自身资源成长为更高等级的村镇中心。

次中心圈层中一般包含中高等级的村镇体系空间结构类型。以广东番禺区的村镇体系识别分析来看，该地区的村镇体系主要以双级或三级的等级规模类型，簇状空间分布类型以及星型、树型或网型的网络关系类型为主。

(5) 交通输配廊道

交通输配廊道是村镇体系空间结构关键的连接性要素，将分散在各地的村镇个体整合形成一个完整的村镇体系。在村镇体系发展的初级阶段，即未中心化和没有乡村集市的中心化阶段，由于城乡间收入水平差异较大，乡村地区对城市制造业产品需求较弱，对城市农业产品的供应能力较弱。此时，村镇体系的要素流动意愿弱，且乡村聚落分布零散，大规模的区域交通输配网络的建设尚不具备条件。但对于城市化密集地区来说，随着乡村人民生活水平的提升以及村镇之间的经济活动越来越密切，村镇体系中构建网络化的交通输配廊道意义重大。

交通输配廊道的形成，其核心在于区域性交通路网与交通基础设施的建设和互联互通，通过快速化、便捷化、全覆盖的交通输配网可以有效整合城市化密集地区破碎化的村镇土地斑块，促进城乡资源要素向廊道处集聚，引导粗放的村镇土地利用扩张向集约的土地利用模式转型。

番禺区位于广州市南郊，处在广州、佛山、东莞的交接地带，随着粤港澳大湾区发展战略的提出，目前已形成了五横七纵的交通网络格局，县域村镇体系中的主要节点均通过高等级的快速输配系统进行连接，大大降低了物流成本，推动了区域内的各类资源分配的自我优化过程，同时也对村镇体系空间结构形态产生了深远的影响。从番禺区的实证分析来看，位于交通输配廊道附近的局部村镇体系空间结构与其他地区相比往往更为高级，如石楼镇、石碁镇、洛浦街、化龙镇等，它们均形成了等级规模类型为双级或三级、空间分布类型为簇状、网络关系类型为树形、网形或星形的村镇体系。交通输配网络产生的外部正效应，提升了沿线村镇区位条件及土地价值，促进了人口的集聚，最终促使村镇体系更新迭代。

3.4.2 村镇聚落体系的空间谱系关系

本节在华南-西南地区村镇聚落体系谱系的实例研究基础上，进一步对不同层次维度的特征类型进行交叉分析，试图挖掘并解读其内在的谱系关系。

1. 区位可达性与首位中心性的交叉分析与关系解析

由表3-10和图3-50（a）可知，各类首位中心性在不同区位可达性条件下的占比情况与总样本的基准比例差异较小，4类首位中心性高低类型在不同区位可达性条件下的占比情况相对一致，换言之，区位可达性的高低对首位中心性的整体影响很小，不管综合区位条件优劣与否，均有可能出现空间规模向首位村镇聚集的体系类型以及空间规模均衡分布的体系类型。而由表3-10和图3-50（b）可知，各类区位可达性在不同首位中心性条件下的占比情况与总样本的基准比例存在一定的差异，但是在偏高与偏低值段的总体比例与总样本相当，其中，高值类型与中高值类型与总样本比例的差异主要是因类型样本量较少带来的数据不稳定偏差。总的来说，区位可达性与首位中心性两大层次维度的关联性不强，交叉分析中的各值段类型相互占比变化相对独立，且符合总样本的基准比例。

表 3-10 区位可达性与首位中心性类型数量交叉统计

A&B	B4 高首位中心性	B3 中高首位中心性	B2 中低首位中心性	B1 低首位中心性	总计
A3 高区位可达性	2	2	12	7	23
A2 中区位可达性	1	2	14	6	23
A1 低区位可达性	0	5	10	6	21
总计	3	9	36	19	67

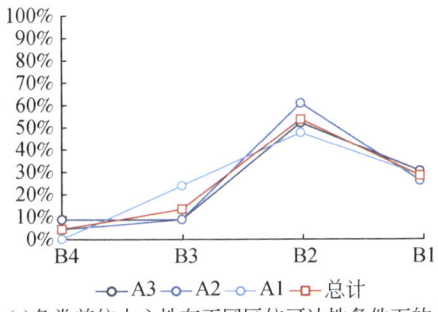

(a) 各类首位中心性在不同区位可达性条件下的占比 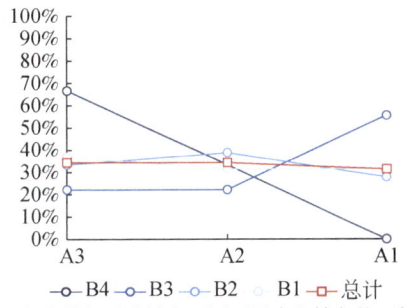　(b) 各类首位可达性在不同不同中心性条件下的占比

图 3-50　区位可达性与首位中心性类型的相互占比变化交叉统计图

2. 区位可达性与空间统筹性的交叉分析与关系解析

由表 3-11 和图 3-51（a）可知，各类空间统筹性在不同区位可达性条件下的占比情况与总样本的基准比例差异相对明显，其中在高区位可达性条件下的偏低空间统筹性类型（C_2、C_1）占比明显较之总样本比例有所上升，这主要是因为在综合区位条件良好的区域，其行政区划的精细程度较高，即每一个镇级单元划分成了较多的村级自治单元，增加村镇体系在统筹管理上的工作量，这也使得体系网络结构趋向复杂，增加了在空间布局中主导联系体系网络的联通难度，从而整体降低了空间统筹性。而由表 3-11 和图 3-51（b）可知，各类区位可达性在不同空间统筹性下的占比变化情况与图 3-51（a）中显示的情况一致，即在偏高空间统筹性条件下的高区位可达性类型占比明显较之总样本要高，反之则偏低。因此，可以认为区位可达性与空间统筹性两大层次维度存在一定的关联性，交叉分析中的各值段类型相互占比变化与总样本的基准比例间存在一定的负相关关系。

表 3-11　区位可达性与空间统筹性类型数量交叉统计

A&C	C4 高空间统筹性	C3 中高空间统筹性	C2 中低空间统筹性	C1 低空间统筹性	总计
A3 高区位可达性	1	2	8	12	23
A2 中区位可达性	1	7	8	7	23
A1 低区位可达性	4	7	5	5	21
总计	6	16	21	24	67

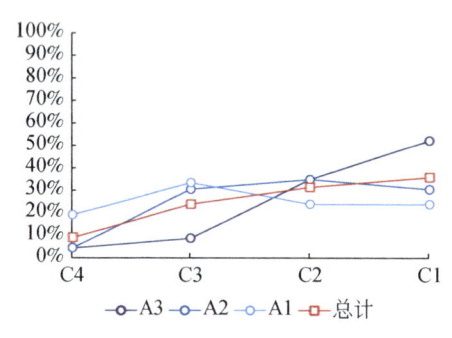

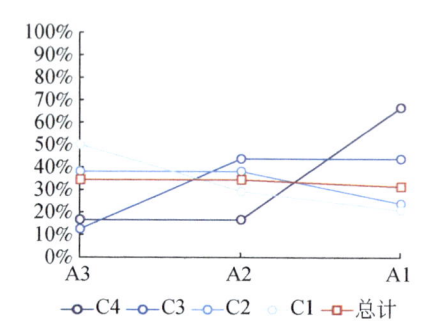

(a)各类空间统筹性在不同区位可达性条件下的占比　　(b)各类区位可达性在不同空间统筹性条件下的占比

图 3-51　区位可达性与空间统筹性类型的相互占比变化交叉统计图

3. 区位可达性与网络联系性的交叉分析与关系解析

由表 3-12 和图 3-52（a）可知，各类网络联系性在不同区位可达性条件下的占比情况与总样本的基准比例存在一定的差异，其中在高区位可达性条件下的偏高网络联系性类型（D4、D3）占比明显较之总样本比例有所上升，这主要是因为在综合区位条件良好的区域，其交通区位优势明显，为体系网络的整体联系奠定了基础条件。由表 3-12 和图 3-52（b）可知，各类区位可达性在不同网络联系性下的占比情况变化与图 3-52（a）中显示的情况一致，即在偏高网络联系条件下的高区位可达性类型占比明显较之总样本要高，反之则偏低。因此，可以认为区位可达性与网络联系性两大层次维度存在一定的关联性，交叉分析中的各值段类型相互占比变化与总样本的基准比例间存在一定的正相关关系。

表 3-12　区位可达性与网络联系性类型数量交叉统计

A&D	D4 高网络联系性	D3 中高网络联系性	D2 中低网络联系性	D1 低网络联系性	总计
A3 高区位可达性	3	9	10	1	23
A2 中区位可达性	0	4	12	7	23
A1 低区位可达性	1	5	12	3	21
总计	4	18	34	11	67

(a)各类网络联系性在不同区位可达性条件下的占比　　(b)各类区位可达性在不同网络联系性条件下的占比

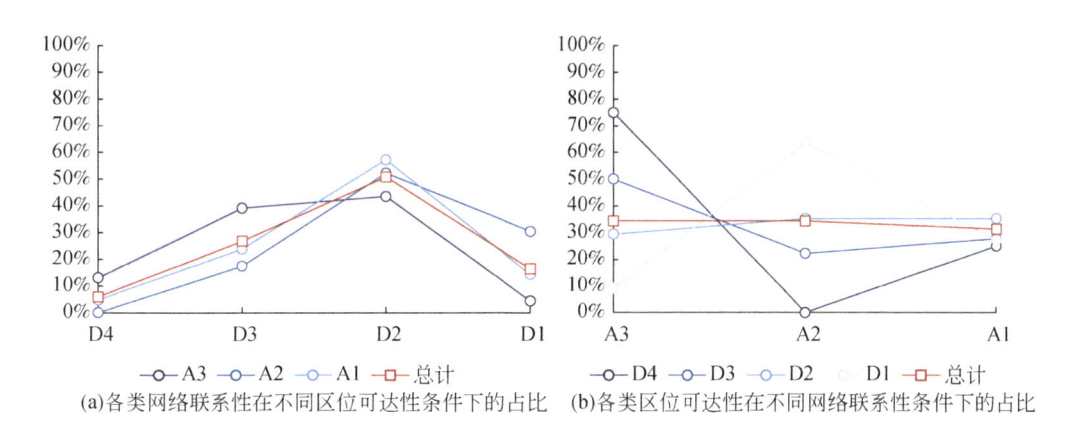

图 3-52　区位可达性与网络联系性类型的相互占比变化交叉统计图

4. 首位中心性与空间统筹性的交叉分析与关系解析

由表 3-13 和图 3-53（a）可知，各类首位中心性在不同空间统筹性条件下的占比情况与总样本的基准比例存在一定差异，其中在偏高首位中心性（B4、B3）条件下的低空间统筹性类型（D1）占比明显较之总样本比例有所下降。这主要是因为在高首位中心性条件下，村镇聚落往往围绕中心村镇聚落节点形成极化程度较高、结构相对简单的体系网络，使得体系网络在空间组织上的联通难度较小，而往往空间统筹性较高。而由表 3-13 和图 3-53（b）可知，在低空间统筹性条件下的偏高首位中心性类型占比较之总样本比例有所下降，反之则上升；另外，高空间统筹性条件下的低首位中心性类型占比明显上升，这一方面是该条件下的样本类型较少带来数量上的偏差，另一方面也显示了这两大层次维度所呈现的相关性并不是完全协同的，而保有一定的独立性，体现了主成分分析中对结果因子需具有独立性的要求。总的来说，首位中心性与空间统筹性两大层次维度存在关联，各值段类型相互占比变化与总样本比例间存在正相关关系，但是在具体样本中两大层次维度又存在相互独立性。

表 3-13　首位中心性与空间统筹性类型数量交叉统计

B&C	C4 高空间统筹性	C3 中高空间统筹性	C2 中低空间统筹性	C1 低空间统筹性	总计
B4 高首位中心性	0	2	1	0	3
B3 中高首位中心性	1	3	4	1	9
B2 中低首位中心性	2	9	12	13	36
B1 低首位中心性	3	2	4	10	19
总计	6	16	21	24	67

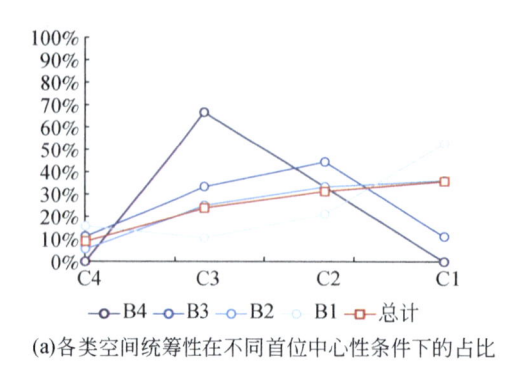

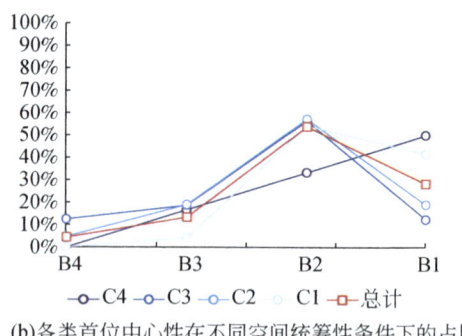

(a) 各类空间统筹性在不同首位中心性条件下的占比　　(b) 各类首位中心性在不同空间统筹性条件下的占比

图 3-53　首位中心性与空间统筹性类型的相互占比变化交叉统计图

5. 首位中心性与网络联系性的交叉分析与关系解析

由图 3-54（a）可知，各类网络联系性在不同首位中心性条件下的占比情况与总样本的基准比例整体变化趋势一致，在偏高首位中心性（B4、B3）条件下存在数值上的差异。从表 3-14 中可以发现，这主要是由于这两类样本数量极少而带来的数据偏差，并不能认为是有效的占比差异。因此，可以认为首位中心性的高低与网络联系性的整体影响很小，即不管首位中心性条件优劣与否，均有可能出现极化联系能力或强或弱的体系类型。而由图 3-54（b）亦可知，各类首位中心性在不同网络联系性条件下的占比情况与总样本的基准比例整体变化趋势一致，同样也在样本量较少的高、低网络联系性（D4、D1）条件下存在微小的数值偏差。

表 3-14　首位中心性与网络联系性类型数量交叉统计

B&D	D4 高网络联系性	D3 高网络联系性	D2 中低网络联系性	D1 低网络联系性	总计
B4 高首位中心性	0	0	3	0	3
B3 中高首位中心性	0	3	6	0	9
B2 中低首位中心性	3	10	16	7	36
B1 低首位中心性	1	5	9	4	19
总计	4	18	34	11	67

总的来说，首位中心性与网络联系性两大层次维度的关联性不强，交叉分析中的各值段类型相互占比变化相对独立，且大体符合总样本的基准比例。

6. 空间统筹性与网络联系性的交叉分析与关系解析

由表 3-15 和图 3-55 可知，不论是各类网络联系性在不同空间统筹性条件下的占比情况，还是各类空间统筹性在不同网络联系性下的占比情况，均与总样本的基准比例存在较为复杂的差异，这是由于这个层次维度的均出现了样本量较少的值段类型，使得数据量少的数值偏差影响了相互关系的判断。因此，为了更好地挖掘可能存在的关系，进一步将高

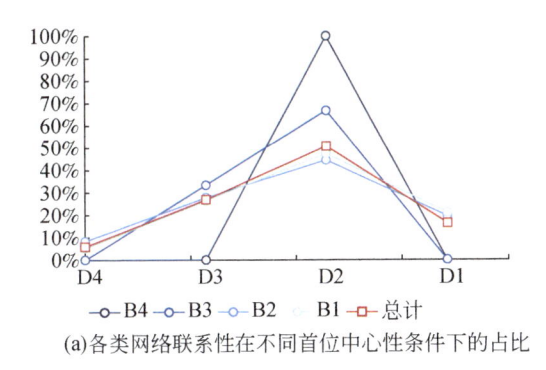

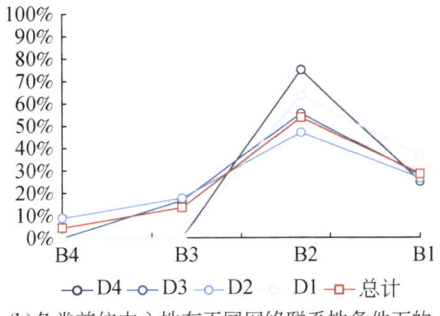

| 第 3 章 | 村镇聚落体系的空间谱系构建与解析

(a)各类网络联系性在不同首位中心性条件下的占比

(b)各类首位中心性在不同网络联系性条件下的占比

图 3-54 首位中心性与网络联系性类型的相互占比变化交叉统计图

值段与中高值段类型合并为偏高类型、低值段与中低值段类型合并为偏低类型，观察其变化趋势可以发现：由图 3-55（a）可知在偏高空间统筹性条件下的偏低网络联系性类型比例较之总样本有所上升，反之则有所下降；图 3-55（b）中反映的规律也类似。究其原因，高空间统筹性的体系往往行政区划统筹程度较高，村级行政单元数量较少，这类村镇往往不符合区位可达性较高地区的行政管理需求，因而多位于区位条件较差的地区，因此，其交通条件大多较差，致使其形成的主导联系体系网络往往更难形成高效的整体网络联系。总的来说，可以认为空间统筹性与网络联系性两大层次维度存在相对较弱的间接关联性，交叉分析中的各值段类型相互占比变化与总样本的基准比例间存在一定程度的负相关关系。

表 3-15 空间统筹性与网络联系性类型数量交叉统计

C&D	D4 高网络联系性	D3 中高网络联系性	D2 中低网络联系性	D1 低网络联系性	总计
C4 高空间统筹性	0	3	0	3	6
C3 高空间统筹性	0	2	12	2	16
C2 中低空间统筹性	3	8	6	4	21
C1 低空间统筹性	1	5	16	2	24
总计	4	18	34	11	67

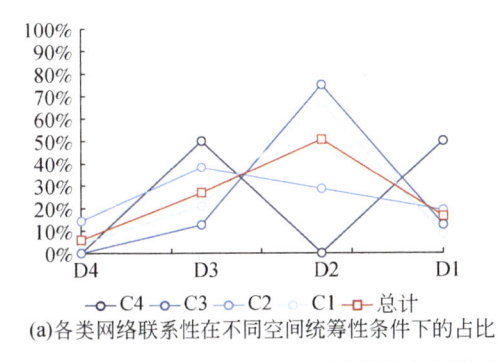

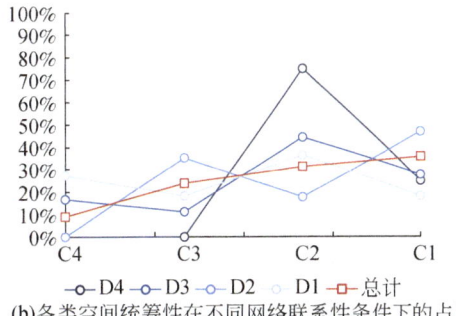

(a)各类网络联系性在不同空间统筹性条件下的占比

(b)各类空间统筹性在不同网络联系性条件下的占比

图 3-55 空间统筹性与网络联系性类型的相互占比变化交叉统计图

综上所述，区位可达性与空间统筹性之间、空间统筹性与网络联系性之间均存在负相关关系，其中前者的关联性更明显，后者的相对弱；区位可达性与网络联系性之间、首位中心性与空间统筹性之间均存在正相关关系，同样地，前者的关联性较之后者更明显；另外，此处解析的谱系关系，是基于多样本的总体交叉分析，并不影响个体样本在不同层次维度中所表现出特征的相对独立性。

3.4.3 村镇聚落体系的空间谱系特征

1. 不同区域村镇聚落体系的空间谱系特征

不同谱系层次间的相互作用关系则可能因自然地理环境、历史文化渊源的差异而有所不同。本书通过进一步对研究案例样本区县的谱系层次进行细化的内在关系分析，挖掘村镇聚落体系谱系类型可能存在的地区特征关系差异。

（1）华南地区村镇聚落体系谱系的特征

在华南地区村镇聚落体系谱系的不同层次维度特征关系研究中，首先，对在华南地区选取的广东番禺区、广西阳朔县两个研究案例区县的谱系类型进行整体的相关性分析，并与总体样本所呈现的规律进行比较与解析；继而，再分别进行两个研究案例区县内部的相关性分析，进一步比较与总体样本的规律异同并解析其内在的形成机制。

经过计算分析，华南地区的四大谱系层次维度类型分布相关性分析结果矩阵如表3-16所示。结果显示，华南地区谱系类型的区位可达性与网络联系性之间存在弱正相关关系，这一规律与总体样本所呈现的相一致，均可以理解为是因综合区位条件良好的区域，其交通区位优势明显，为体系网络的整体联系能力奠定了基础条件。

表3-16 华南地区四大谱系层次维度的类型分布相关性分析结果矩阵

华南地区	A 区位可达性		B 首位中心性		C 空间统筹性		D 络联系性	
	R	Sig.	R	Sig.	R	Sig.	R	Sig.
A 区位可达性	1	—	-0.384**	0.029**	-0.249	0.115	0.394**	0.026**
B 首位中心性	-0.384**	0.029**	1	—	0.043	0.419	-0.490***	0.006***
C 空间统筹性	-0.249	0.115	0.043	0.419	1	—	0.115	0.293
D 网络联系性	0.394**	0.026**	-0.490***	0.006***	0.115	0.293	1	—

为相关性在0.05层上显著；*为相关性在0.01层上显著。

与总体样本规律不同的是，其首位中心性与网络联系性之间存在强负相关关系；区位可达性与首位中心性之间存在弱负相关关系。后者是因为综合区位条件良好的区域大多城镇化程度较高，其村镇聚落往往已经发展到空间上连片成一定规模的阶段，在这一相对成熟的发展阶段，加之行政单元划分的精细程度较高，各个村级自治单元的面积相对均衡，因此，各个村镇聚落节点的空间规模分布已经相当均衡，也就整体形成了首位聚集程度较低的等级规模结构，造成了首位中心性的偏低。前者则是因为首位中心性与区位可达性的负相关性，揭示了其与交通条件的负相关特征；除此之外，村镇空间规模首位聚集程度较高的体系网络本应更易于形成便捷的极化联系，首位中心性与网络联系性存在形成正相关的可能，然而具体到华南地区的样本体系时发现，首位中心性整体较高的样本体系往往是强多中心类型，即除了首位村镇外，前几位龙头村镇的空间影响力较大、等级较高，那么随着高级别村镇数量的增多、网络体系的复杂程度增加，即使有较强的首位村镇也不易直接产生极化联系，故而其正向协同作用明显不如区位不佳带来的负向拮抗作用，最终首位中心性与网络联系性之间的内在关联还是呈现了以交通条件为主导的负相关关系。

总的来说，在华南地区不同层次维度特征之间的相关性主要是由交通区位条件与行政因素主导形成的，其中以交通区位条件的影响为主，呈现了与总体样本差异较大的内在机理关系。下一步可以通过细化到研究案例个体的相关分析，进一步挖掘其深层成因。

经过计算分析，广东番禺区的四大谱系层次维度类型分布相关性分析结果矩阵如表 3-17 所示。结果显示，番禺区谱系类型的区位可达性与首位中心性之间存在弱负相关关系，与华南地区整体样本的规律一致；其区位可达性与网络联系性之间存在强正相关关系，这一规律华南地区整体所呈现的类似，但是相关性更为显著，可以认为在该样本区县内交通条件的主导影响能力进一步加强，为体系网络的整体联系能力奠定了强有力的基础条件；另外，其首位中心性与网络联系性之间也有一定的负向关联趋势，与总体样本规律类似，但在显著性程度上还未能达到统计学对相关性成立检验的要求，可以认为是因该样本区县内首位中心性较高的体系，其等级规模结构更不利于形成有效的极化联系。

表 3-17　广东番禺区四大谱系层次维度的类型分布相关性分析结果矩阵

广东番禺区	A 区位可达性		B 首位中心性		C 空间统筹性		D 网络联系性	
	R	Sig.	R	Sig.	R	Sig.	R	Sig.
A 区位可达性	1	—	−0.501**	0.024**	0.344	0.096	0.826***	0.000***
B 首位中心性	−0.501**	0.024**	1	—	−0.433**	0.047**	−0.347*	0.094*
C 间统筹性	0.344	0.096	−0.433**	0.047**	1	—	0.283	0.144
D 网络联系性	0.826***	0.000***	−0.347*	0.094*	0.283	0.144	1	—

***、**、* 为相关性在 0.01、0.05、0.1 层上显著，其中 * 未达统计学意义显著，仅作辅助参考。

与华南地区整体样本规律不同的是，其首位中心性与空间统筹性之间出现了弱负相关关系，意味着村镇聚落空间规模首位聚集程度较高的样本体系往往对应较低的空间统筹性，即更为精细的行政单元区划与下辖数量较多村级自治单元，带来了较大的统筹管理与体系网络空间联通难度。从总体样本的规律来看，其呈现了完全相反的内在关系特征，而这一特征恰恰与前文提及的其高首位中心性体系的等级规模结构不利于形成有效的极化联系这一情况相符，促成了首位中心性与网络联系性之间的负向关联趋势的形成。至于这一现象本身出现的原因，更多是由案例区县本身的特殊性带来的，番禺区位于广东省省会城市广州紧邻主城区的地理区位上，这类副省级城市所辖区县行政级别较之一般城市所辖的区县，其行政区划精细程度需要更高，才能匹配其相应级别的行政管理需求。因此，除了已建成广州大学城统一管理的小谷围街道之外，其整体空间统筹性都相对较低，这就为首位中心性较高的村镇体系呈现低空间统筹性创造了可能。

总的来说，在广东番禺区不同层次维度特征之间的相关性主要是由交通区位条件与行政因素主导形成的，其中仍以交通区位条件的影响为主，其呈现的内在机理关系与总体样本差异较大、与华南地区整体规律也有较小的一定差异。

广西阳朔县的四大谱系层次维度类型分布相关性分析结果矩阵如表 3-18 所示。结果显示，阳朔县谱系类型的首位中心性与网络联系性之间存在弱负相关关系，与华南地区整体样本的规律类似，但是相关性不及其显著。

表 3-18 广西阳朔县四大谱系层次维度的类型分布相关性分析结果矩阵

广西阳朔县	A 区位可达性		B 首位中心性		C 空间统筹性		D 网络联系性	
	R	Sig.	R	Sig.	R	Sig.	R	Sig.
A 区位可达性	1	—	0.626**	0.036**	−0.249	0.259	−0.757***	0.009***
B 首位中心性	0.626**	0.036**	1	—	0.469	0.101	−0.590**	0.047**
C 空间统筹性	−0.249	0.259	0.469	0.101	1	—	0.111	0.388
D 网络联系性	−0.757***	0.009***	−0.590**	0.047**	0.111	0.388	1	—

** 为相关性在 0.05 层上显著；*** 为相关性在 0.01 层上显著。

与华南地区整体样本规律不同的是，其区位可达性与首位中心性之间出现了弱正相关关系，这不论是与华南地区整体，还是与广东番禺区相比均完全相反。由于该县位于距离城市中心较远的外围区域，其整体城镇化程度较低，县域内建设用地的总量不大，即村镇空间发展尚未进入大规模连片聚集的成熟阶段，因此村镇聚落仅在县域中心周围分散地小范围聚集，从而使得综合区位条件相对良好的县域中心周边区域镇域体系中，空间规模更多地集中在镇域中心，而形成了高首位中心性。另外，阳朔县谱系类型的区位可达性与网络联系性之间所呈现的强负相关关系，也与华南地区整体和广东番禺区相比均完全相反。这是由于该县域内的高区位可达性区域的村镇体系所表现的高首位中心性，常为多强中心的首位聚集，前几位龙头村镇的空间规模相对也较大，从而使等级规模结构中的高级别村镇比例较高，体系网络较为复杂但极化程度不高，没有产生较多便捷的直接服务联系，因此，该类区域即使拥有相对良好的交通基础，但整体网络联系性反而还是很低；相反，那些处于县域边缘交通区位条件相对较弱的村镇体系，则因空间聚集发展程度更弱，镇域内空间规模完全向首位村镇聚集而形成了权力绝对集中的极化体系网络，容易产生便捷的直接服务联系，整体呈现了较高的网络联系性。

同时，从上述分析可见其首位中心性与网络联系性所呈现弱负相关关系，虽与华南地区整体一致，但其内在形成机制是有所差异的，并非前文所述的在交通区位优势主导影响下产生，而是其发展阶段带来的空间规模聚集特征造成的区位可达性与首位中心性正相关、区位可达性与网络联系性负相关所叠加形成的弱负相关关系。因此，在广西阳朔县不同层次维度特征之间的相关性主要是由其空间规模聚集特征所主导形成的，呈现的内在机理关系与总体样本和华南地区整体规律均有较大的差异。

综合广东番禺区、广西阳朔县的单个研究案例相关性分析解读可以发现，华南地区整体呈现的不同层次维度特征之间的内在机制规律，其内部成因其实各有不同，并不能一概而论。又因阳朔县样本体系数量较少，对整体结果特征规律的影响力度较小，故而整体特征与番禺区所呈现的规律更加接近。总的来说，其整体表现的区位可达性与网络联系性之间的弱正相关关系，是由样本量大的番禺区所呈现的强正相关与样本量小的阳朔县所呈现的强负相关叠加而成；其首位中心性与网络联系性之间的强负相关关系，是由两个案例区县共同表现的弱负相关协同而成；区位可达性与首位中心性之间存在弱负相关关系，则是由样本量大的番禺区所呈现的弱负相关与样本量小的阳朔县所呈现的弱正相关叠加而成；并且因番禺区样本量较大而整体表现为上述规律由交通区位条件主导影响而成。

（2）西南地区村镇聚落的体系谱系特征

在西南地区村镇聚落体系谱系的不同层次维度特征关系研究中，首先，同样是对在西南地区选取的重庆永川区、四川双流区两个研究案例区的谱系类型进行整体的相关性分析，并与总体样本所呈现规律进行比较与解析；其次，分别进行两个研究案例区内部的相关性分析，进一步比较与总体样本的规律异同并解析其内在形成机制。

经过计算分析，西南地区的四大谱系层次维度类型分布相关性分析结果矩阵如表3-19所示。结果显示，西南地区谱系类型的区位可达性与空间统筹性之间存在弱负相关关系，这一规律与总体样本所呈现的规律类似，但是相关性稍弱，均可以理解为综合区位条件良好的区域，其行政区划的精细程度往往较高，被划分成了较多的下级行政单元，增加村镇体系在统筹管理上的工作量，也使得体系网络结构趋向复杂，增加了在空间布局中主导联系体系网络的联通难度，从而整体降低了空间统筹性。此外，其首位中心性与空间统筹性之间存在弱的正向关联趋势，与总体样本规律类似，但在显著性程度上还未能达到统计学对相关性成立检验的要求，可以认为是村镇聚落首位聚集程度较高的区域，往往形成围绕中心村镇聚落节点形成极化程度较高、结构相对简单的体系网络，使得体系网络在空间组织上的联通难度较小，而空间统筹性较高。同时，其空间统筹性与网络联系性之间的弱负相关关系也与总体样本类似，但较之总体样本所呈现的关联性更强，已经达到了0.05的显著性检验标准。究其原因，主要是高空间统筹性的体系往往行政区划统筹程度较高，村级行政单元数量较少，这类村镇往往不符合区位可达性较高地区的行政管理需求，因而多位于区位条件较差的地区，因此，其相对落后的交通条件制约了高效的整体网络联系的形成。

表3-19 西南地区四大谱系层次维度的类型分布相关性分析结果矩阵

西南地区	A 区位可达性		B 首位中心性		C 空间统筹性		D 网络联系性	
	R	Sig.	R	Sig.	R	Sig.	R	Sig.
A 区位可达性	1	—	0.249*	0.056*	−0.258**	0.049**	0.003	0.493
B 首位中心性	0.249*	0.056*	1	—	0.231*	0.071*	−0.040	0.401
C 空间统筹性	−0.258**	0.049**	0.231*	0.071*	1	—	−0.330**	0.016**
D 网络联系性	0.003	0.493	−0.040	0.401	−0.330**	0.016**	1	—

**、* 为相关性在0.05、0.1层上显著，其中 * 未达统计学意义显著，仅作辅助参考。

与总体样本规律不同的是,西南地区谱系类型的区位可达性与首位中心性之间存在弱的正向关联趋势,这是总体样本规律中所没有体现的。具体分析西南地区的体系类型发现,案例区县的整体城镇化水平成熟程度较低,主要处于发展的初级阶段,村镇聚落更多地在县域中心周围分散性地小范围聚集,从而使得其综合区位条件相对良好的县域中心周边区域镇域体系中,空间规模更多地集中在镇域中心,而形成了高首位中心性村镇聚落,而其余外围的镇域体系空间规模聚集程度不高而形成了整体相对均衡的村镇体系。

总的来说,在西南地区不同层次维度特征之间的相关性主要是由特有发展阶段下的空间聚集特征以及行政区划因素所主导形成的,呈现了与总体样本存在一定差异的内在机理关系。下一步可以通过细化到研究案例个体的相关分析,进一步挖掘其深层成因。

经过计算分析,重庆永川区的四大谱系层次维度类型分布相关性分析结果矩阵如表3-20所示。结果显示,永川区谱系类型的空间统筹性与网络联系性之间的弱的负向关联趋势,与西南地区整体样本所呈现的规律类似。此外,其区位可达性与首位中心性之间存在强正相关关系,与西南地区整体样本所呈现的规律类似,但是相关性显著更强,已经达到0.01的显著性检验要求;其区位可达性与空间统筹性之间存在弱的负向关联趋势,这与西南地区整体样本所呈现的规律类似,但是显著性更弱,尚未达到统计学对相关性成立检验的要求。以上相关关系的具体成因与上文在西南地区整体规律中论述的基本一致。

表3-20 重庆永川区四大谱系层次维度的类型分布相关性分析结果矩阵

重庆永川区	A 区位可达性		B 首位中心性		C 空间统筹性		D 网络联系性	
	R	Sig.	R	Sig.	R	Sig.	R	Sig.
A 区位可达性	1	—	0.530***	0.005***	−0.282*	0.096*	0.045	0.420
B 首位中心性	0.530***	0.005***	1	—	0.047	0.416	0.336*	0.059*
C 空间统筹性	−0.282*	0.096*	0.047	0.416	1	—	−0.304*	0.079*
D 网络联系性	0.045	0.420	0.336*	0.059*	−0.304*	0.079*	1	—

***、*为相关性在0.01、0.1层上显著,其中*未达统计学意义显著,仅作辅助参考。

与西南地区整体样本规律不同的是,其首位中心性与网络联系性之间出现了弱的正向关联趋势,究其原因,该区县的空间聚集发展程度相对较弱,高首位中心性镇街的空间规模完全向首位村镇聚集而形成了权力绝对集中的极化体系网络,容易产生便捷的直接服务联系,整体呈现了较高的网络联系性,同时,交通基础条件对网络联系性的作用效果体现得不甚明显。

总的来说,重庆永川区不同层次维度特征之间的相关性主要是由其空间规模集聚特征及行政区划因素所主导形成的,其中交通因素的作用较弱,其呈现的内在机理关系与西南地区整体规律具有较高的一致性,与总体样本的规律则存在一定差异。

经过计算分析,四川双流区的四大谱系层次维度类型分布相关性分析结果矩阵如表3-21所示。结果显示,双流区谱系类型的区位可达性与空间统筹性之间存在弱的负向关联趋势,这与西南地区整体样本所呈现的规律类似,但是显著性更弱,尚未达到统计学对相关性成立检验的要求；其首位中心性与空间统筹性之间存在弱的正向关联趋势，这与西南地区整体样本的规律一致。以上相关关系的具体成因与上文在西南地区整体规律中论述的基本一致。

表3-21　四川双流区四大谱系层次维度的类型分布相关性分析结果矩阵

四川双流区	A 区位可达性		B 首位中心性		C 空间统筹性		D 网络联系性	
	R	Sig.	R	Sig.	R	Sig.	R	Sig.
A 区位可达性	1	—	-0.125	0.305	-0.321*	0.090*	0.063	0.399
B 首位中心性	-0.125	0.305	1	—	0.316*	0.094*	0.437**	0.031**
C 空间统筹性	-0.321*	0.090*	0.316*	0.094*	1	—	0.033	0.447
D 网络联系性	0.063	0.399	0.437**	0.031**	0.033	0.447	1	—

**、*为相关性在0.05、0.1层上显著，其中*未达统计学意义显著，仅作辅助参考。

与西南地区整体样本规律不同的是，双流区谱系类型的首位中心性与网络联系性之间出现了弱的正向关联趋势，这点与永川区的特征规律相类似，且显著性更强，但是解析其背后具体成因发现，其形成机制则有所差异，该区首位中心性较高的区域大多位于区内重要交通干线沿线（成都四环及成渝环线高速），可以认为是交通因素带来了该类村镇聚落的空间聚集，同时为其体系网络的整体高联系能力奠定了强有力的基础。

总的来说，四川双流区不同层次维度特征之间的相关性主要是由其空间规模聚集特征及交通条件因素所主导形成的，行政区划因素的影响相对较小，其呈现的内在机理关系与西南地区整体和重庆永川区的规律存在较大差异，但与总体样本的规律的差异更小。

综合重庆永川区、四川双流区的单个研究案例相关性分析解读可以发现，西南地区整体呈现的不同层次维度特征之间的内在机制规律，其内部成因略有差异。总的来说，其整体表现的区位可达性与空间统筹性之间的弱负相关关系，是两个案例区共同表现的弱正向关联协同而成；其空间统筹性与网络联系性之间的弱负相关关系，以及区位可达性与首位中心性之间的弱正向关联趋势是由样本量稍大的永川区主导形成；而其首位中心性与空间统筹性之间的弱正向关联趋势则是双流区主导带来的；并且因永川区样本量稍大而整体表现为上述规律受空间聚集特征以及行政区划因素的主导影响而成的内在形成机制，同时这两类主导影响因素在双流区的规律成因中也确有体现。

（3）华南与西南地区村镇聚落体系谱系的特征异同

从表3-16与表3-19中揭示的不同层次维度特征之间相关性情况来看，两大区域所显著表现的外在特征差异很大，但是在这些特征的形成机制挖掘中，研究发现其内在成因仍有一定的相同点；例如，华南地区影响不同维度特征相关性的因素主要是交通区位条件与行政因素，其中以交通条件的影响为主；西南地区影响不同维度特征相关性的因素主要是空间发展阶段影响下的规模聚集特征与行政因素，也以前者为主。其中行政因素可以被视为存在的共同影响因素，而且在华南地区为主导影响的交通条件因素，在西南地区的四川双流区个案也有所体现，而以西南地区为主导影响的空间规模聚集特征因素，在华南地区的广西阳朔县个案中也有所体现。

但是由于各类影响因素的主导影响力度不同，从而造成了两大区域在外显相关性表征上的差异。这些差异本质上还是因两大区域的整体空间发展阶段不同造成的，总体来说，华南地区整体位于我国南方沿海地区，受改革开放等政策影响，社会经济改革发展、对外开放交流均更为迅速，城乡空间发展也更多地率先进入了更加成熟的高级阶段；而西南地区整体位于我国的内陆地区，虽然随着改革开放的进一步扩大与深入，城乡空间发展也开始进入快速发展阶段，但是与沿海地区相比所处阶段仍然相对滞后。对于空间发展阶段相对成熟的区域，其村镇聚落体系谱系形成机制中，空间聚集程度就不再占据主导位置，其不管空间规模的成熟度、还是各类功能服务设施的完备程度整体较高，此时交通条件就成为了主导影响因素，因为良好的交通条件加快了各类社会经济要素在空间上的进一步流动与配置，并反哺推动空间上的高质量发展。对于空间发展阶段相对初级的区域，其空间聚集程度成为村镇聚落体系谱系形成机制中的主导因素，空间规模的聚集度，与各类功能服务设施的配备发展程度成为了制约村镇体系合理规划的主要因素，此时交通条件的相关影响尽管存在但是作用力度则相对更小。

此外，在华南与西南地区村镇聚落体系谱系内在机理关系的对比研究中，还可以发现不管属于哪个区域或具体地文区，不同地貌特征以及与城市中心的区位关系等对村镇聚落体系谱系的影响都是显著存在的，为了更好地挖掘这些因素对村镇聚落体系谱系内在机理关系的影响，还需要进一步对同类地貌特征的案例样本进行分类相关关系分析与类间的对比解读。因本书选取的研究案例样本区县在不同地貌特征、以及与城市中心的区位关系特征具有一定的协同性，即华南地区的广东番禺区、西南地区的四川双流区属于平原低丘地貌类型，且位于城市近郊区域；而华南地区的广西阳朔县、西南地区的重庆永川区属于山地丘陵地貌类型，且位于城市外围区域。所以，下文的体系谱系内在机理研究主要以地貌特征为代表性的切入点进行。

2. 不同地貌村镇聚落体系的空间谱系特征

依据本书所选的研究案例实际，分平原低丘地区、山地丘陵地区的两类地貌特征划分样本区县，以进行不同地貌特征村镇聚落体系谱系的内在机理关系研究。即分别就平原低丘地区的广东番禺区与四川双流区，山地丘陵地区的广西阳朔县与重庆永川区，进行不同层次维度特征间的相关性分析与成因解读。

（1）平原低丘地区村镇聚落的体系谱系特征

经过计算分析，平原低丘地区的四大谱系层次维度类型分布相关性分析结果矩阵如表3-22所示。结果显示，平原低丘地区谱系类型的区位可达性与网络联系性之间存在强正相关关系，这一规律与总体样本所呈现的相类似，但是显著性更强。这与前文所述的观点一致，这两个案例区因毗邻主城区而城镇化程度较高，空间发展阶段相对成熟，交通设施建设也整体相对完善，从而该阶段下的村镇聚落体系谱系内在关系的主导影响因素为交通条件，交通区位更优的区域更易形成高效的网络联系。与此同时，平原低丘地区的地貌特征提供了大量空间建设平原腹地，为其空间发展阶段的成熟提供了十分有利的条件，也为交通设施建设的完善提供地貌基础，因此，在该类地貌环境的村镇空间规模更易形成聚集优势，为交通优势发挥促进发展的作用带来可能。

此外，该类区域谱系类型的首位中心性与空间统筹性之间均存在稍弱的负向关联趋势，这与总体样本的规律特征相反。这是因为：一方面该类地势平坦，空间发展成熟的区域，在首位聚集程度高的村镇聚落往往具有更为精细的行政单元区划，带来了统筹管理的难度；另一方面，该类村镇体系受整体空间规模发展成熟的影响，与高首位中心性同时出现的还有影响力较强的多个龙头村镇，使得体系网络结构趋向复杂化，其等级规模上的极化难以转化形成体系网络的极化联系，从而在空间组织上难以高度联通。上述两方面原因共同造成了高首位中心性村镇体系的低空间统筹性。

表 3-22　平原低丘地区四大谱系层次维度的类型分布相关性分析结果矩阵

平原低丘地区	A 区位可达性		B 首位中心性		C 空间统筹性		D 网络联系性	
	R	Sig.	R	Sig.	R	Sig.	R	Sig.
A 位可达性	1	—	0.100	0.284	−0.192	0.134	0.416***	0.006***
B 位中心性	0.100	0.284	1	—	−0.227*	0.095*	−0.024	0.445
C 空间统筹性	−0.192	0.134	−0.227*	0.095*	1	—	0.132	0.225
D 网络联系性	0.416***	0.006***	−0.024	0.445	0.132	0.225	1	—

＊＊＊、＊为相关性在 0.01、0.1 层上显著，其中 ＊未达统计学意义显著，仅作辅助参考。

总的来说，在平原低丘地区，影响不同层次维度特征之间的相关性特征的主导因素是交通条件，行政区划因素也有一定的作用效果但明显更弱，而空间聚集特征因素则因整体空间发展程度相对较高而不是其主要的制约因素。

（2）山地丘陵地区村镇聚落的体系谱系特征

经过计算分析，山地丘陵地区的四大谱系层次维度类型分布相关性分析结果矩阵如表 3-23 所示。结果显示，山地丘陵地区谱系类型的区位可达性与网络联系性之间存在强负相关关系，这一规律与总体样本所呈现的规律相反。前文对此已有所论述，这一规律在广西阳朔县表现得明显，即该类区位可达性较高区域，其行政区划的精细程度较高，即每一个镇级单元划分成了较多的村级自治单元，同时，其空间聚集也时有出现向多个龙头村镇聚集的情况，高级别村镇的比例较高，以上两个原因使得该类体系网络结构趋向复杂，较难形成高级别村镇对低级别村镇直接服务的极化联系，从而网络联系性较差，另外，其山地地貌带来的交通条件整体相对薄弱，即使是区位条件相对较好的区域，其交通优势也不足以弥补行政因素带来的联系弱势。

表 3-23　山地丘陵地区四大谱系层次维度的类型分布相关性分析结果矩阵

山地丘陵地区	A 区位可达性		B 首位中心性		C 空间统筹性		D 网络联系性	
	R	Sig.	R	Sig.	R	Sig.	R	Sig.
A 区位可达性	1	—	0.231	0.101	−0.125	0.248	−0.469***	0.003***
B 首位中心性	0.231	0.101	1	—	0.100	0.293	0.234	0.099
C 空间统筹性	−0.125	0.248	0.100	0.293	1	—	−0.252*	0.082*
D 网络联系性	−0.469***	0.003***	0.234	0.099	−0.252*	0.082*	1	—

＊＊＊、＊为相关性在 0.01、0.1 层上显著，其中 ＊未达统计学意义显著，仅作辅助参考。

此外，该类区域谱系类型的空间统筹性与网络联系性之间存在弱的负向关联趋势，这与总体样本所呈现的规律类似，但是显著性更弱，未达统计学意义上的检验标准。该规律在重庆永川区表现得更明显，其内在成因主要是高空间统筹性的体系往往行政区划统筹程度较高，村级行政单元数量较少，这类村镇往往不符合区位可达性较高地区的行政管理需求，因而多位于区位条件较差的地区，因此，其相对落后的交通条件制约了高效的整体网络联系的形成。

总的来说，在山地丘陵地区样本区县个案的特征规律差异较大，相较于平原地区而言，规律共性相对较少，影响不同层次维度特征之间的相关性特征的共性主导因素是行政因素，而空间聚集特征因素与交通条件因素则分别在阳朔县与永川区影响作用更大。这主要是因永川区位于直辖市重庆，较之位于广西桂林的阳朔县，其空间发展成熟度相对更高，空间聚集特征对其谱系类型内在规律的影响虽依然存在，但是交通条件的影响也开始显现。因此，可以说在山地丘陵地区，影响不同层次维度特征之间的相关性特征的主导因素是空间聚集特征因素与行政区划因素，但交通条件因素的作用也有所体现。

（3）山地与平原地区村镇聚落体系谱系的特征差异

从表3-22与表3-23中揭示的不同层次维度特征之间相关性情况来看，两类地貌特征下的村镇聚落体系谱系所显著表现的外在特征差异很大，其实质是内在主导影响因素的差异导致的。平原地区以交通条件因素与行政区划因素为主，而空间聚集特征因素的制约体现得很少；山地地区则以空间聚集特征因素与行政区划因素为主，交通条件因素的作用也有所体现但是相对较弱。这些差异恰恰可以认为是地貌特征所带来的。

在平原地区，平坦地势为空间建设与发展提供了有力基础。在广阔的空间腹地条件下，各类的空间要素受交通条件便捷程度的调配得以充分自由聚集，在交通通达的区位下，各类建设要素的充分流动往往容易促进功能设施的规划建设落实，使其综合区位优势日益显著。因此，空间建设与聚集的难度对村镇发展的制约基本可以忽略不计，而是通达的交通条件更有利于高效发展。

在山地地区，地貌特征首先影响的就是村镇聚落建设的空间范围，直接导致了空间聚集特征因素成为主导因素。因为任何功能设施的建设与空间规模聚集，其首要的条件就是该区域能为其提供易于进行建设的用地空间。同时，在山地地区交通联系条件虽然也有其重要作用，但是相对而言没有地形地貌特征带来的空间制约显著。

对此，在不同地貌特征的背景下，对村镇聚落的行政区划设置也应因地制宜，因势利导地为村镇空间的高效发展作出规划。

在平原地区，空间建设与聚集程度往往较高，则需要更为精细的行政单元划分，以支撑高密度建成空间中大量人口以及各类社会事务的管理与运行。此时，在更为复杂的发展情况下，更加需要重视不同行政单元间的高效协同统筹机制建设，对行政统筹管理工作予以保障。

在山地地区，在地理环境的阻隔下，其空间建设的聚集程度往往也相对较低，该类地区的行政事务工作总量也会相对较少。因此，为了加强地形限制下的发展联动，其行政单元区划应更加整体，无须过度精细地划分，这样有利于各级行政单元内部的整体统筹，此时，其更加需要关注的则是行政单元内部的各类要素整体优化与统筹兼顾。

此外，山地与平原地区谱系内在机理关系的特征差异，还体现在同类地貌特征样本区县具体成因共性的多少上。在平原地区，主导因素的共性更为显著；而在山地地区主导因素的作用效果差异更大。这是因为山地丘陵地区地势复杂，具体案例样本特征的内因特性更为显著。因此对于山地地区进行村镇体系规划时应当进行更加深入的调查研究，摸清其空间发展阶段，再进行针对性的规划干预，因地制宜地有效促进当地村镇聚落的健康发展。

第 4 章 村镇聚落个体的空间谱系构建与解析

4.1 村镇聚落个体的空间特征识别

与城市聚落相比，村镇聚落形态对地域的自然地理环境有着更为敏感的依附性，具有显著的地域分异性和内部相似性，村镇聚落个体的空间特征在一定区域内反映人地关系的内在联系。深入研究不同地域类型村镇聚落个体的空间特征和形成成因，是因地制宜塑造村镇聚落景观风貌的重要途径，从既有研究来看，不同学科在研究视角和方法上各有侧重点，地理学科常借助景观生态学的方法，从宏观角度对村镇聚落的整体空间分布特征展开研究，通过选取景观格局指数量化村镇聚落格局特征，以此揭示不同类型的地域分布规律（单勇兵等，2012；朱彬和马晓冬，2011）。建筑和规划学科则通过形态类型分析方法，从中微观尺度对村镇聚落的山水格局、聚落边界（浦欣成，2013）、街巷空间（张鹰等，2015）、建筑肌理（王昀，2009）等不同空间尺度的聚落内部空间形态特征进行归纳和总结，并揭示不同地域特征形成的成因。而风景园林学则是对聚落空间本身及其外围生产、生态的复合系统进行整体性景观格局的研究（王丽洁等，2016），从景观功能形态（葛韵宇和李方正，2020）、景观属性差异（欧阳勇锋和黄汉莉，2012）等方面揭示聚落景观的地域特征。

但是，聚落空间形态不同尺度的现象和过程之间相互作用、相互影响，往往表现出多尺度关联性特征（葛韵宇和李方正，2020），如聚落的用地地块是承托建筑肌理的模块单元，被街巷切分，同时又与街巷相互作用，共同构成聚落的整体形态（尚正永，2015）。在聚落空间形态的演变过程中，在用地功能尺度上的变化将会对内部建筑肌理产生影响，同时也会作用于聚落空间边界的扩展变化；而聚落所处的空间区位和环境条件限制了聚落空间边界发展状态，进而对聚落用地结构与肌理形态产生影响。因此，越来越多的研究也开始在村镇聚落形态特征规律的形成过程中考虑不同尺度空间形态要素的关联性以及相互作用关系。

整体来说，可以将村镇聚落个体空间形态研究分为两种情况。一是研究村镇聚落内部的空间形态，重点关注村镇聚落的建筑及其开放空间、公共空间、街巷网络等要素特征，如在研究黑龙江省村镇聚落空间形态的研究中，王翼飞和袁青（2021）以"点""线""面"的形态层级为组成逻辑，形成"界""架""图""底""点"五类形态要素构成，分别代表村镇聚落空间中的边界、街道、建筑群、开放空间与庭院等要素；童磊（2016）在研究村落肌理参数化重构中将村镇聚落空间形态分为边界、道路、地块、建筑等要素。二是将村镇聚落作为一个整体的斑块，研究其边界、形状、规模等要素特征，如王文卉等（2022）研究宜城市村镇聚落空间形态时重点考察聚落斑块的形状特征、规模特征以及在空间上的分布特征。

考虑到村镇聚落空间谱系的构建对象是大范围、多地域的，这就要求村镇聚落个体空间形态数据的可获得性和普适性，而村镇聚落个体的内部空间形态数据（如建筑数据等）通常难以获取，此外，考虑到行政村（社区）是中国行政规划体系中最基层的组成单位，而行政村是由一个或多个自然聚落斑块组成，因此，本书对于村镇聚落个体空间特征的测度以单个自然聚落斑块为最小组成要素，特征识别则以行政村为基本单位。在研究村镇聚落空间形态时，将村镇聚落看作是景观中的斑块，通过景观格局指数量化分析村镇聚落聚居点斑块的空间分布特征、边界与环境特征以及规模尺度特征等。

4.1.1 规模尺度特征

规模尺度作为村镇聚落个体自身的重要属性，与聚落的空间形态、规模等级、地理位置、交通条件、经济社会情况等都存在紧密的联系，村镇聚落的规模调整是优化乡村空间需要考虑的首要前提，也是协调农村人地关系的必然要求（郭连凯和陈玉福，2017）。村镇聚落规模一般包括人口规模和用地规模，在空间形态研究层面，一般以用地规模作为聚落空间形态的研究重点。村镇聚落规模具有大小、结构等基本属性，它们既是聚落规模测度中相对独立的目标，又是统一的不可分割的整体（李智等，2019）。其中，聚落规模大小是确定具体聚落等级、各等级聚落数量和配套设施建设等问题的前提，而聚落规模的结构是保证各等级聚落职能正常运营的基础。与村镇聚落体系中强调将行政村作为一个整体单元来研究其规模特征不同，村镇聚落个体中的规模特征研究是以行政村内部的聚居点为单元来进行，尽管尺度不尽相同，但是在测度方法层面，两者具有共通之处。因此，采用村域建设用地面积、村域建设用地密度来表征聚落规模的大小特征，采用位序规模指数和中心聚落的首位度来表征聚落规模的结构特征。

1. 村域建设用地面积

村域建设用地面积反映出了村镇聚落规模的绝对值大小，一般情况来说，村域建设面积越大，村镇聚落的规模尺度也越大，发展程度越高。在不同地域类型的村镇聚落，其村域建设用地大小也存在差异，如平原地区村镇聚落的村域建设用地面积普遍要比山地丘陵地区大得多。因此，村域建设用地面积成为村镇聚落规模特征研究的重要指标，其计算公式为

$$CA = S \tag{4-1}$$

式中，CA 为村镇聚落建设用地面积；S 为建设用地总面积。

通过排序计算与汇总统计，村域建设用地面积最小为 0.5hm² 左右，最大达到 644hm²，平均值为 138hm²，四个县域样本的村域建设用地面积多数分布于平均值以下。不难看出，分布于城区周边的村域建设用地面积一般要比其他区域的大，这是受到郊区城镇化的影响，使得郊区村镇的建设用地得到了快速的扩张。

广东番禺区的村镇从整体上来说受到城镇化的影响较大，村域建设用地规模普遍较大，其建设用地面积平均值达 220hm² 左右。这也导致番禺区村镇聚落建设用地面积的大

小和村域面积有很大的相关性，村域越大的其建设面积也越大；广西阳朔县因地处山地丘陵地带，只能在有限的平地进行建设，因此，村域建设用地规模相比其他县域来说要小很多，其平均值仅为90hm² 左右。由于阳朔县村镇聚落的发展依赖旅游业，靠近主要的联系通道有利于旅游产业经济的发展，从而造成村域建设面积的增加。因此，其村域建设用地规模分布格局主要沿着国道321主干路向周围圈层递减。而重庆永川区的村域建设用地面积分布呈现"南高北低"的态势，这是由于南部的地形更为平坦，水系更为发达，更加适宜村镇聚落的发展。尽管同处于山地丘陵地区，但永川的村域建设用地面积比阳朔大得多，其平均值达到158hm²，这是因为永川特殊的平行岭谷地貌使得山与山之间有更多平坦用地适宜进行开发建设。四川双流区同样也是受到郊区城镇化的影响，其建设用地规模平均值为146hm²，但明显其村镇聚落受到城镇化的影响有限，南部区域的村镇聚落建设用地规模就比北部的村镇聚落要低得多。

对比四个研究案例的指标数值发现，村域建设用地面积的平均值表现为：广东番禺区>重庆永川区>四川双流区>广西阳朔县，这也与样本县域的经济水平、发展情况等情况相吻合。同时，广东番禺区与重庆永川区的高低值差距较大，表明区县内各个村镇聚落规模尺度差异较大，而另外两个研究案例的高低值差距相对较小（图4-1）。

2. 村域建设用地密度

如果说村域建设用地面积反映的是村镇聚落规模的绝对规模大小，那么村域建设用地密度反映的则是相对规模大小。同样地，村域建设用地密度越大，所表征的村镇聚落的相对规模也越大，乡村土地集约利用程度越高，经济发展水平越发达。不仅如此，村域建设用地密度的大小也在一定程度上反映了聚居点单元的空间密集程度。其计算公式如式4-2：

$$CP = \frac{S}{A} \tag{4-2}$$

式中，CP为村镇聚落建设用地密度；S为建设用地总面积；A为村域面积。

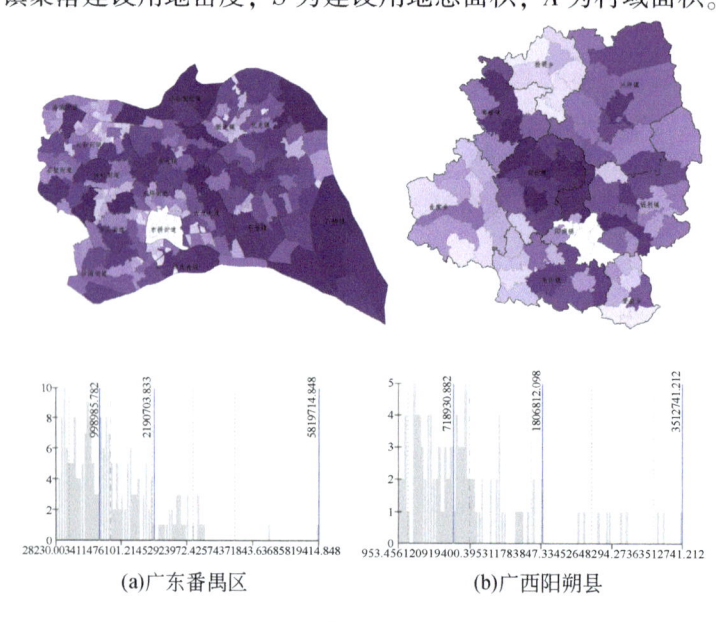

(a)广东番禺区　　　　　　　　　(b)广西阳朔县

(c)重庆永川区　　　　　　　　　(d)四川双流区

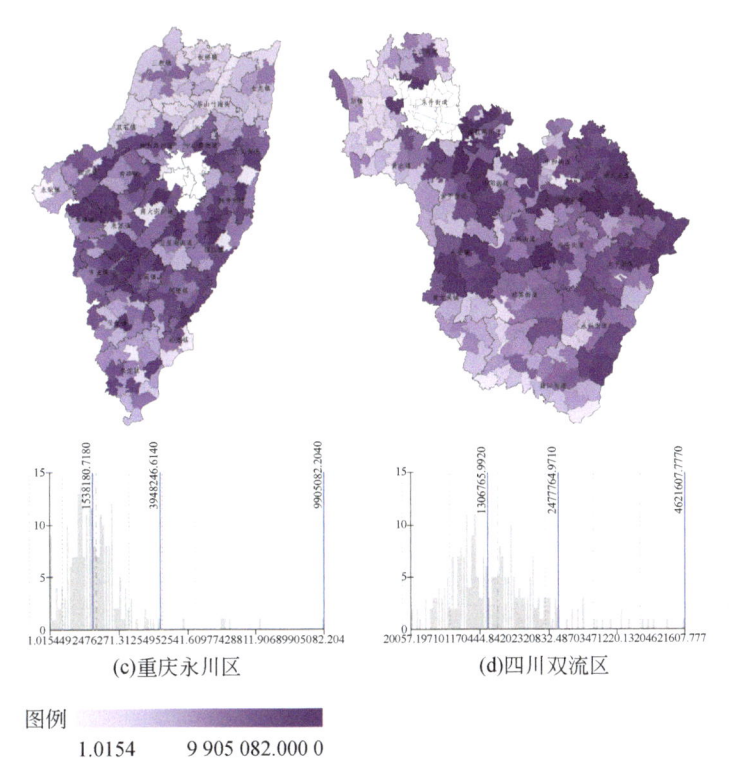

图例
1.0154　　　　9 905 082.000 0

图4-1　村域建设用地面积指数空间分布图与分研究案例统计结果

通过排序计算与汇总统计，在四个样本中，村域建设用地密度最小仅为0.01左右，而最高可达0.9，平均值为0.38，小于该平均值的村镇聚落数量达60%。

广东番禺区的建设用地密度呈现明显的"圈层式"布局结构，以市桥街道为中心向外围依次降低，与建设用地规模指标不同，番禺城区外围的石楼镇、石碁镇、化龙镇、沙湾镇等村镇聚落的建设用地密度均较低，在一定程度上表明，番禺的村域建设用地密度比建设用地面积更能反映其规模特征。广西阳朔县由于城镇化水平较低，大多数村镇聚落仍然保持原有的乡村景观风貌，村域建设用地密度与村域建设用地面积布局呈现较大的相关性，均围绕着国道321向外围圈层布局，也说明国道312主要交通干线对阳朔的村镇聚落形态特征有着较大的影响。重庆永川区的村镇聚落建设用地密度同样也和建设用地规模呈现较大的关联性，整体上呈现"南高北低"的局面。双流区的建设用地密度和建设用地规模相关性较小，高密度村镇聚落主要分布在北部，但是中部的建设用地密度也很高。

对比四个研究案例的指标数值发现，村域平均建设用地密度的表现为：广东番禺区>四川双流区>重庆永川区>广西阳朔县，广东番禺区的村域建设用地密集程度最为显著，其余三个样本区县整体水平不高，阳朔县村域建设用地密集程度最低。相比于其他三个样本来说，番禺由于位于广州市中心城区，城镇化水平相对更为成熟（图4-2）。

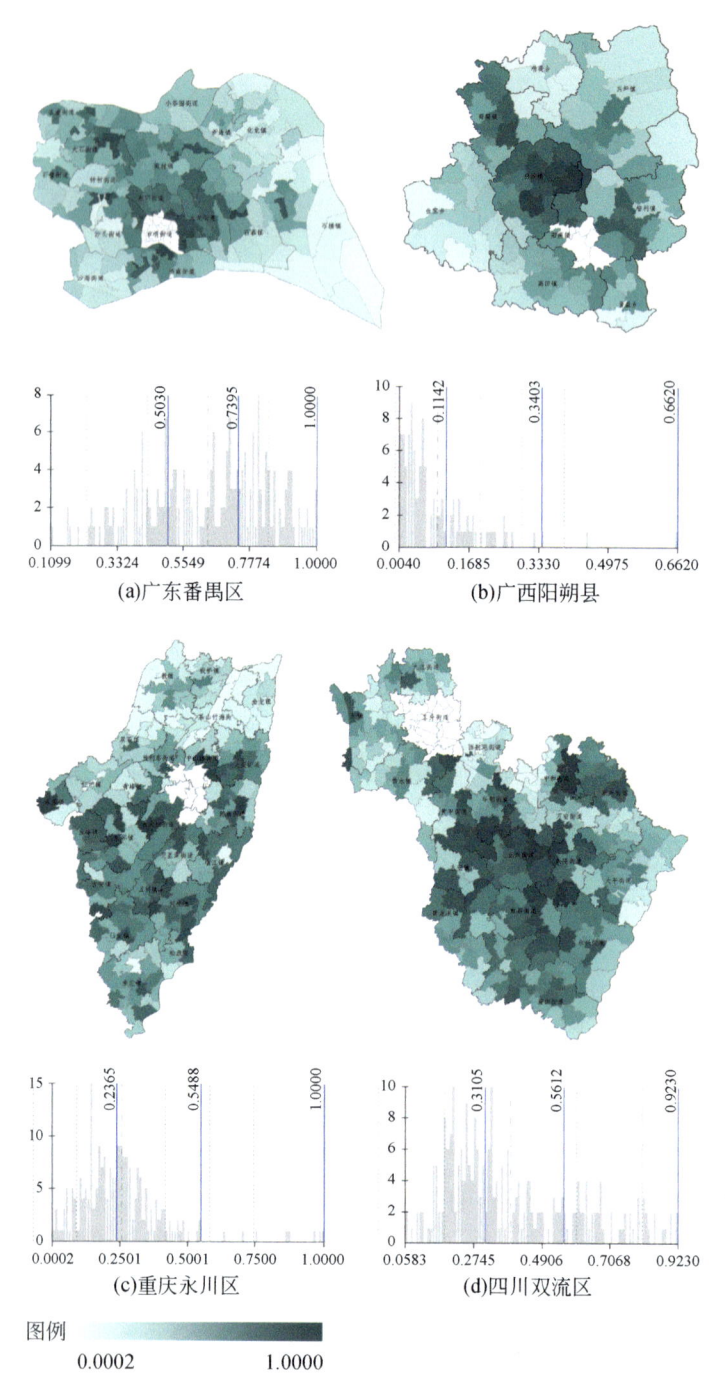

图 4-2 村域建设用地密度指数空间分布图与分研究案例统计结果

3. 村域中心聚落首位度

与村镇聚落体系中的等级规模特征类似，村镇聚落个体同样也是由规模、大小不一的聚居点组成的。因此，在村镇聚落个体的规模结构特征研究中，将引入村镇体系等级规模结构研究的首位度指数，着力分析村域内部首位聚居点空间规模的集中程度，可将其定义为村域中心聚落首位度，其即为首位聚居点空间规模与第二位聚居点空间规模的比值。

$$S_3 = \frac{P_1}{P_2} \tag{4-3}$$

式中，S_3 为村域中心聚落首位度；P_1 为村域内首位聚居点的空间规模；P_2 为村域内第二位聚居点的空间规模。

通过汇总和统计可知，一般而言，中心聚落首位度越高，表明村域内聚居点规模差距越大，最大规模的聚居点中心性越强，但如果村域聚落中心聚落首位度为 0，表明该村域内只有一个聚居点，这种情况一般出现在集村中。

广东番禺区城区周边的村镇聚落因村域尺度小，受城镇化扩张的影响较大，其建设用地基本与城市建设用地连绵成片，基本上一个村域范围内只有一个聚居点，其村域中心聚落首位度为 0，因此，番禺区的中心聚落的首位度指数也在一定程度上呈现的是圈层式布局。广西阳朔县的村域中心聚落首位度整体来说较低，除沿国道 312 线的村镇聚落较高之外，沿省道 202 线的村镇聚落也出现了高值。重庆永川区的村域中心聚落首位度除县城及场镇周边村镇较高以外，整体也相对较低，基本上属于分散式布局形式。四川双流区的聚落中心指数以低值为主，在靠近成都城区的村镇聚落也存在首位度为 0 的情况，因此，聚集和分散两种极端模式在双流区中均有出现，高值聚落中心指数村镇聚落数量较少，呈现东北向西南递减的趋势。

对比四个研究案例的指标数值发现，村域中心聚落首位度指数的排序依次为：广东番禺区>四川双流区>重庆永川区>广西阳朔县。总的来说，番禺区与双流区因同属于平原地区且均附属于中心城市的城区，村镇聚落聚居点分布一般以集聚式为主，村域中心聚落首位度指数整体水平较高，但高低值差距较大，各个村镇聚落数值分布存在明显差异；而广西阳朔县和重庆永川区同属于山地丘陵地区，地形的限制使得聚居点之间分布较为离散，除个别发展较好的村镇外，大小规模也相差无异，因此，对比其他两个样本区县来说高低值差距相对较小，数值分布较为平均（图 4-3）。

4. 村域位序–规模指数

与村镇聚落体系的位序–规模同理，村域的位序–规模指数反映的是村域内不同聚居点的规模与其在整个村域系统中位序之间的关系。表达式如下：

$$\ln P_i = \ln P_1 - q\ln R_i \tag{4-4}$$

式中，R_i 代表聚居点 i 的位序；P_i 是按照从大到小排序后位序为 R_i 的聚居点规模；P_1 是首位聚居点的规模；而参数 q 通常被称作 Zipf 指数。

同样地，当 q 等于 1 时，村域内首位聚居点与最小规模聚居点之比恰好为整个村域中的聚落个数，此时村域内聚居点处于自然状态下的最优分布，即满足 Zipf 准则；当 q 趋近

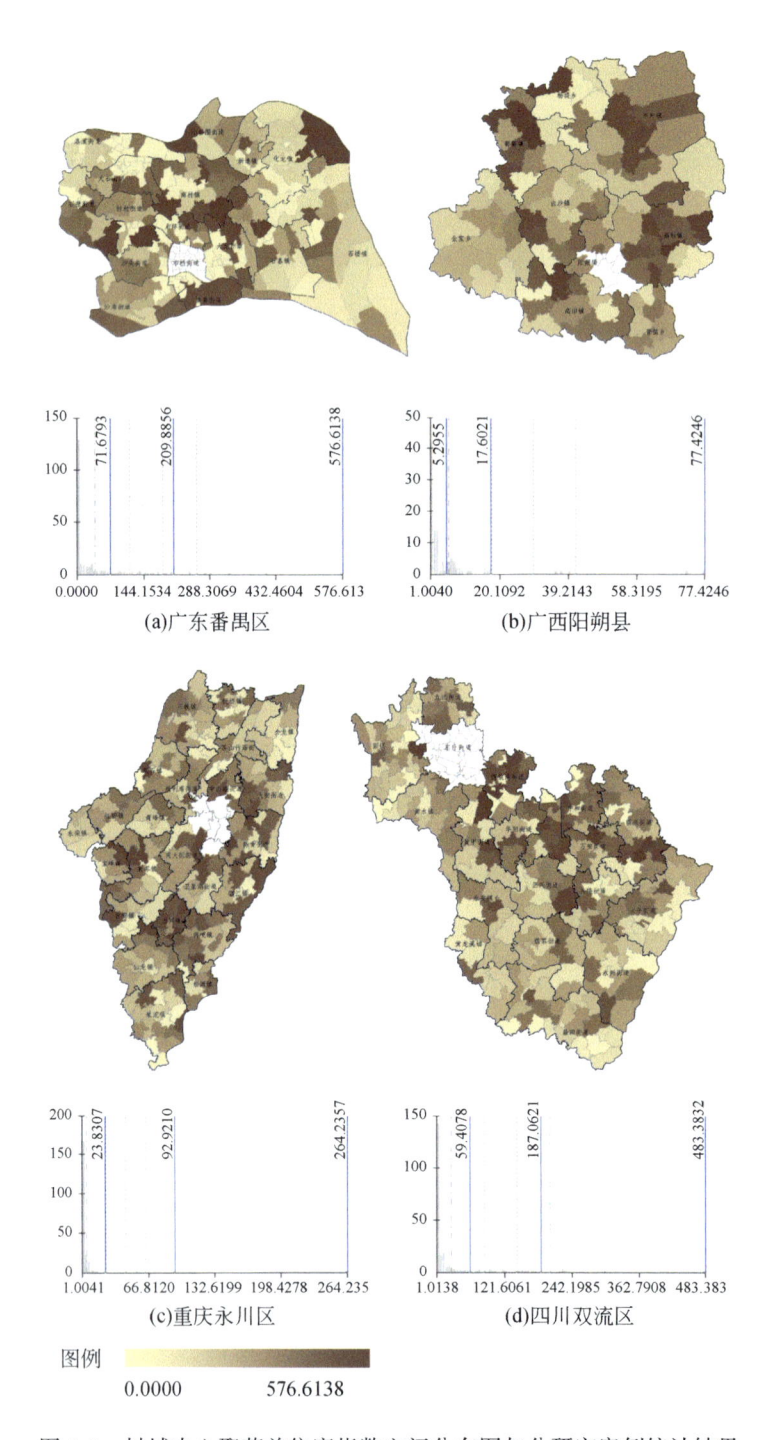

图 4-3 村域中心聚落首位度指数空间分布图与分研究案例统计结果

于 0 表示村域内聚居点规模一样大，人口分布绝对平均；当 q 小于 1 时，聚居点的规模分布相对集中，人口分布相对平均，中间位序的聚居点相对多；当 q 大于 1 时，说明聚居点规模趋向离散，其规模分布的差异性较大，而首位聚居点的垄断及核心地位非常强。当村域中的首位聚居点发展相对较快时，整体规模分布趋向分散，q 值也将不断增大；q 趋近于∞时，村域内将只有一个聚居点，呈现出绝对的首位分布；与之相对，乡村聚落的迅速发展会缩小与城镇聚落的差距，q 值会有所缩小。

在华南–西南四个区县的样本中，村域位序规模指数的最小值为0，和村域首位度指数情况一致，表明村域范围内只有一个聚居点，指数最大值为9.17，表明村域内聚居点的规模分布差异明显。

广东番禺区的村域位序–规模指数总体来说较高，在区政府驻地市桥街东周边也存在0值情况，和首位度指数分布一致，该种情况的村镇聚落内只包含了一个聚居点，中间位序–规模指数高值圈层的村镇聚落建设用地占比高，村域面积小，各聚居点空间规模差异较大；外围位序–规模指数低值圈层的村镇聚落建设用地占比低，村域面积大，各聚居点空间规模差异较小。广西阳朔县的位序–规模指数整体以中低值为主，仅有8处村镇聚落位序–规模指数为高值，同时在整体范围沿着国道312和省道202存在两条南北向的中值条带。重庆永川区同样仅存两处中值聚集区，整体以低值为主。四川双流区受到郊区城镇化的影响，靠近成都市区的北部村镇聚落明显规模要比南部的村镇聚落大得多，呈现南低北高的局面，但与番禺不同的是，双流村镇聚落受到的城镇化影响来源于成都，而番禺村镇聚落受到的城镇化影响更多是番禺自身的发展，因此整体上来说，双流村镇聚落城镇化影响程度要比番禺低，其位序–规模指数平均值比番禺低。

对比四个研究案例的指标数值发现，位序–规模指数的最大值表现为：广东番禺区>四川双流区>重庆永川区>广西阳朔县，总的来说，番禺区整体水平较高，存在位序–规模指数的高值但各个村镇聚落数值分布存在差异；其余三个样本区县中，永川区分布较为集中，阳朔县与双流区数值分布相对较为分散（图4-4）。

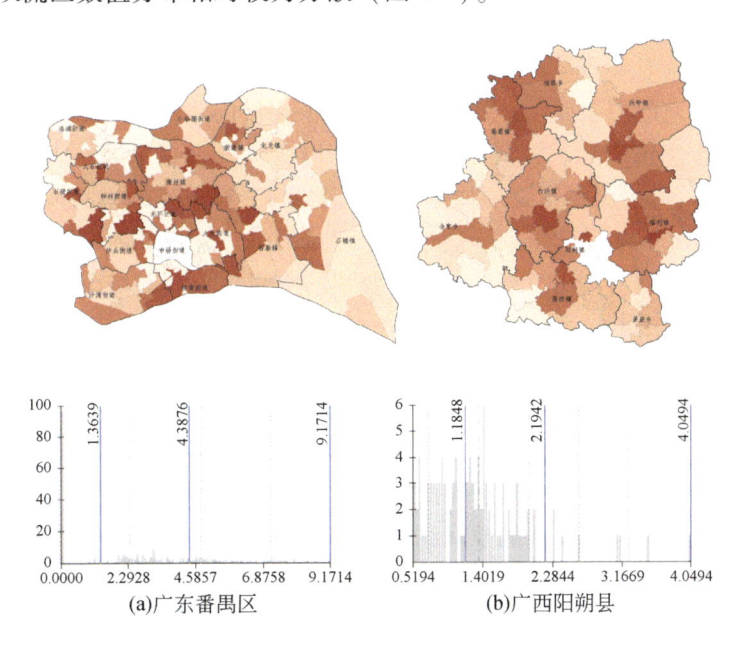

(a) 广东番禺区　　(b) 广西阳朔县

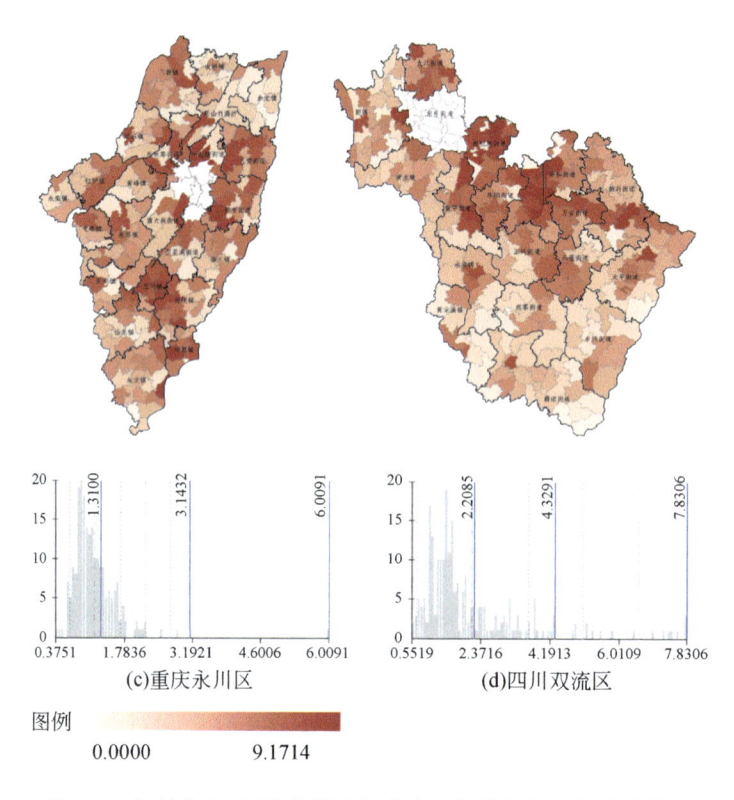

图4-4　村域位序-规模指数空间分布图与分研究案例统计结果

4.1.2　空间结构特征

空间结构的研究起源于城市，其最早的概念框架由 Foley 和 Webber 共同提出，认为城市空间结构是城市文化价值、功能活动和物质环境所综合表现出的空间特征属性（Foley，1964），其形式上的内容为城市物质要素与活动要素的空间分布，过程上的内容为各要素之间的空间作用模式。随后，Bourne 通过系统理论的观点进行了进一步解释，认为城市空间结构以一套组织法则与作用机制，将城市要素的空间分布（即城市形态）及其相互作用进行连接，进而整合成城市系统（Bourne，1971，1982）。

村镇聚落的空间结构可以理解为村镇聚落空间要素在一定的组织机制下所形成的空间网络。包含了两层含义，一是指聚落体系结构，研究聚落和聚落之间整体的相互作用关系；另外一种则是指聚落的内部空间结构，也就是村镇聚落个体的空间结构特征，对于行政村单元而言，一般指聚居点和聚居点之间、聚居点和周围环境的相互关系。其中，聚居点之间聚落分布特征和相互关系的空间结构常用原型为"拓扑结构"，通过略去建筑实体面积、大小、类别等属性的差异，将聚落单元抽象表达为其形状的重心，研究系统中各个节点相互连接所形成的网络及其关系（顾朝林等，2000）。相应地，一系列由聚居点单元组成的聚落空间结构可以被表示为一组点阵，它们或聚集，或离散。集聚维数、关联维数可以从点阵的分布密度与相关性角度定量刻画其空间结构特征。如庄至凤等（2015）采用聚集维数、关联维数等在总体与部分两个层次上对同时期北京市平谷区聚居点空间结构与形态特征及其动态变化进行综合分析；林孝松等（2018）则采用同样的方法对重庆巫山的聚居点空间结构进行了研究；吴江国等（2013）通过测算江苏镇江地区团聚状聚落的集聚维数，得出了该地区聚落密度分布圈层递减且分布较为均匀的空间特征；基于点阵分布空间相关性的视角，郭晓东等（2013）通过测算陇中黄土丘陵区乡村聚落的关联维数，判断出该地区聚落在空间分布上极为分散的特征。而聚居点和周围环境的构成关系特征，可以反映出聚落的内生自然环境要素与外部社会经济因素交互作用的过程与状态，可以采用用地多样性指数来进行测度。

1. 聚集维数

集聚维数模型描述了村镇聚落空间分布的聚集性和均匀程度，设村域中有 N 个聚居点构成的村镇聚落空间结构，应用回转半径法，以中心聚落（处于区域几何中心的最大聚落）或首位聚落（不在区域的几何中心位置）为圆心，以码尺 r_i（$i=1,2,\cdots,n$）为半径作圆，统计圆内聚落的数目 $N(r_i)$，以 r 为半径内的聚落个数 $N(r)$ 与半径的关系为

$$N(r) \propto r^D \tag{4-5}$$

类似豪斯道夫维数公式，式中 D 为集聚分维。考虑式中 r 的取值影响聚集维数，将其转化为平均半径，定义平均半径如式（4-6）：

$$R_S = \left(\frac{1}{S}\sum_{i=1}^{S} r_i^2\right)^{\frac{1}{2}} \tag{4-6}$$

若村域聚居点空间结构有集聚分形特征，则满足：

$$R_S \propto S^{\frac{1}{D}} \tag{4-7}$$

式中，R_S 为平均距离；S 为聚居点个数；r_i 为第 i 个聚居点到上级聚居点的距离；$\propto$ 表示求平均值；D 为集聚维数。根据相关学者研究表明，当 $D=2$，聚落的空间分布是均匀变化的；当 $D<2$，聚落的空间分布呈聚集态，聚集密度由中心向四周衰减，其值越小，聚落空间分布聚集程度越大；当 $D>2$，聚落的空间分布从中心向周围递增，呈漏斗状的离散分布，D 值越大越分散（刘继生等，1998）。

广东番禺区的聚集维数呈现圈层递增的趋势，说明村镇聚落的聚集程度由中心向四周递减，其中，位于番禺东南方向的石楼镇和石碁镇的空间聚集程度最低，为高度破碎均匀分布型聚落，仍然保留了传统的乡村空间布局形态。广西阳朔县整体聚集维数位于中值水平，表明阳朔的村镇聚落空间形态整体呈现中度破碎化分散布局形态。而重庆永川区的聚集维数以中高值为主，相比于阳朔来说，村域内聚居点表现得更为分散，聚集维数高值的村镇聚落主要沿着县域内山脉进行分布。四川双流区村镇聚落的聚集维数整体呈现"北低南高"的总体特征，说明村域内聚居点的聚集程度由北向南递减。

对比四个研究案例的指标数值发现，聚集维数的均值大小程度为：重庆永川区>广西阳朔县>四川双流区>广东番禺区。总的来说，番禺区村镇聚落聚集维数较低，空间分布类型以团聚型为主；其余三个样本区县中，永川区、阳朔县与双流区数值分布较为分散，均以离散型村镇聚落为主（图4-5）。

| 村镇聚落空间谱系理论与构建方法 |

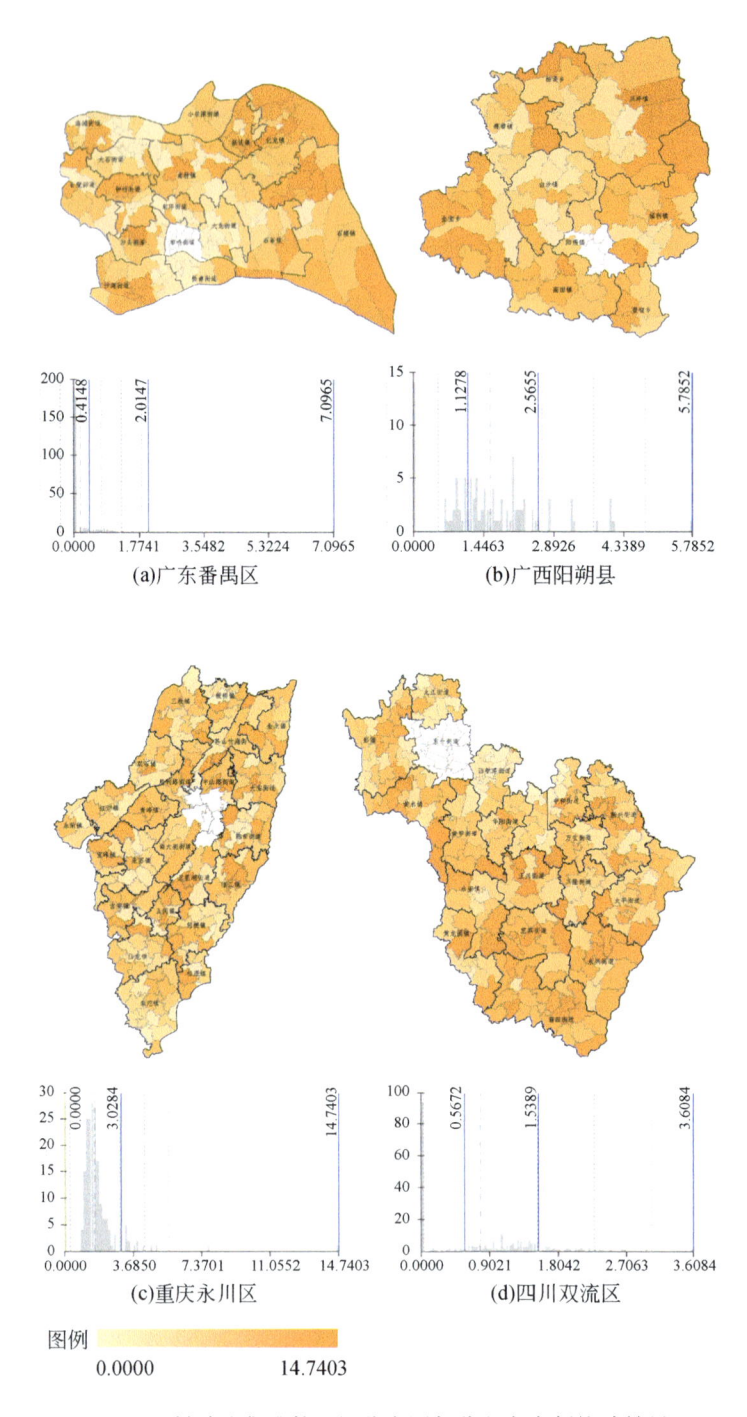

(a)广东番禺区

(b)广西阳朔县

(c)重庆永川区

(d)四川双流区

图例
0.0000　　　　　14.7403

图 4-5　村域聚集维数空间分布图与分研究案例统计结果

| 138 |

2. 空间关联维数

空间关联维数反映了村域内聚居点空间布局的相关性，其计算公式如下：

$$C(r) = \frac{1}{N^2}\sum_{i,j=1}^{N} H(r - d_{ij}), i \neq j \tag{4-8}$$

$$H(r-d_{ij}) = \begin{cases} 1, (d_{ij} \leq r) \\ 0, (d_{ij} > r) \end{cases} \tag{4-9}$$

式中，r 为距离标度；d_{ij} 为聚落体系内第 i 个与第 j 个乡村聚落的直线距离；H 为越阶函数。若乡村聚落体系有空间分布标度不变性的分形特征，则满足：

$$C(r) \propto r^D \tag{4-10}$$

式中，D 为关联维数。当 $D=0$ 时，说明该村域内聚居点单元联系极为紧密，分布高度集中；当 D 趋近于中值时，村域内聚居点单元沿着一条地理线呈线性分布，如河流、海岸、铁路等；当 D 越大时，表明各聚居点单元呈均匀分布的态势，以任一聚落为中心测算所得的分布密度差别不大。

在华南-西南四个样本县域中空间关联维数位于 [0, 15.99] 区间内，表明村镇聚落的聚集程度在不同地域差别较大。广东番禺区城区周边的部分村镇聚落同样因只有一个聚居点，在空间关联维数上数值测度结果为 0，而其他空间关联维数高值聚落无明显的分布特征，散布于县域内。广西阳朔县的空间关联维数整体以中高值为主，说明阳朔的村镇聚落在空间分布上基本上以离散型为主要特征，在阳朔县域内，相对高值村镇主要分布在县城周边。重庆永川区的空间关联维数整体和阳朔县类似，以中高值为主，说明永川的村镇聚落同样以离散型分布特征为主，空间关联维数高值区域在空间上沿着县域内山脉呈现东北-西南线性分布的特征。四川双流区的空间关联维数高值主要分布在城区西北方向，整体上呈现四周高、中间低的"洼地式"空间分布格局。

对比四个研究案例的指标数值发现，空间关联维数的平均值大小为：广西阳朔县>重庆永川区>四川双流区>广东番禺区。总的来说，番禺区与双流区整体空间关联维数较低，村镇聚落间相互作用能力强，整体呈现聚集式特征，阳朔县和永川区的整体空间关联维数较高，聚落空间呈离散型分布特征。但同时番禺区和双流区受城镇化影响较大，存在较多 0 值村镇，高低差异较大，其他两个样本区县的村镇聚落整体空间关联维数不高且水平相对平均（图 4-6）。

3. 用地多样性

Simpson 基于群落物种多样性的考量提出了辛普森多样性指数，其采用在该群落随机选择两个个体来自同一种类的概率大小来反映该群落物种的多样性（Simpson，1949）。假设 p_i 为物种 i（$i=1, 2, \cdots, m$）个体数占群落总个体数的比例，那么随机取物种 i 两个个体的联合概率就为 p_i^2，考虑该群落中所有物种，就得到了辛普森多样性指数：

$$\text{SIDI} = 1 - \sum_{i=1}^{m} p_i^2 \tag{4-11}$$

(a)广东番禺区　(b)广西阳朔县

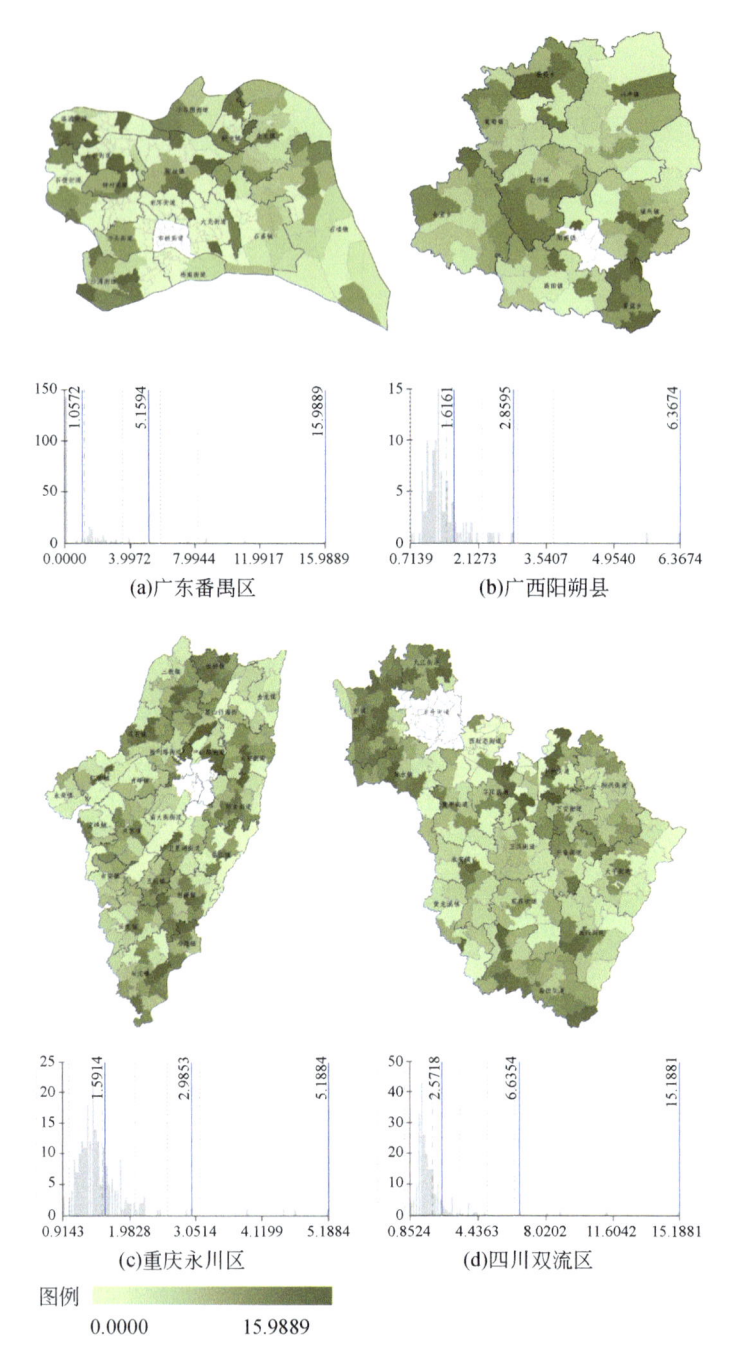

(c)重庆永川区　(d)四川双流区

图 4-6　村域空间关联维数空间分布图与分研究案例统计结果

同样地，我们将某一土地利用类型出现概率用该类型面积占总面积比例表示，则可利用式（4-11）反映土地利用类型的多样性。辛普森多样性指数和土地利用信息熵具有同样的变化趋势，当村域单元没有用地类型多样性，即 $m=1$ 时，$p_i=1$，辛普森指数达到最小值 0，当所有土地利用类型出现的概率相等，即面积均分时，辛普森指数达到最大值

(1-1/m)。辛普森指数本质是概率，更直观的解释是辛普森指数越高，在该村域随机选择两个地块属于不同用地类型的可能性越大。因此，数值越大，在一定程度上表示村镇聚落中用地类型越多，用地布局越复杂。

在华南-西南四个样本县域中，广东番禺区的用地多样性指数呈现圈层递增的特征，这是由于受到城镇化的影响，越靠近城区的村镇聚落用地逐渐演变为城市建设用地，从而造成用地结构的单一化。广西阳朔县的用地多样性指数与番禺区相反，呈现以国道312圈层递减的趋势，反而经济发展水平更高的村镇聚落用地多样性越高，说明在经济欠发达的山地地区，交通干道对于村镇聚落用地结构的影响相比于城镇化来说更具影响力。永川村镇聚落的用地多样性指数呈现南北分异格局明显的特征，由于南部的水系相对较为发达，构成聚落用地要素增加，且在高速公路、铁路等交通干道的影响下，大多聚落的经济结构中，工业化水平占比不断提高，作为直接承载聚落经济活动的用地结构也呈现复杂化趋势，永川南部的用地结构复杂性要高于永川北部地区。四川双流区以高多样性为主，除东南部丹景山村、三峨湖村、韩婆岭村、团山村四个村镇聚落为中多样性外，其他类型零散分布在双流区西北部，整体呈现"西北低，东南高"的分布特征。

对比四个研究案例的指标数值发现，用地多样性的平均值表现为：四川双流区>重庆永川区>广西阳朔县>广东番禺区。其中广东番禺区与广西阳朔县分布情况类似，整体较为分散，在[0.2，0.7]区间内均有分布。重庆永川区与四川双流区分布情况类似，整体分布较为集中，在[0.6，0.7]区间内分布最多（图4-7）。

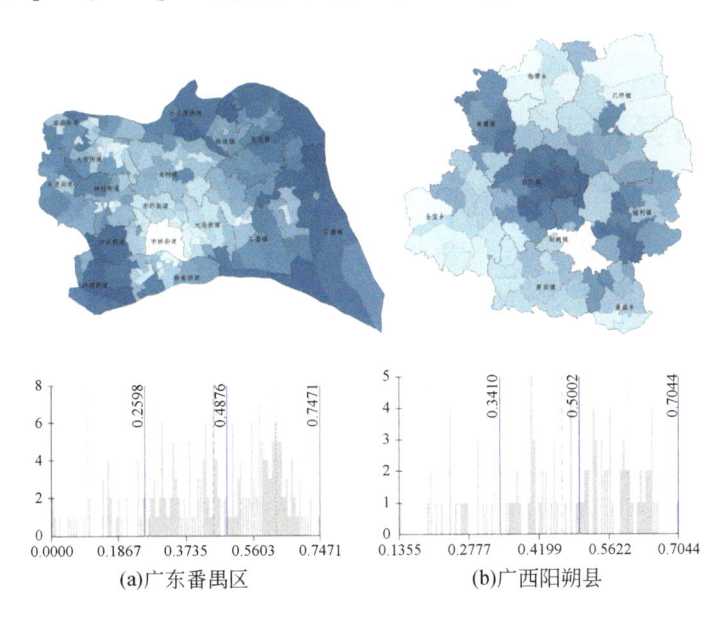

(a)广东番禺区

(b)广西阳朔县

(c)重庆永川区　　　(d)四川双流区

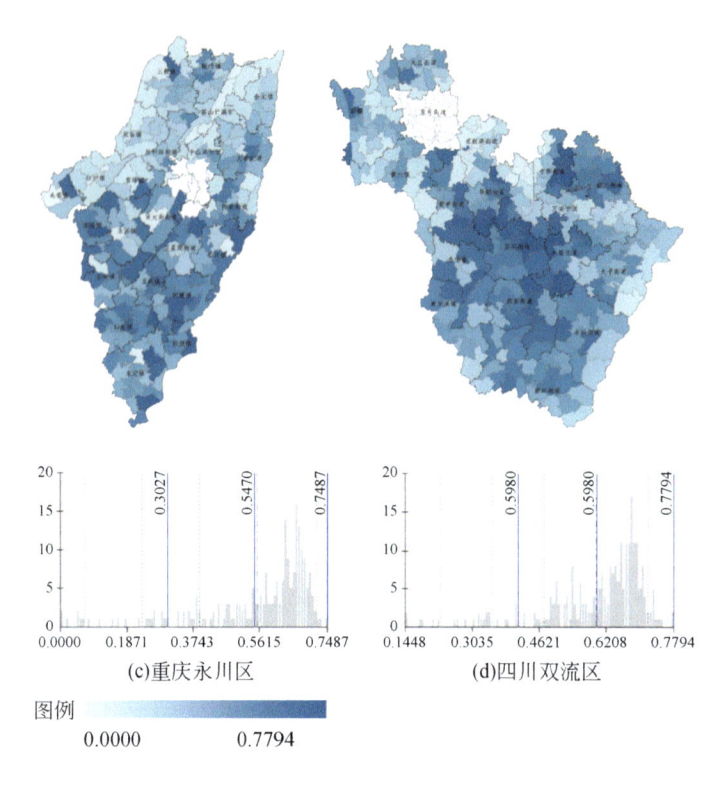

图例　0.0000　0.7794

图 4-7　村域用地多样性指数空间分布图与分研究案例统计结果

4.1.3　形状分异特征

聚落作为一个聚居体，在外部自然环境的宏观背景之下，很自然地具有一个聚落内外界限的问题，内外之间的部分便成为聚落的边界。村镇聚落的边界不仅限定聚落的范围，也是聚落对外进行物质、信息、能量交换的媒介。村镇聚落的边界形态是其整体形态的一部分，反映了其自适应生长与发展的结果，并表现出复杂性、模糊性与不确定性，进而使得村镇聚落拥有了丰富多元的边界形态。对聚落边界的特征识别对于认识聚落、厘清其生长的规律与秩序都有重要的意义。

在城市用地边界及城市发展边界研究方面，多使用遥感和地理信息系统，以期可以实现对边界的精准判定，为城市规划和管理决策提供依据。在聚落边界特征研究方面，浦欣成（2013）指出聚落边界由建筑的实边界与建筑之间的虚边界构成，通过三层边界平面闭合图形的加权平均形状指数，结合其长短轴之比，探讨聚落边界形态的总体特征。但是也有学者指出仅仅从建筑基底平面的角度进行考虑，不能反映出自然要素以及用地权属等空间要素的影响，存在一定的误差（童磊，2016）。针对聚落斑块而言，边界作为斑块的固有空间属性特征，是构成村镇聚落空间形态的关键要素。如张荣天等（2013）在分析镇江市丘陵区乡村聚落空间格局特征时，以边界作为聚落形态规则与否的参考依据。王正伟等

(2020)探讨了干旱内流区绿洲乡村聚落边界形状的空间格局差异。因此，形状作为聚落边界的一个重要特征参数，常在聚落边界的相关研究中出现，往往也反映出聚落与其周围环境基质之间的空间关系，表征聚落的发展方向。因此本书选用形状指数面积加权平均数和形状分维关联指数作为形状分异特征维度的测度指标，从而识别村镇聚落个体空间的形状分异特征。

1. 形状指数面积加权平均数

形状指数以紧凑形状，如圆、正方形等作为参照标准，其中应用最广泛的是与结构最简单紧凑的圆形为参照，将图形的周长与等面积圆的周长来比较，得到以图像轮廓周长为基础的圆形度（轮廓比）来反映图形与等面积圆形之间在形状上的偏离程度（浦欣成，2012）。假设 A 和 P 分别表示几何图形的面积和周长，则同样以 A 为面积的圆的半径为 $\sqrt{A/\pi}$，则周长为 $2\sqrt{\pi A}$，可得形状指数：

$$S = \frac{P}{2\sqrt{\pi A}} \tag{4-12}$$

形状指数可以表现平面二维形态的饱满度和复杂度，数值越高，边界凹凸越复杂，变化越大，不同类型斑块相互渗透，在空间上表现越多样。一般来说，面积较大的斑块要比面积较小的斑块更加重要，因此这里采用了面积加权的方式强化大斑块的影响，以此对某一类型斑块特征进行综合度量，并且考虑到行政村单元内各聚居点形状指数不一，因此采用均值的方式表征村镇聚落单元内聚居点边界形状的整体复杂程度。因此，可得面积加权平均形状指数：

$$\text{CSI} = \sum_{j=1}^{n} \left(\frac{a_{ij}}{\sum_{j=1}^{n} a_{ij}} \cdot \frac{p_{ij}}{4\sqrt{a_{ij}}} \right) \tag{4-13}$$

其中，CSI 为村镇聚落边界形状指数面积加权平均数；a_i 为村镇内聚居点 i 的面积；p_i 为村镇内聚居点 i 的周长该数值越大，边界形状越复杂不规整，反之边界形状越简单规整。

经测算，广东番禺区聚落形状高度分异的村镇聚落主要分布在边缘地区，如石楼镇、化龙镇等，其他聚落形状较小分异与聚落形状中度分异类型分布较为分散，整体大致呈现"圈层式"的空间分布特征。广西阳朔县的高面积加权平均形状指数呈"西北-东南"沿线分布，主要由于沿主要交通干道的聚落拥有规模较大的聚落中心，与村域其他聚居点规模相差较大，导致其形状分异特征明显。重庆永川区村镇聚落面积加权平均形状指数呈现明显的多点分布态势，中部城区、场镇中心及其周边地区聚落的指数值较高且变化大，这是由于这些村镇需要承载较多的经济活动，聚落边界与周围环境互动性较强，造成村镇聚落形态不规则、复杂程度高；而经济水平相对较低的区域，如永川北部的金龙镇地区，其村镇聚落面积加权平均形状指数值相对较低且变化较为平缓，聚落形态相对规则简单。四川双流区聚落面积加权平均形状指数大致呈现"东北高，西南低"的空间分布特征，越靠近成都城区的指数越大，形状越不规则，分异越大。

对比四个研究案例的指标数值发现，形状指数面积加权平均数的整体大小为：重庆永川区>广西阳朔县>广东番禺区>四川双流区。其中广东番禺区与四川双流区数值分布情况类似，整体呈现有高原无高峰的分布情况，形状指数面积加权平均数分别集中在［1.5，4.5］、［3.0，8.0］区间范围内，广西阳朔县与重庆永川区分布情况类似，存在分布较为集中的区间，为［2.5，3.5］（图4-8）。

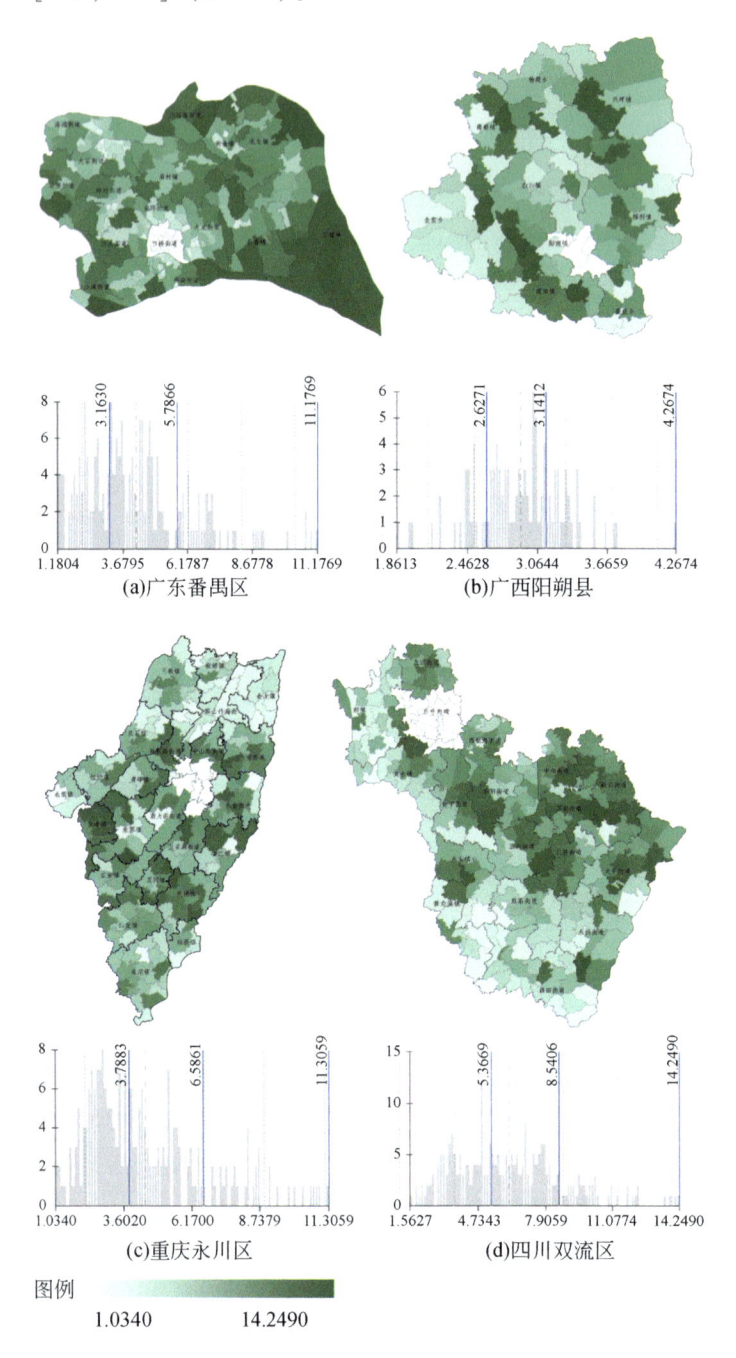

图 4-8 村域形状指数面积加权平均数空间分布图与分研究案例统计结果

2. 形状分维关联指数方差

形状分维关联指数主要描述村镇聚落边界的复杂程度，常见的形状度量大多基于周长–面积关系，其中最简单的一个度量公式就是周长面积比，另一种基于周长–面积关系的基本形状度量是分形维数指数。Mandelbrot 提出了分形的概念，优势在于可以在所有空间尺度上表现结构的几何形式。分形维度在不同应用场景有不同的计算方式，本书基于周长–面积关系，构建二维欧式空间分形维数，分析村镇聚落的边界形状特征，计算公式为：

$$\ln A(r) = (2/D_3)\ln P(r) + C \tag{4-14}$$

式中，$A(r)$ 为某聚居点斑块面积；$P(r)$ 为同一聚居点斑块周长；C 为常数；D_3 为形状分维关联指数。D_3 值的大小反映了村镇聚落边界的复杂性与稳定性，其取值位于区间 [1，2]，D_3 值越大，村镇聚落形态越复杂。其中，$D_3=1$ 表明村镇聚落形状为正方形；$D_3=2$ 表明村镇聚落的边界最不规则；$D_3=1.5$ 表明村镇聚落的空间形态最不稳定。

本书主要通过计算各村域形状分维关联指数的方差，表示其村域内聚居点之间的形状边界的分异程度，方差公式为

$$s^2 = \frac{1}{n-1}\sum (D_{3i} - \bar{D}_3)^2 \tag{4-15}$$

式中，s^2 为方差；D_3 为形状分维关联指数；n 为样本大小。

通过对华南–西南四个样本地区的测度，形状分维关联指数方差位于 [0，0.16] 区间内，多数样本的该指标分布于平均值 0.05 以上，表明四个样本区的村镇聚落形状分维关联指数方差均较大，村镇聚落形状复杂程度差异也相对较大。

其中，广东番禺区的形状分维关联指数方差以低值的区政府驻地市桥街道为核心，向外形成高值圈层，中间为中值圈层，最外围又是高值圈层的"间断式圈层"分布特征。广西阳朔县的形状分维关联指数方差值均较大，以中高值为主，表明阳朔整体形状复杂程度差异较大，其中形状较高分异的村镇聚落同样沿国道 312 和省道 202 线性分布。重庆永川区的形状分维关联指数方差高值呈现多点分布的特征，如五间镇新建村、何埂镇一碗水村以及城区周边的中山路街道玉清村、陈食街道莲花塘村等，其他村镇聚落表现为中低值均匀分散分布。四川双流区形状分维关联指数方差以中低值为主，整体呈现"北高南低"的空间分布特征。

对比四个研究案例的指标数值发现，形状分维关联指数方差大小表现为：广西阳朔县>重庆永川区>四川双流区>广东番禺区。其中广东番禺区的形状分维关联指数方差最小，聚落形状差异性不大，而双流、永川、阳朔则相对来说形状差异更为明显（图 4-9）。

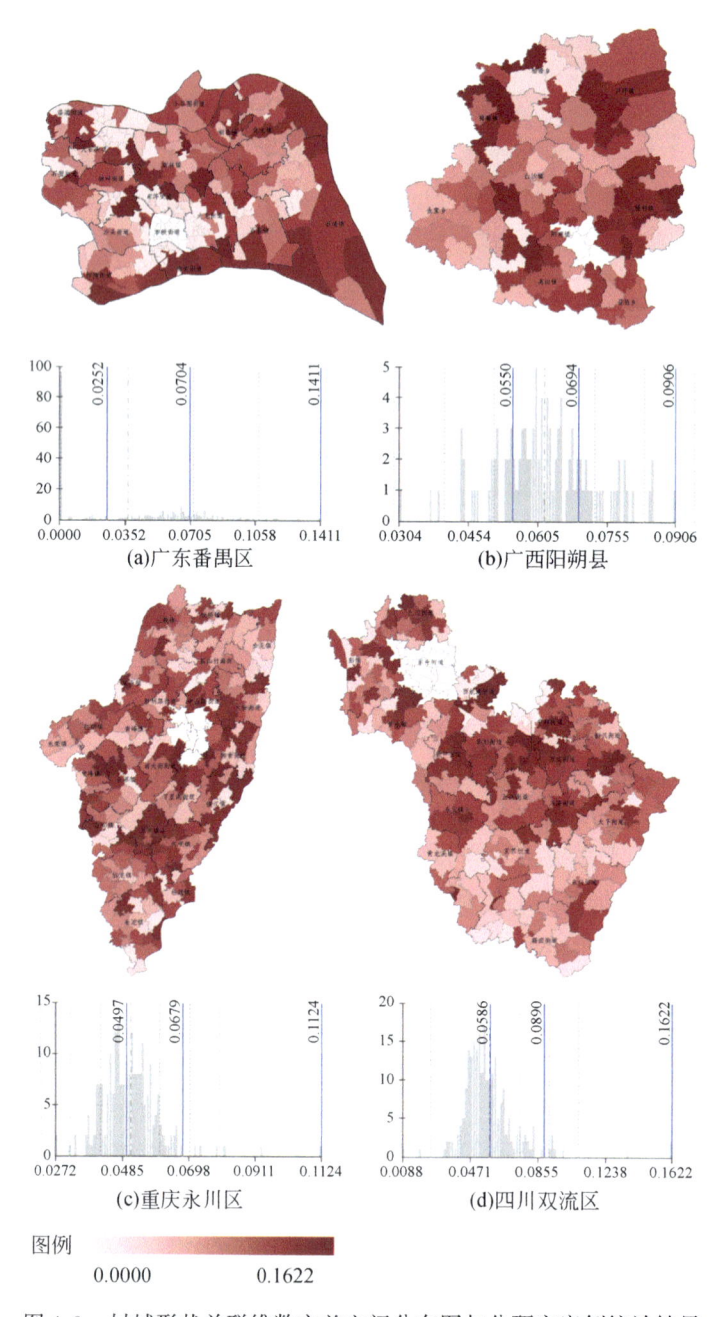

图 4-9 村域形状关联维数方差空间分布图与分研究案例统计结果

4.2 村镇聚落个体的特征类型生成

依据村镇聚落空间形态特征类型识别方法，在不同维度空间特征识别的基础之上，通过主成分分析提取村镇聚落个体特征类型因子，进而依据自然间断法进行类型划分。根据方差拟合优度 GVF 的计算，确定各个特征维度的最佳分类数，其中规模尺度特征、空间结构特征以及形状分异特征的最佳分类数为 4 类、3 类、3 类。得到华南-西南地区村镇聚落个体的三大特征维度类型空间分布，如表 4-1 所示。

表 4-1　华南–西南地区村镇聚落个体谱系的分层次维度类型空间分布

区县	A 规模尺度特征	B 形态结构特征	C 形状分异特征
广东番禺区			
广西阳朔县			
重庆永川区			
四川双流区			
图例	大规模尺度 中大规模尺度 中小规模尺度 小规模尺度	高紧凑形态结构 中紧凑形态结构 低紧凑形态结构	高形状分异 中形状分异 低形状分异

4.2.1 规模尺度特征类型

规模尺度特征类型主要有大规模尺度、中大规模尺度、中小规模尺度、小规模尺度四类。

大规模尺度：该特征类型的村镇聚落多位于城区周边，由大面积高密度建设用地与少部分耕地或林地构成。该类型村镇聚落一般受到城镇化影响较大，聚落用地逐渐被转化为城市建设用地，导致村域建设用地面积较大且占比较高，整体建设程度高，在中心聚居点较为集聚，村域内聚居点等级规模极化趋势显著，表现为高位序–规模指数和首位度指数。番禺区南村镇坑头村、永川区中山路街道瓦子铺村、双流区黄水镇板桥社区三个典型村镇聚落均表现为此种类型。

中大规模尺度：该特征类型的村镇聚落多由较大面积的聚落与小面积碎片化聚居点组合而成，也存在部分村镇聚落均由面积较小但密度较高的聚居点组合形成。在指标特征上，表现为村域建设用地面积与位序规模指数均为高值，但建设用地密度与聚落中心指数均为中值。选取各四个样本区县的典型村镇聚落可以发现，中大规模尺度村镇聚落在建设用地面积与位序–规模尺度方面表现较高，番禺区化龙镇明经村、阳朔县白沙镇白沙村委会即为此种类型。某些特殊类型的村镇聚落如永川区南大街街道兴隆村，虽破碎程度较高，但其建设用地面积整体较大且位序–规模指数较高，因此也表现为中大规模尺度。

中小规模尺度：该特征类型的村镇聚落多表现为由多个小规模聚落组合而成，村镇聚落受地形或耕种条件影响分布较为破碎，但整体建设密度不低，建成度较好。在指标特征上，表现为村域建设用地密度为中值，建设用地面积、聚落中心指数与位序–规模指数均为低值。综上所述，中小规模尺度村镇聚落建设用地面积较小，以大面积耕地或林地为主，但整体建设密度不低。

小规模尺度：该特征类型的村镇聚落表现为建设用地密度低，中心聚集程度不强，一般只形成较小的聚落中心。在指标特征上，村域建设用地密度、建设用地面积、聚落中心指数与位序–规模指数均为低值。小规模尺度村镇聚落往往位于样本区县的边缘位置，不管是交通通达条件和地形复杂程度等都对村镇聚落的发展形成了阻碍，导致其整体规模尺度较小、建设密度较低，中心聚集程度不明显，如板桥镇汪家岩村、番禺区南村镇塘步东村与双流区东升街道办事处葛陌村均属于此类村镇聚落（表4-2）。

就华南、西南地区的四个样本区县而言，广东番禺区的规模尺度特征总体以大和中大规模尺度为主，整体呈现"圈层式"的分布特征，以中央城区为核心，向外形成一圈较小规模尺度圈层，再向外为大规模尺度圈层，最外为中大规模尺度圈层。这主要是由于番禺区位于广州市中心南部，受到城镇化的影响较大，村域建设用地规模和密度普遍较大。广西阳朔县村镇聚落整体以小规模尺度为主，同时以报安村委会–下岩村–都林村–樟桂村–矮山村等形成一条西北–东南向的中高值条带。这是由于阳朔县地处山地丘陵地带，总体建设用地规模密度相对较小，但同时受到国道312的影响而出现了一条沿交通干线发展的中高值条带。重庆永川区仅存在一处村镇聚落表现为大规模尺度，为中山路街道瓦

第 4 章 | 村镇聚落个体的空间谱系构建与解析

表 4-2 规模尺度特征类型典型聚落图示

类型	典型村镇			类型描述	类型指标	数量	占比
大规模尺度	番禺区南村镇坑头村	永川区中山路街道瓦子铺村	双流区黄水镇板桥社区	聚落面积较大	中村域建设用地面积 中村域建设用地密度 中聚落中心指数 高位序规模指数	107	13.8%
中大规模尺度	番禺区化龙镇明经村	阳朔县白沙镇白沙村委会	永川区南大街街道兴隆村	较大面积的聚落与小面积碎片化聚落组合而成	中村域建设用地面积 低村域建设用地密度 低聚落中心指数 中位序规模指数	336	43.2%
中小规模尺度	番禺区石壁街石三村	阳朔县白沙镇安定村委会	双流区华阳街道办事处长顺村	多个小规模聚落组合而成	低村域建设用地面积 高村域建设用地密度 低聚落中心指数 低位序规模指数	96	12.4%
小规模尺度	番禺区石楼镇东星村	永川区板桥镇汪家岩村	双流区金桥镇金沙村	多个小规模聚落组合而成，聚落中心较小	低村域建设用地面积 低村域建设用地密度 低聚落中心指数 低位序规模指数	238	30.6%

子铺村，三处表现为中小规模尺度，分别为青峰镇凌阁堂村、来苏镇观音井村、五间镇双创村、陈食街道复兴寺村，其他村镇聚落表现为中高规模尺度与小规模尺度，由于重庆永川区北部山体较多，一定程度上限制了村镇建设用地的规模，而南部水网较密，用地相对平坦，更加适宜聚落发展，永川区的规模尺度整体呈现"北低南高"的总体分布特征。四川双流区以中大规模尺度村镇聚落为主，在城镇化影响作用下，大规模尺度村镇聚落主要分布在城区的周围。其他村镇聚落中，中小规模尺度村镇聚落如西航港街道办事处常乐社

区、西航港街道办事处近都社区等主要分布在东北部，小规模尺度如黄龙溪镇古佛村、永兴镇丹土村、黄水镇楠柳村等主要分布在西南部。

总的来看，番禺区的大规模尺度村镇聚落数量最多，双流区次之，阳朔县无大规模尺度类型村镇聚落。中大规模尺度类型村镇聚落在各个样本中占比均较高，均匀分布在区县范围内。中小规模尺度类型村镇聚落分布规律与大规模尺度村镇聚落类似。小规模尺度村镇聚落在广西阳朔县分布最多，永川区、双流区次之，番禺区最少。

4.2.2 空间结构特征类型

空间结构特征类型主要有紧凑型、均匀型和离散型三类。

紧凑型空间结构：该特征类型的村镇聚落多出现在靠近中心城区建设程度较高或具有较好的交通条件的村镇聚落。主要受到城镇化的影响，城市建设用地不断扩张，村镇聚落的聚居点呈现被动聚集的趋势，表现出较高的紧凑布局特征，聚集密度由中心向四周衰减且聚落间连通性强。在指标特征上，表现为聚集维数与空间关联维数极低，用地多样性为中值。选取各区县的典型紧凑形态结构村镇聚落可以发现，多数紧凑形态结构类型村镇聚落通常规模较大，发展较为完善，如番禺区石楼镇大岭村、双流区东升街道办事处迎春桥社区等。

均匀型空间结构：该特征类型的村镇聚落形态结构较为紧凑，多个聚落在空间和规模上相对均匀分布。或是在村域范围内有交通要道穿过，建设用地沿道路线性分布，虽然中心聚落的聚集密度不高，但各个聚落之间的连通性较强。在指标特征上，表现为空间关联维数高值，用地多样性为中值，聚集维数为低值。

离散型空间结构：该特征类型的村镇聚落多表现为建设用地被大面积的耕地或林地包围，整体建成度较低，中心集聚程度不明显并呈现破碎化分散布局，聚落间相互作用能力较弱。在指标特征上，表现为用地多样性高值，聚集维数与空间关联维数均为中值（表4-3）。

就华南、西南地区的四个样本区县而言，形态结构特征类型在广东番禺区整体呈现"圈层式"的分布特征，以城区为核心，向外形成一圈高紧凑形态结构圈层，再向外为低紧凑形态结构圈层，这是由于受到城镇化的影响，越靠近城区的村镇聚落用地越紧凑。均匀型村镇聚落数量最少且分布较为分散，相对聚集于西部。广西阳朔县整体也呈现以国道312为中心的"圈层式"分布，反而经济发展水平更高的村镇聚落紧凑度低。这是因为阳朔县属于经济相对欠发达的山地地区，交通干道相比于城镇化来说，对村镇聚落用地结构的影响更大，因此交通干道沿线的村镇聚落虽然经济相对发达，但受地形影响用地规模并不大，并且考虑到多发展旅游经济，林地等自然资源要素丰富，一般建设用地较为破碎。而外围能出现高紧凑形态结构则是由于阴朔县最外围村镇几乎被林地完全覆盖，聚落数量较少，因而在空间上呈现紧凑布局。县域范围内仅存在两处村镇聚落表现为均匀型形态结构，为杨堤乡忠南村委会与金宝乡大水田村。重庆永川区南部村镇聚落以离散型形态结构为主，一部分原因是南部的水系相对较为发达，构成聚落用地要素增加，另一部分原因则是在规模化农业的影响下，聚落往往围绕着大规模耕地分散布局。永川区北部则在平

表 4-3 空间结构特征类型典型聚落图示

类型	典型村镇			类型描述	类型指标	数量	占比
高紧凑形态结构	番禺区石楼镇大岭村	阳朔县白沙镇周寨村委会	双流区中和街道办事处新民社区	由一个或多个聚集度高的聚落组成	低聚集维数 低空间关联维数 中用地多样性	198	25.4%
中紧凑形态结构	番禺区南村镇樟边村	永川区陈食街道复兴寺村	双流区黄甲镇一里坡村	由一个面积较大的聚落或多个均匀分布的聚落组成	低聚集维数 高空间关联维数 中用地多样性	37	4.8%
低紧凑形态结构	番禺区化龙镇明经村	阳朔县兴坪镇水洛村委会	永川区南大街街道兴隆村	由一个面积较大的聚落或多个较为分散的聚落组成	中聚集维数 中空间关联维数 高用地多样性	542	69.8%

行岭谷地形影响下，呈现由西至东，紧凑型形态结构类型、离散型形态结构类型条带状交替分布的态势。四川双流区整体以离散型形态结构村镇聚落为主，紧凑型形态结构类型的村镇聚落主要分布在双流区最北部城区的周边，而均匀型形态结构村镇聚落呈现分散分布。

总的来看，番禺区由于建设程度较高，因此其内部绝大多数村镇聚落表现为紧凑型形态结构。而其他样本县域中，离散型形态结构类型村镇聚落占比均为最高，是村镇聚落的常见表现形式。均匀型村镇聚落在各个样本区县中占比最少，且分布较为分散。离散型村镇聚落在永川区数量最多，主要因其地形条件的限制，聚集度与空间关联度均较低。

4.2.3 形状分异特征类型

形状分异特征类型主要有高、中、低三类。

高形状分异：该特征类型的村镇聚落边界形状最为复杂和不规则，由形状各异的多个聚居点组合而成，多为沿交通要道形成的带状村镇聚落和依山地等高线形成的不规则聚落，受地形要素影响较大，经济水平发展受限。在指标特征上，表现为形状指数面积加权平均数、形状分维关联指数方差均较高。可以发现，多数高形状分异村镇聚落建设用地面积差异大，且布局较为分散，如来苏镇唐家坪村、万安镇华阳街道办事处香山村。此外，类似石碁镇金山村这类建设用地集中的高形状分异村镇聚落，往往因为受到周边环境因素影响，形状边界较为破碎。

中形状分异：该特征类型的村镇聚落表现为建设用地规模较大，其建设用地边界相对规则，但由于耕地、林地等的分割作用呈现一定的边界复杂性，一般来说，该类型村镇聚落经济发展水平一般，经济结构以第一产业为主，具有规模化的农业。在指标特征上，表现为形状指数面积加权平均数、形状分维关联指数方差整体位于中等区间。

低形状分异：该特征类型的村镇聚落表现为边界形状简单或规则，常出现在拥有规模较大聚落中心、形状规整的村镇聚落，或者规模极小、形状简单的村镇聚落。在指标特征上，表现为形状指数面积加权平均数、形状分维关联指数方差值均极低。在样本区县中，低形状分异村镇聚落主要表现为以相对简单、无复杂趋势变化的团状或带状为主，如大龙街富怡社区和煎茶镇地平村等，该类村镇多只由一个自然聚落组成（表4-4）。

表4-4 形状分异特征类型典型聚落图示

类型	典型村镇			类型描述	类型指标	数量	占比
高形状分异	番禺区石碁镇金山村	永川区来苏镇唐家坪村	双流区万安镇华阳街道办事处香山村	聚落边界最为复杂	高形状指数面积加权平均数 中形状分维关联指数方差	228	29.3%
中形状分异	阳朔县白沙镇白沙村委会	永川区南大街街道大南村	双流区大林镇大林村	一处中心大面积聚落与多处破碎度高的小聚落组成	低形状指数面积加权平均数 中形状分维关联指数方差	447	57.5%
低形状分异	番禺区大龙街富怡社区	番禺区洛浦街道西一村	双流区籍田镇地平村	由形状规则、边界简单的一处或多处聚落组成	低形状指数面积加权平均数 低形状分维关联指数方差	102	13.2%

就华南、西南地区的四个样本区县而言，形状分异特征在广东番禺区整体呈现"圈层式"的分布特征，以市桥街道为核心，向外形成一圈低形状分异圈层，再向外中值与高值形状分异类型相间分布。这是由于番禺区位于广州市区附近，城区周边的村镇聚落受到城镇化影响，多由一整个大规模自然聚落组成，因此边界形状较为规则，整体形状分异程度低。广西阳朔县全部村镇聚落均表现为中形状分异，这是由于阳朔的城镇化水平较低，使得村镇聚落整体特征较为均匀，在地势较为平坦的用地形成聚落空间边界较为简单且形状相似的小规模自然聚落。重庆永川区整体呈现从南到北中形状分异特征类型和高形状分异特征类型夹层交替出现的分布特征，高形状分异村镇聚落和中形状分异村镇聚落相对分散分布，仅有胜利路街道金盆林场一处村镇聚落表现为低形状分异。四川双流区整体呈现"东北高，西南较低"的分布特征。以中、高形状分异为主，分别聚集分布于西南部与东北部，低形状分异村镇聚落数量最少，主要集中分布在西北部与东南部。这主要是受到城镇化水平和山地地形的共同影响。东北部虽然城镇化水平较高，但由于是山地城市，因此村镇聚落边界形状依地形地貌较为复杂；而西南部城镇化水平较弱，因此多由少部分平原地区形状较为简单的小规模自然聚落组成。

总的来看，番禺区的低形状分异村镇聚落数量最多，双流区位于中间水平，阳朔县与永川区最少。中形状分异村镇聚落在各个样本中占比均为最高，是村镇聚落的常见表现形式。阳朔县由于受地形影响，多为谷地、平原的中部地区的村镇聚落往往建设用地占比较大且外围多包裹农田或林地，因此全部表现为中形状分异。高形状分异村镇聚落在四川双流区分布最多，主要由于其周边环境复杂多变，社会经济发展条件区域差异较大，建设用地破碎，仅在地势平坦地区形成规模较小的聚落中心，呈点状离散型分布态势，因此村镇聚落往往由多个离散的不规则形状自然聚落共同组成。

4.3 村镇聚落个体的空间谱系构建

4.3.1 村镇聚落个体的空间谱系生成

按照前文主成分分析，依据主成分因子特征贡献度的高低，确定其所代表的特征维度的层次排序，分别为第一层次的因子 A "规模尺度特征"；第二层次的因子 B "空间结构特征"；第三层次的因子 C "形态结构特征"。

继而，将三大特征维度的类型划分结果按层次排序叠加完成村镇聚落个体谱系数字化建构，4 个样本村镇的个体谱系类型结果如图 4-10 所示。依据本书的谱系划分方式，理论上将形成 4×3×3＝36 类个体类型，而本书中出现了其中 30 类。

在华南–西南地区村镇聚落个体谱系的综合类型结果中，具体空间分布情况如图 4-11 所示。

其中，在广东番禺区，存在 66 个中小规模尺度–紧凑型形态结构–低形状分异（A3B1C3）村镇聚落，数量最多，相对集中分布于主城区周边，主要由于其整体建成度较高，建设用地面积大且占比高；中大规模尺度–离散型形态结构–中形状分异（A2B3C2）

图 4-10 村镇聚落个体谱系图

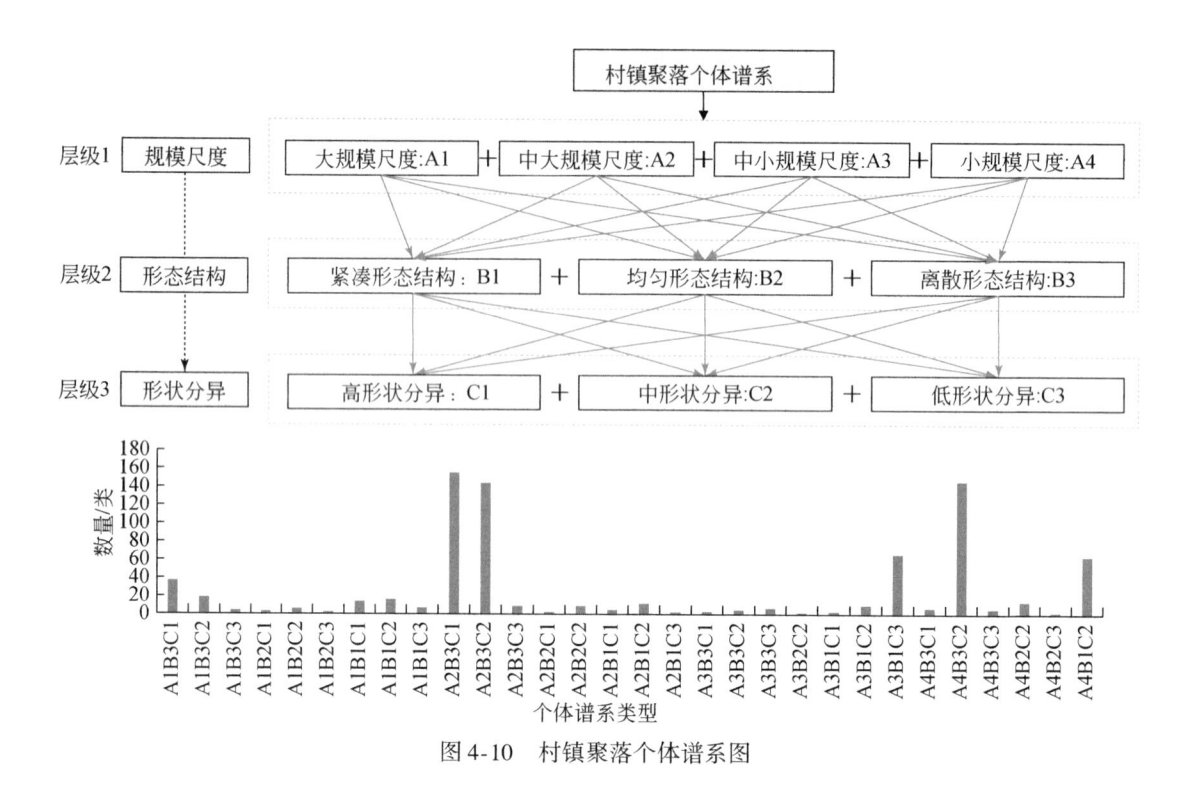

村镇聚落数量次之，有 26 个，主要分布在番禺区东北部，如化龙镇明经村、石楼镇茭塘东村；大规模尺度–均匀型形态结构–高形状分异（A1B2C1）、大规模尺度–均匀型形态结构–低形状分异（A1B2C3）、中大规模尺度–紧凑型形态结构–低形状分异（A2B1C3）、小规模尺度–离散型形态结构–高形状分异（A4B3C1）、小规模尺度–均匀型形态结构–中形状分异（A4B2C2）数量最少，均只有一处村镇聚落。

广西阳朔县整体大致表现出圈层式与条带状结合的分布特征。圈层式结构主要以福利镇屏山村、兴坪镇锁石村两处小规模尺度–紧凑型形态结构–中形状分异（A4B1C2）类型村镇聚落为中心，向外形成一圈小规模尺度–离散型形态结构–中形状分异（A4B3C2）类型圈层，最外圈层与中心相同。同时阳朔县存在一条西北–东南向的中大规模尺度–离散型形态结构–中形状分异（A2B3C2）条带，主要由于其村镇聚落范围内有国道 312 穿过，包含杨堤乡报安村、白沙镇都林村、白沙镇樟桂村、普益乡矮山村等 15 个村镇聚落。

重庆永川区整体类型多样，各类型数量差异较大。以中大规模尺度–离散型形态结构–中形状分异（A2B3C2）类型村镇聚落为主，共有 71 个，相对集中均匀分布于永川区南部。同时存在 8 种类型仅有一个村镇聚落，如双石镇丁家岩村为小规模尺度–离散型形态结构–高形状分异（A4B3C1）类型，中山路街道双龙村为中大规模尺度–紧凑型形态结构–高形状分异（A2B1C1）类型等。

四川双流区数量最多的村镇聚落类型为中大规模尺度–离散型形态结构–高形状分异（A2B3C1），有 91 处，如公兴镇藕塘村、万安镇韩婆岭村等，相对集中分布于双流区东北部。小规模尺度–离散型形态结构–中形状分异（A4B3C2）类型村镇聚落有 41 处，主要集

| 第 4 章 | 村镇聚落个体的空间谱系构建与解析

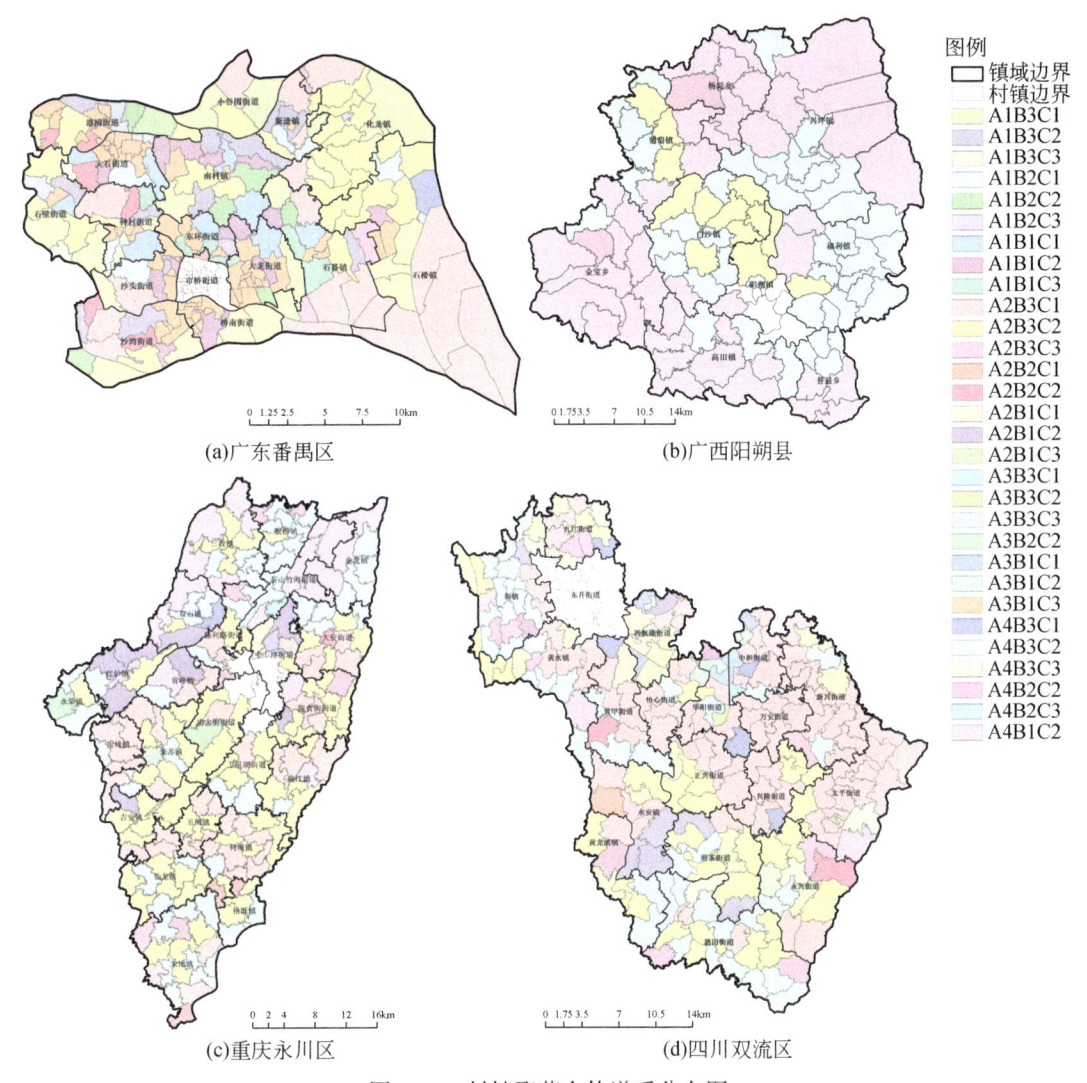

图 4-11 村镇聚落个体谱系分布图

(a)广东番禺区　(b)广西阳朔县　(c)重庆永川区　(d)四川双流区

中分布于双流区西南部，中大规模尺度–离散型形态结构–中形状分异（A2B3C2）类型村镇聚落次之，有 32 处，主要分布在南部。

选取总体样本中同类数量占比最高的 5 类典型类型进行综合解析，分别为：中大规模尺度–离散型形态结构–高形状分异（A2B3C1）、中大规模尺度–离散型形态结构–中形状分异（A2B3C2）、小规模尺度–离散型形态结构–中形状分异（A4B3C2）、中小规模尺度–紧凑型形态结构–低形状分异（A3B1C3）、小规模尺度–紧凑型形态结构–中形状分异（A4B1C2）。①中大规模尺度–离散型形态结构–高形状分异（A2B3C1）：此类型村镇聚落主要分布在广东番禺区东南部，重庆永川区南部与四川双流区北部，广西阳朔县无分布。在番禺区主要远离城市中心分布，但是在永川区与双流区则相对集中在城市近郊毗邻城市主城的区域，主要是永川区和双流区的城镇化水平均要低于番禺区，加之地形地貌更为复杂，靠近城区周边或地形平坦区域的村镇聚落反而因为有更多建设用地而呈现离散型结构特征，而地形相对复杂的村镇聚落则因只有较少的建设用地而呈现紧凑型结构特征。②中大规模尺度-离散型形态结构-中形状分异（A2B3C2）：此类型村镇聚落主要分布在广东番禺区东北部、广西阳朔县中部、重庆永川区南部与四川双流区南部。③小规模尺度-离散型形态结构-中形状分异（A4B3C2）：此类型村镇聚落主要分布在广西阳朔县中部、重庆永川区南北两端与四川双流区西南部，广东番禺区分布较少且分散。④中小规模尺度-紧凑型形态结构-低形状分异（A3B1C3）：此类型村镇聚落主要分布在广东番禺区，在其他样本区县均无分布。在番禺区主要集中分布在城市近郊，具有较高的城镇化水平，主要由于其建成度较高，且各聚落具有均好性，能各自带动服务周边地区，因此表现为规模尺度较大且紧凑度较高。⑤小规模尺度-紧凑型形态结构-中形状分异（A4B1C2）：此类型村镇聚落主要分布在广西阳朔县边缘圈层、重庆永川区北部、四川双流区有零星分布，在广东番禺区无分布，可以看出，这种类型的村镇主要分布在地形比较复杂的山地区域，而在平原地区基本无分布。

4.3.2 村镇聚落个体的空间谱系特征

以重庆永川区村镇聚落为例，进一步解析村镇聚落个体的空间谱系特征。提取永川区典型的5种村镇聚落类型总结其空间特征模式，并根据特征因子的影响程度和相似关系总结不同类型的内在关联特征。总体来看，不同自然地域条件下不同类型样本聚落的环境图示和数据统计均存在较大差异（表4-5）。

表4-5 不同类型典型聚落图示及分布特征

类型	典型聚落及图示（区域范围为2km×2km）				空间分布
大规模紧凑型中分异聚落	瓦子铺村	阳坪村	北大村	大南村	主要包括永川中心城区附近的村镇聚落
小规模紧凑型中分异聚落	龙门滩村	古佛村	金龙村	万胜村	主要包括位于永川北部靠近箕山的板桥镇和三教镇、靠近云雾山山脉的金龙镇地区的村镇聚落，以及靠近英山的红炉镇、靠近黄瓜山的卫星湖街道和来苏镇地区的村镇聚落也有少量分布
小规模离散型中分异聚落	云龙村	中心桥村	高坡村	福岭村	主要包括巴岳山、英山、箕山等山地丘陵地区的村镇聚落

续表

类型	典型聚落及图示（区域范围为2km×2km）	空间分布
中大规模离散型中分异聚落	朱龙花村　南华村　转南村　水磨滩村	主要包括永川南部的仙龙镇、朱沱镇，以及黄瓜山及其附近的吉安镇、五间镇以及沿东部云雾山的临江镇、何埂镇、大安街道，靠近巴岳山的三教镇西部地区等村镇聚落
中小规模紧凑型高分异聚落	巨龙村　鱼龙村　转角店村　一碗水村	主要包括永川西部来苏镇西部和宝峰镇地区等村镇聚落

1. 大规模紧凑型中分异聚落空间

受到郊区城镇化的影响，靠近中心城区的聚落融入市镇，人口和经济规模迅速扩大，其聚落空间分布因子呈现被动聚集态势；聚落边界形状因子也呈现由原来的指状向大规模团状发展的趋势；分散的耕地围绕聚落形成"散田绕宅"的用地结构因子；在经济发展和政策规划干预下，不断扩张的聚落呈现秩序性较强的"建构性肌理"（表4-6）。

表4-6 大规模紧凑型中分异聚落空间

	名称	扩散集聚型空间分布因子	团状趋势指状型边界形状因子	散田绕宅型用地结构因子	高密复合形态街巷网络因子	高密指状紧凑型建筑组合因子
空间特征因子	图示					
	基本特征	中心聚落不断向外扩散形成的聚集分布趋势，聚落之间集聚成片，联系较强	以靠近城区的区域为中心，呈指状形态，并呈现团状发展的趋势	聚落向外扩散侵占耕地，耕地呈点状绕聚落分布	路网密度高，格网状、枝状等多种结构形式的路网形态复合	建筑密度高，多种组合形式复合，部分肌理为秩序性较强的行列式布局
自然人文因子		平坦地形，山体限制；郊区城镇化影响，政策规划干预性显著；工业化水平显著；交通水平发达；以"业缘"主导人地关系；择业而居			

2. 小规模紧凑型中分异聚落空间

受到地形条件等环境的影响，加之城镇化水平较低，其聚落空间分布因子呈顺沿山体走向、无明显集聚趋势的特征；其边界形状因子则以相对简单，以无复杂趋势变化的带状为主；聚落通常依山而建，经济结构以传统农业为主，形成"山林和耕地围宅"的用地结构因子；其路网和建筑组合模式则受到地形、山谷风热等环境条件的影响，表现为适应环境的"缘地性"肌理（表4-7）。

表4-7　小规模紧凑型中分异聚落空间

	名称	带状离散型空间分布因子	无倾向带状边界形状因子	田林半绕宅型用地结构因子	近山向枝状树型街巷网络因子	低密简单线型建筑组合布局因子
空间特征因子	图示					
	基本特征	聚落之间沿道路呈离散分布，依靠道路进行联系，无聚集趋势	边界结构简单，以条带状形状为主，无明显的扩张趋势	聚落通常一侧紧靠山体依山而建，另一侧为耕地	主要街道多与山体等高线近似平行发展，将聚落与耕地分隔，次级街巷则沿山形成树型结构	建筑密度低，沿道路进行排列布局，建筑朝向一般垂直于道路走向
自然人文因子		沿山斜坡，地形起伏；城镇化水平低下，基本无政策规划干预；以传统农业为主；交通条件有限；以"血缘-地缘"主导人地关系；因地而居					

3. 小规模离散型中分异聚落空间

由于地形起伏较大，建设用地破碎，在仅有地势平坦地区形成规模较小的聚落中心，其空间分布因子呈点状离散型分布态势，加之经济水平和交通条件有限，聚落之间无集聚趋势；聚落边界形状因子则表现为以相对简单、无复杂趋势变化的团状为主；可利用耕地资源较少，居民通常根据耕作资源所在区域选择聚居，形成"散宅绕散田"的用地结构因子；路网密度和建筑密度均相对较低，街巷网络以联系性和生产服务性功能为主，建筑组合布局则以家庭或家族为单位零散布局（表4-8）。

| 第 4 章 | 村镇聚落个体的空间谱系构建与解析

表 4-8　小规模离散型中分异聚落空间

	名称	点状离散型空间分布因子	团状型边界形状因子	宅绕田型用地结构因子	远山向枝状树型路网形态因子	低密点状分散型建筑组合因子
空间特征因子	图示					
	基本特征	建设用地破碎，在少量地势平坦地区形成少量规模较小的聚落中心，聚落中心周围散布少量聚落点	边界结构简单，呈形状相对规整的团块状，无明显的扩张趋势	在山地区域农田资源集中区域，因资源限制，居民通常根据耕作资源所在区域选择聚居	主要街道与山体等高线近似平行发展，将山体和聚落分隔，以中心聚落呈树枝状向周围发散，联系周围点状聚落，密度相对较低	在用地平坦区域形成组团式建筑布局形式，密度较低，建筑朝向多变
自然人文因子		山腰陡坡，地形高险； 城镇化水平低下，基本无政策规划干预；以传统农业为主；交通条件有限； 以"血缘-地缘"为主导的人地关系；生存而居				

4. 中大规模离散型中分异聚落空间

通常在平整区域形成规模较大的聚落中心，并形成一定的规模化农业，而周围聚落在土地集约利用影响下，其空间分布因子呈现主动聚集态势；聚落空间边界因子也由原来的团状呈现出指状发散的趋势；规模化的耕地空间围绕集聚的聚落进行布局，和最外围山体构成"圈层式"用地布局结构因子；街巷网络因子则以中心聚落为中心，连接周围聚落和产业用地；建筑组合布局因子虽无明显的政策规划干预，但在经济的作用力下仍呈现高密紧凑的团状布局形式（表 4-9）。

5. 中小规模紧凑型高分异聚落空间

由于地势条件和交通条件均有利于工业化的发展，聚落的工业企业通常沿道路交通进行布局，吸引周围聚落形成向心或线状集聚，其空间分布因子呈现主动聚集态势；聚落空间边界形状因子由原来的带状呈现出指状的趋势；聚落本身具有规模化的耕地空间，围绕集聚的聚落形成"集田绕宅型"用地结构因子；街巷网络因子呈现枝状树型的特征，主要干道承担区域交通功能，枝状街巷以连接聚落内部功能为主；受到经济发展和政策主导影响，部分区域同样形成了秩序性较强的"建构性肌理"，建筑密度相对较高（表 4-10）。

表 4-9　中大规模离散型中分异聚落空间

	名称	向心聚集型空间分布因子	指状趋势团状型边界形状因子	田林全绕宅型用地结构因子	环形网状型街巷网络因子	高密团状紧凑型建筑组合布局因子
空间特征因子	图示					
	基本特征	形成规模较大的聚落中心，周围散布有规模相对较小的聚落，呈现向心聚集的趋势	边界结构复杂，呈以中心聚落向周围扩散的指状形式	聚落被农田围绕，最外围是山体，呈现圈层式用地布局结构，用地结构相对复杂	街巷以面状的形式铺展开，自由交错，呈环形网状特征	形成组团式建筑布局形式，密度较高，建筑朝向多变
自然人文因子		低山丘陵，部分平整；城镇化水平一般，政策规划干预性不显，形成规模化农业；交通水平发达；以"业缘-血缘-地缘"共存的人地关系；择业而居				

表 4-10　中小规模紧凑型高分异聚落空间

	名称	带状聚集型空间分布因子	指状趋势带状边界形状因子	集田绕宅型用地结构因子	无定向枝状树型街巷网络因子	高密复杂线型建筑组合布局因子
空间特征因子	图示					
	基本特征	聚落之间联系较强，周围聚落向道路呈指状趋势聚集	聚落边界以道路为中心向周围扩张，呈指状倾向的带状形式	规模化耕地围绕聚落进行分布	主要道路为区域交通干道，街巷与道路垂直，连接周围聚落，整体形态结构呈枝状树型状	沿道路线性排列，建筑密度较高，建筑朝向一般垂直于道路
自然人文因子		平坡区域，地形平坦；城镇化水平较高，政策规划干预性显著；经济结构多元；交通水平发达；以"业缘"为主导的人地关系；择业而居				

通过邓肯多重比较方法考察比较各类村镇聚落特征指标的均值信息，解读空间特征因子的相似关联关系，通过村镇聚落空间谱系深入解析村镇聚落空间形态类型的差异性特征与关联性规律（图4-12）。

第 4 章 | 村镇聚落个体的空间谱系构建与解析

永川典型村镇聚落空间谱系

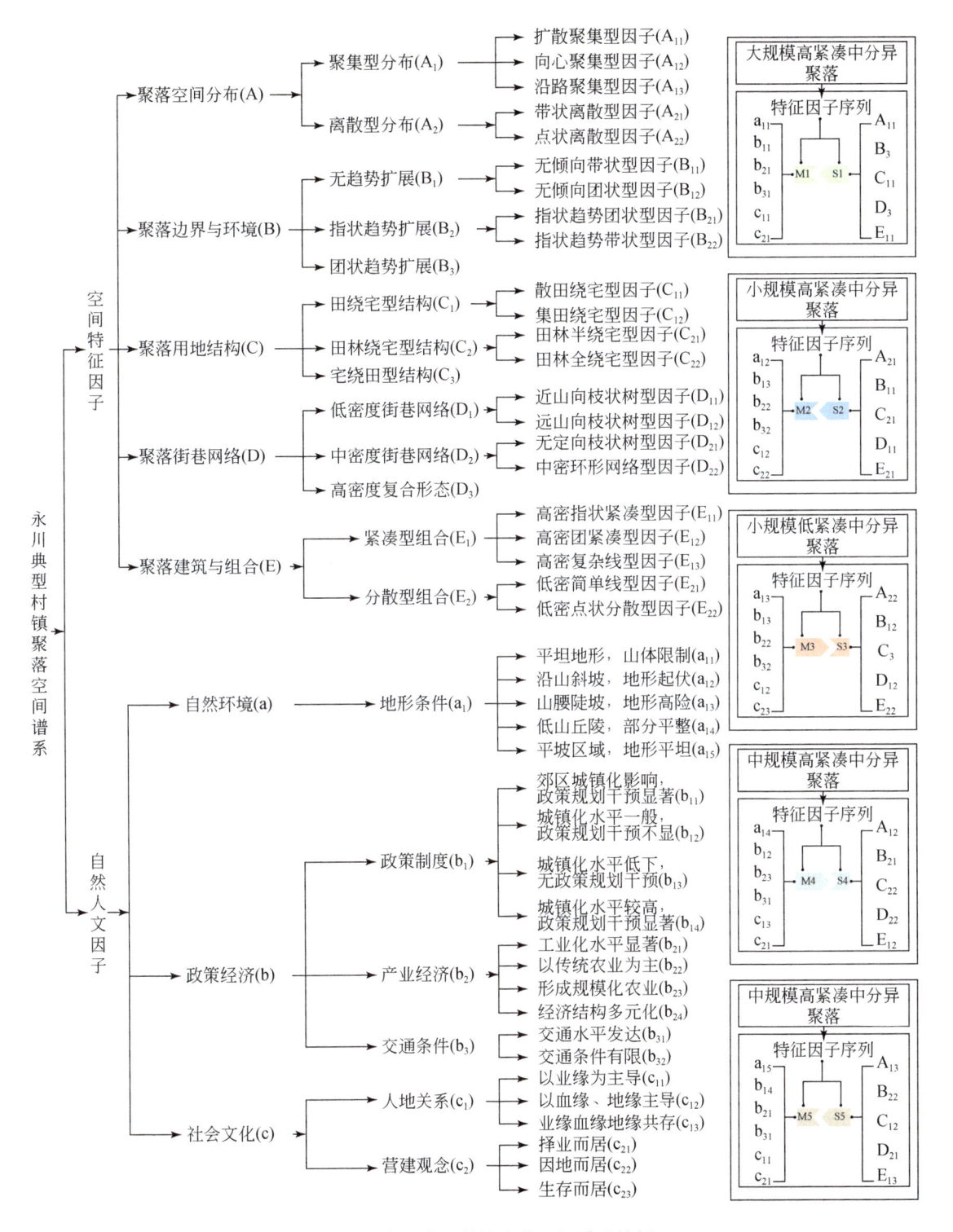

- 空间特征因子
  - 聚落空间分布(A)
    - 聚集型分布(A₁)
      - 扩散聚集型因子(A₁₁)
      - 向心聚集型因子(A₁₂)
      - 沿路聚集型因子(A₁₃)
    - 离散型分布(A₂)
      - 带状离散型因子(A₂₁)
      - 点状离散型因子(A₂₂)
  - 聚落边界与环境(B)
    - 无趋势扩展(B₁)
      - 无倾向带状型因子(B₁₁)
      - 无倾向团状型因子(B₁₂)
    - 指状趋势扩展(B₂)
      - 指状趋势团状型因子(B₂₁)
      - 指状趋势带状型因子(B₂₂)
    - 团状趋势扩展(B₃)
  - 聚落用地结构(C)
    - 田绕宅型结构(C₁)
      - 散田绕宅型因子(C₁₁)
      - 集田绕宅型因子(C₁₂)
    - 田林绕宅型结构(C₂)
      - 田林半绕宅型因子(C₂₁)
      - 田林全绕宅型因子(C₂₂)
    - 宅绕田型结构(C₃)
  - 聚落街巷网络(D)
    - 低密度街巷网络(D₁)
      - 近山向枝状树型因子(D₁₁)
      - 远山向枝状树型因子(D₁₂)
    - 中密度街巷网络(D₂)
      - 无定向枝状树型因子(D₂₁)
      - 中密环形网络型因子(D₂₂)
    - 高密度复合形态(D₃)
  - 聚落建筑与组合(E)
    - 紧凑型组合(E₁)
      - 高密指状紧凑型因子(E₁₁)
      - 高密团紧凑型因子(E₁₂)
      - 高密复杂线型因子(E₁₃)
    - 分散型组合(E₂)
      - 低密简单线型因子(E₂₁)
      - 低密点状分散型因子(E₂₂)
- 自然人文因子
  - 自然环境(a)
    - 地形条件(a₁)
      - 平坦地形，山体限制(a₁₁)
      - 沿山斜坡，地形起伏(a₁₂)
      - 山腰陡坡，地形高险(a₁₃)
      - 低山丘陵，部分平整(a₁₄)
      - 平坡区域，地形平坦(a₁₅)
  - 政策经济(b)
    - 政策制度(b₁)
      - 郊区城镇化影响，政策规划干预显著(b₁₁)
      - 城镇化水平一般，政策规划干预不显(b₁₂)
      - 城镇化水平低下，无政策规划干预(b₁₃)
      - 城镇化水平较高，政策规划干预显著(b₁₄)
    - 产业经济(b₂)
      - 工业化水平显著(b₂₁)
      - 以传统农业为主(b₂₂)
      - 形成规模化农业(b₂₃)
      - 经济结构多元化(b₂₄)
    - 交通条件(b₃)
      - 交通水平发达(b₃₁)
      - 交通条件有限(b₃₂)
  - 社会文化(c)
    - 人地关系(c₁)
      - 以业缘为主导(c₁₁)
      - 以血缘、地缘主导(c₁₂)
      - 业缘血缘地缘共存(c₁₃)
    - 营建观念(c₂)
      - 择业而居(c₂₁)
      - 因地而居(c₂₂)
      - 生存而居(c₂₃)

大规模高紧凑中分异聚落
特征因子序列
a₁₁ — A₁₁
b₁₁ — B₃
b₂₁ — M1 — S1 — C₁₁
b₃₁ — D₃
c₁₁ — E₁₁
c₂₁

小规模高紧凑中分异聚落
特征因子序列
a₁₂ — A₂₁
b₁₃ — B₁₁
b₂₂ — M2 — S2 — C₂₁
b₃₂ — D₁₁
c₁₂ — E₂₁
c₂₂

小规模低紧凑中分异聚落
特征因子序列
a₁₃ — A₂₂
b₁₃ — B₁₂
b₂₂ — M3 — S3 — C₃
b₃₂ — D₁₂
c₁₂ — E₂₂
c₂₃

中规模高紧凑中分异聚落
特征因子序列
a₁₄ — A₁₂
b₁₂ — B₂₁
b₂₃ — M4 — S4 — C₂₂
b₃₁ — D₂₂
c₁₃ — E₁₂
c₂₁

中规模高紧凑中分异聚落
特征因子序列
a₁₅ — A₁₃
b₁₄ — B₂₂
b₂₁ — M5 — S5 — C₁₂
b₃₁ — D₂₁
c₁₁ — E₁₃
c₂₁

图 4-12 永川典型村镇聚落空间谱系特征

1）从村镇聚落空间谱系的横向分布结构来看，不同类型村镇聚落存在明显的差异性特征，但是从单元的垂直从属结构关系来看，类型之间存有一定的"亲缘关系"，也即局部相似性。

如小规模紧凑型中分异聚落和小规模离散型中分异聚落这两种类型的村镇聚落尽管受到一定程度的政策、经济等外部因素的干扰，但特殊的自然及地形地貌环境条件仍然表现出强大的作用力，表现为以自发适应环境为主的"缘地性"特征，小尺度规模、离散型空间分布、无倾向的中分异边界形状因子、低密度的枝状树型街巷网络以及低密的分散型建筑组合是它们的共同特征，造成两者的显著性差异在于聚落的用地结构特征。而大规模紧凑型中分异聚落、中大规模离散型中分异聚落和中小规模紧凑型高分异聚落则基本上都是在政策、经济和交通因素等外部强驱动下形成的被动演化，形成有序的均质化趋势和"建构性"特征，具有明显的规划干预痕迹，聚集型的空间分布因子、有倾向的边界扩展因子是三者共同的特征，造成三者的差别在于平坡型高密指状聚落的街巷网络密度和建筑密度要远高于其他两种类型。

通过进一步解析村镇聚落空间谱系的空间关联耦合规律，发现村镇聚落群系的区域边界具有模糊交错的特征，其空间特征因子在自然环境条件的影响下，存在多种类型的空间关联耦合规律。如在平行岭谷地形影响下的线型扩展关联特征，因山体地形的阻隔封闭区域内的环绕扩展关联特征，以及地形多变区域的复合扩展关联特征；但是，有些空间尽管受到山体和水系的阻隔，也会存在跳跃扩展关联的情况。

2）村镇聚落谱系结构与尺度具有一定的相关性，即随着空间尺度的减小，时间尺度的增大，分类群尺度的降低，谱系结构从聚集逐渐转为发散。

不同尺度下村镇聚落的谱系结构有所不同，反映出村镇群落的构建成因会因尺度不同而存在差异。首先从空间尺度上来说，随着空间分辨率的增大，即空间尺度越聚焦，谱系结构会从聚集逐渐转为发散。如从整个县域的视角来看，板桥镇的村镇聚落基本都属于小规模高紧凑中分异聚落空间，但是，若从镇村的视角来看，板桥镇的村镇聚落个体的单项指标特征也存在明显的差异性，进而可以将村镇的群落谱系进行进一步细分（图4-13）。从时间尺度来看，村镇聚落会随着时间演替的深入，其空间特征或多或少会因适应环境的变化而不断发生改变，村镇聚落谱系结构趋于发散。从分类群尺度来看，若单从某一种要素出发，谱系结构表现为聚集状态，随着分类群尺度的降低，要素的不断深化，其谱系结构会随之不断发散。因此，构建村镇聚落谱系时，需要根据研究目的明确指出研究群落的空间尺度、时间尺度，以及所研究谱系类型的分类群尺度等，才能准确揭示不同尺度下的村镇聚落谱系的生成机理与结构特征。

| 第 4 章 | 村镇聚落个体的空间谱系构建与解析

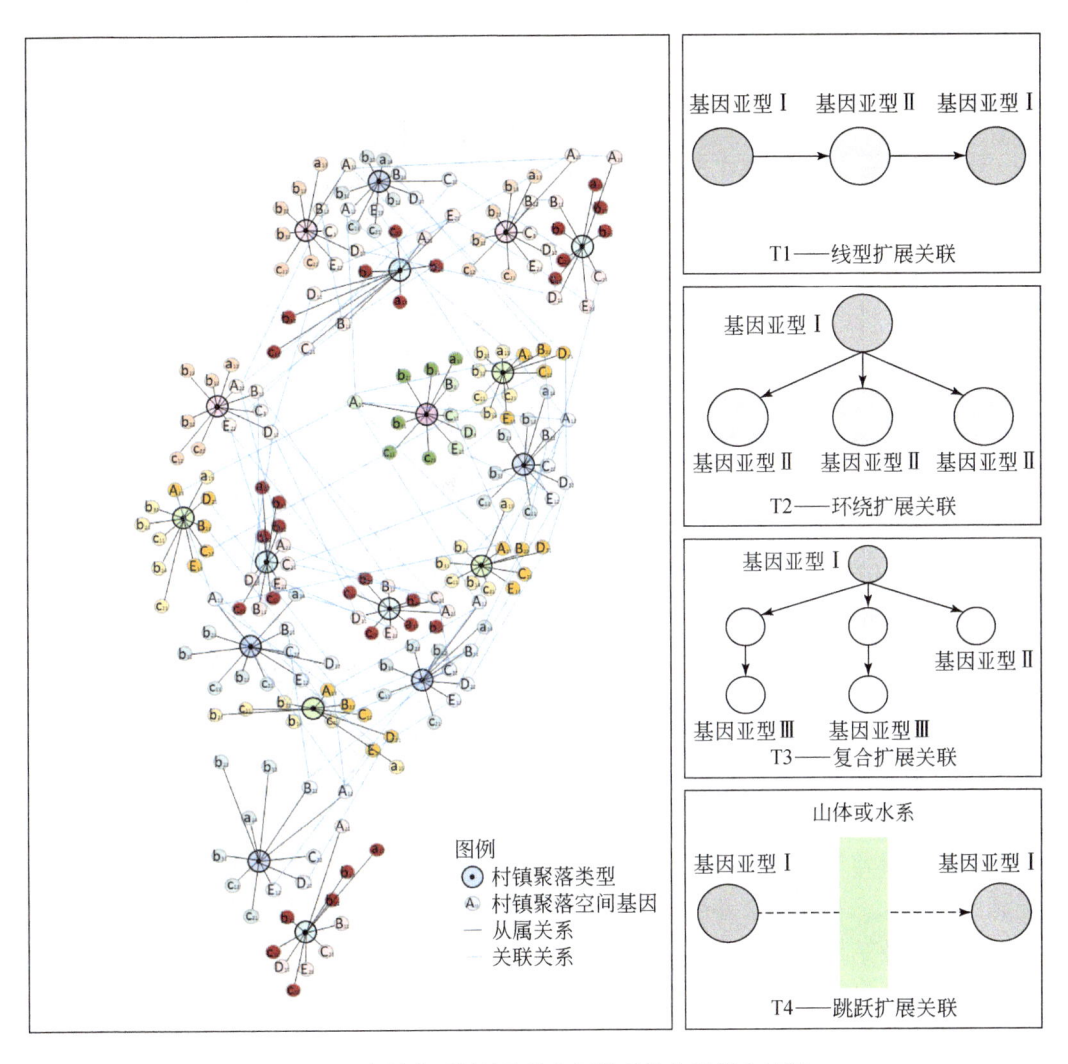

图 4-13 永川典型村镇聚落空间谱系的空间耦合特征

第 5 章 村镇聚落空间谱系的内在机理解析

5.1 村镇聚落空间谱系的形成因素分析

村镇聚落空间谱系的产生是自然条件与地域文化基底、经济与技术进步、政策与制度引导共同作用的结果。众多学者认为自然条件、道路系统、水资源和耕作半径等因素促使了乡村聚落的分化（金其铭，1982）。Zhou 等（2010）提出地域文化的传承与交融、城镇化与乡村的产业转型以及宏观调控的制度等也对村镇空间形态起到关键性作用。李骞国（2015）认为关键的影响因素主要为地形参数、可达性、近水性和耕作距离。宋晓英等（2015）运用核密度算法研究了蔚县农村居民点从远古到近代的空间格局演化，提出跨度较长的历史维度中，自然环境、军事行动、人口迁移和经济贸易是主要的驱动因素。此外，邢谷锐等（2007）则认为当前快速城市化进程中，城市规模扩大、城乡人口迁徙、产业组成变化、基础设施建设和村民观念转变是主要因素。李红波等（2014）通过 GIS 空间分析方法认为乡村聚落空间格局的形成因子取决于政府调控、城镇化、工业化和交通发展等要素。研究表明，不同地域类型的村镇聚落形态存在明显的差异性并体现于不同的环境梯级层面。这些差异性因素不仅包括地形、水文、气候等地域自然环境条件的影响，同时也受到风水观念、礼制观念等社会文化因素的影响，除此之外，国家政策的调整、规划的介入，以及产业结构等政策经济因素对村镇聚落空间形态的演化发挥着至关重要的作用。因此，本书将从自然地理因素、社会文化因素和政策经济因素三个方面分析村镇聚落空间谱系的生成原因。

5.1.1 自然地理因素

地形地貌、气候条件等是村镇聚落形成的物质基础，而农田、林地、河流等是村镇聚落赖以生存的条件。自然地理因素对于村镇聚落的形成和发展起着决定性的作用，不仅为村镇聚落提供生产和生活基础，同时也对村镇聚落产生影响和限制，提出约束性要求。一般来说，自然环境越复杂，村镇聚落所表现的形态特征也越复杂。

自然环境因素主要包含地形地貌、水文水系、地质土壤和气候类型等方面。地形地貌是影响村镇聚落空间谱系形成最为直接的自然环境因素，可以对村镇聚落的早期选址进行限定并影响村镇聚落空间形态（李旭等，2020）。地形是村镇聚落空间营造的基础，村镇聚落一开始在选址时便充分考虑对土地资源的高效利用，在布局和形态上充分适应地形地貌环境，营建与自然环境相融合的实体空间环境，例如，位于山区的村镇聚落形态往往更注重其与山地环境的适应性，聚落多傍山而建，在地势较缓的地方采用分层筑台的形式，沿着等高线呈条带状分布；而平原地区的村镇聚落其形态往往更为规整，呈现星罗棋布之态。水文水系与地形地貌联系紧密，水是村镇聚落赖以生存与发展的基础性资源，但同时也使得村镇聚落面临洪涝灾害的风险。因此，对于小溪小河，村镇聚落往往与之紧密毗邻，或沿水岸两侧进行发展，如浙东地区的村镇聚落多与水紧密联系，多条水系穿村而过，供给村镇的生产生活用水，也具有一定的水运功能，形成独具特色的"江南水乡"。但对于大江大河，村镇聚落往往会与之相隔一定距离以防大型水患，如关中地区的村镇聚落则多靠近河流但不毗邻河流布局，遵循《管子·乘马》中"高毋近阜而水用足，下毋近水而沟防省"的论述（董钰等，2022）。地质土壤对村镇聚落同样影响巨大，其地质条件不仅决定了村镇聚落的建设强度，同时也影响了农村产业的发展。优良的地质土壤有利于农牧业生产，进而有利于村镇聚落的发展。如我国东北地区特有的寒地黑土腐殖质含量高、特别有利于种植业的发展、吸引了村镇聚落在黑土资源富集区的集聚。而不良的地质条件则可能为村镇聚落带来地质灾害风险，如滑坡、泥石流、地面塌陷等。气候特征差异可引起村镇聚落空间形态差异，日照、通风、气温等因素对村庄建筑布局、民居形式与街道走向产生不同程度影响，如在我国气候湿热的渝东南及桂北、湘西等地的村镇聚落，采用吊脚楼建筑形态，便于建筑通风透气。

5.1.2 社会文化因素

如果说自然地理环境因素通过长时段的作用影响着聚落的生成和演化，随着社会经济的发展，人类的社会活动逐步成为村镇聚落的演进动力，社会文化在这个时期迅速凝聚成形并成为聚落居民的行为准则，进而影响着聚落的形态和空间结构。因此，可以说村镇聚落所在的区域是静态空间，但却是社会文化历时性共同作用的结果，不同历史时期所形成的空间在村镇聚落中以"拼贴"的形式共存。

社会文化因素的典型代表有风水文化、宗祠文化、族群文化、宗教文化和防御文化等，这些文化之间彼此也有非常紧密的联系。风水文化对中国村镇聚落的布局和形态影响巨大，内含的理想村镇聚落模式，如山环水抱、负阴抱阳、背山面水等，对村镇聚落的选址影响深远，认为有山势围合的空间有利于藏风纳气。宗祠文化历来为村镇聚落所重视，尤其在传统社会中，个人的生存与发展往往离不开宗族的支持，因此，宗祠往往居于村镇聚落的核心位置，或布局于地理制高点、聚落中轴线之上。族群文化在族群生成与发展过程中历经千百年积淀，并反映于村镇聚落空间形态特征之中，如福建客家人群，其村镇聚落的建筑形式采用标志性极强的圆楼形式，有致分布于地势不同的台地之上。宗教文化往往与族群文化联系紧密，通过对基础社会价值的仪式化或神话符号化，包括寺庙、宗祠、神庙等，使得群体的社会结构得到加强和保持（Geertz，1973），从而在神缘的牵引下形成一个个具有共同信仰的神缘信仰聚落单元，进而反映在村镇聚落空间形态上。军事防御也是村镇聚落空间形态的重要影响因素，并演化出各具地方特色的防御文化，重大的军事布防尤其是国家级的军事防御工事常常会对村镇聚落空间形态及其分布格局造成巨大的影响。在这种计划性强、延续时间长、布防体系完备的军事防御体系影响下，村镇聚落的空间形态在军事布防大环境的影响下逐步形成了军防联动的卫所、堡寨、碉楼等防御文化特征，如长城沿线的村镇聚落，常有"五里一墩、十里一堡"的说法。

5.1.3 政策经济因素

在农耕社会时期，相比于自然地理环境和社会文化因素，政策经济因素对村镇聚落空间形态的影响并不显著，基本上是以家庭为生产单位的自给自足的经济为主，村镇聚落形态也多为自发性生长。随着社会经济的发展，行政中心和行政区划也不断演变调整，政府的调控能力也逐渐开始作用于村镇聚落，影响其空间分布及格局。伴随城乡要素交流的不断增加，所形成的经济中心、经济贸易线路等也会作用于村镇聚落空间形态的演化。

政策经济因素主要包括产业类型、人口、交通区位和政策政令等。产业类型方面，不同产业结构的村镇聚落空间形态一般存在较大差异，例如农业村与渔业村相比牧业村，于村镇聚落空间形态上呈现更加集聚的特点，这是由于农业渔业对生产材料的共享需求更加强烈，村民往往需要团结互助以一起对抗突发的自然灾害，因此对集聚居住的需求也更加强烈。人口对村镇聚落的规模等级具有显著影响，进而影响村镇聚落的空间形态。相关研究发现，乡村人口流出对村镇建设用地扩张速度约束十分明显（董朝阳和薛东前，2022）。交通区位也对村镇聚落空间发展具有重要影响。例如，广州都市圈中的村镇，具有显著的交通区位优势，可以吸引工商业的布局。鲁西南地区部分村镇由于邻近城区且有公路相连，出现了用地规模超千亩甚至超越镇区的"特大村"现象（王林和曾坚，2021）。珠三角地区的村镇交通区位优异，在改革开放后成为推动工业化的主体之一，村办工业在农村居民点周边沿主要道路铺开（朱旭辉，2015）。政策政令的介入也会显著改变村镇聚落空间形态。如江浙沪地区的部分村镇受乡村振兴和宅基地改革工作影响，发布集中安置政策，村民集中搬入规划齐整的新村，村镇聚落空间形态得到完全的重塑。

5.2 村镇聚落空间谱系的多因素空间耦合模型构建

如前所述，村镇聚落空间谱系的形成是自然环境因素、社会文化因素和政策经济因素等多种因素共同作用的结果。为更加深入地探究各类因素具体是如何作用于村镇聚落空间谱系的形成，量化研究是一种相对科学的方式。首先，对村镇聚落空间谱系的影响因素进行选取并进行量化解析；其次，通过构建多因素空间耦合模型，解析不同维度因素对村镇聚落空间谱系的影响作用；最后，总结村镇聚落空间谱系的影响机理，明确村镇聚落空间谱系的内在分异机制。需要注意的是，在上述影响因素中，并非所有影响因素都能够被量化提取，其中最为典型的是社会文化因素。首先，社会文化具有历时性，而大部分村镇聚落的历史资料属于缺失状态，难以找到对应的历史材料进行佐证；其次，也难以从大量的社会文化表现中抽离出有意义的可进行分析的符号。因此，本书着重强调从自然环境因素和政策经济因素这两大类因素中进行量化指标的提取。

5.2.1 多因素选取量化分析

1. 自然环境因素

自然条件是造成村镇聚落空间分异的基础因素。其中，地形地貌是影响村镇聚落空间谱系最为直接的自然环境因素之一。古代进行村镇聚落选址营建前，"相地"是必经的流程，即对地形地貌进行详细的勘探，明确地形高程变化与坡度起伏。因此本书具体选取了平均高程与平均坡度这两类指标来表征村镇聚落的地形地貌特征。水文的分布与流向与地形地貌息息相关。水是村镇聚落维持生活与农产生产的重要资源，但同样会为村镇聚落带来洪涝隐患。水资源的多寡以及村镇聚落与水资源的距离，是建设与发展村镇聚落时所需要重点考虑的方面。因此，本书选取了水网密度和聚落与水平均距离表征村镇聚落的水文特征。

（1）平均高程

高程指的是某点沿铅垂线方向到绝对基面的距离①。村镇聚落所处高程的不同，表现出不一样的空间形态和分布格局，特别是在山地的村镇聚落更是如此。如位于山腰地带的村镇聚落具有一定的防御性，自然灾害也较少，水热条件优渥，往往形成层次分明的形态特征，聚落规模尺度较为适中；而位于山顶的村镇聚落，由于地势险峻，不适宜居住及农作物生长，聚落规模往往偏小，呈点状分布；而山麓型（山脚型）的村镇聚落往往临近河流，地势平坦，交通条件良好，聚落规模则相对较大。因此，选用平均高程来表征村镇聚落的地形特征。村镇聚落平均高程的计算方法为从每 400m² 选取一处地表空间点，对所有选取地点的高程值取均值，得到平均高程。计算公式为

$$\bar{x} = \frac{\sum_{i=1}^{n} x_i}{n} \tag{5-1}$$

式中，$\bar{x}$ 为村镇聚落平均高程；x_i 为第 i 个地表空间点的高程；n 为所选地表空间点的数量。

在华南-西南四个样本县域中，广东番禺区的平均高程总体上呈现中央高、四周低的特点，但总体而言起伏并不明显。四川双流区的平均高程总体上呈现东南侧高，西侧与西北侧较高，中央低的特点。东南侧为龙泉山脉，是岷江与沱江两大水系的分水岭，也是成都平原与川中丘陵的自然分界线。广西阳朔县由于其东北与西南均紧靠山脉，平均高程总体上在东北侧与西南侧较高，中央靠近北侧有平均高程较高的村镇聚落，其余村镇聚落平均高程较低，极差超过 600m。重庆永川区总体在西北侧与中部的山脉周边形成了平均高程较高的条带状村镇聚落集群，其余平原地区的村镇聚落的平均高程相对较低，平均高程极差同样超过 500m（图 5-1）。

---

① 本书选定的绝对基面为青岛验潮站 1952 年 1 月 1 日 ~ 1979 年 12 月 31 日所测定的黄海平均海水面。

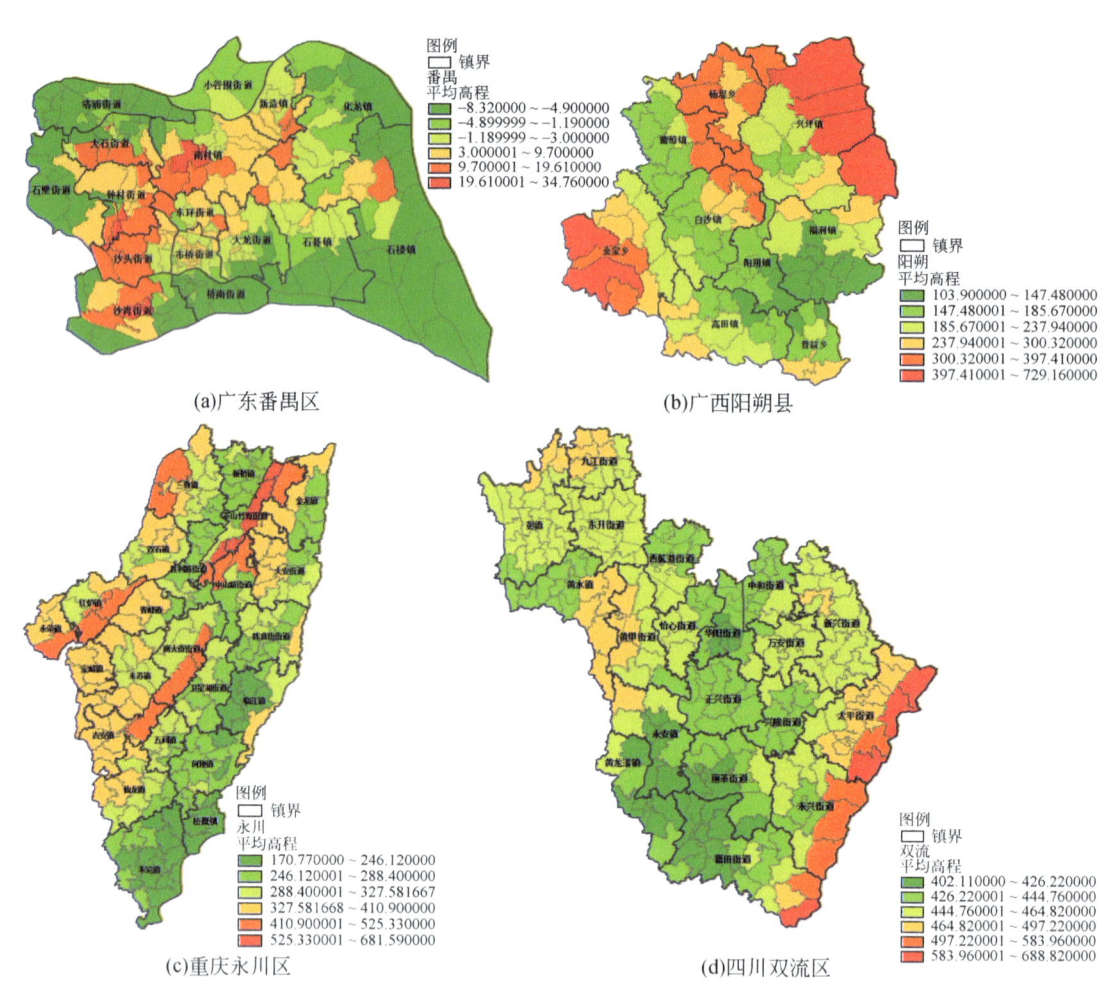

图 5-1　四个样本中村镇聚落平均高程识别结果

（2）平均坡度

坡度是地表单元陡缓的程度，坡面的垂直高度和水平方向的距离的比即为坡度。坡度坡向是聚落传统聚落选址布局着重考虑的要素，避免坡度过大建设难度增大，同时也需要一定坡度防止水患，不仅如此，坡度坡向也会影响村镇聚落的通风、采光等条件。因此，选用平均坡度来测度村镇聚落的地形特征。村镇聚落平均坡度的计算方法为每 400m² 选取一处地表空间点，对所有选取的点的坡度值取均值，得到平均坡度。

$$\bar{y} = \frac{\sum_{i=1}^{n} y_i}{n} \tag{5-2}$$

式中，$\bar{y}$ 为村镇聚落平均坡度；y_i 为第 i 个地表空间点的坡度值；n 为所选地表空间点的数量。

广东番禺区的平均坡度为 1.57~11.96，总体上同平均高程指标的特点相同，呈现中央高、四周低的特点。四川双流区的平均坡度为 1.89~17.13，东南区域邻近龙泉山脉条带状的村镇聚落平均坡度较高，呈现由东南向西北，平均坡度逐渐降低的特点。广西阳朔县的平均坡度为 7.51~27.02，东北与西南的部分村镇平均坡度较高，在临山一侧的村镇聚落坡度较大。重庆永川区的平均坡度为 3.89~24.68，在西北侧与中部形成了平均坡度较高的条带状村镇聚落集群，其余村镇聚落的平均坡度相对较低，与平均高程指标的分布规律较为相似（图 5-2）。

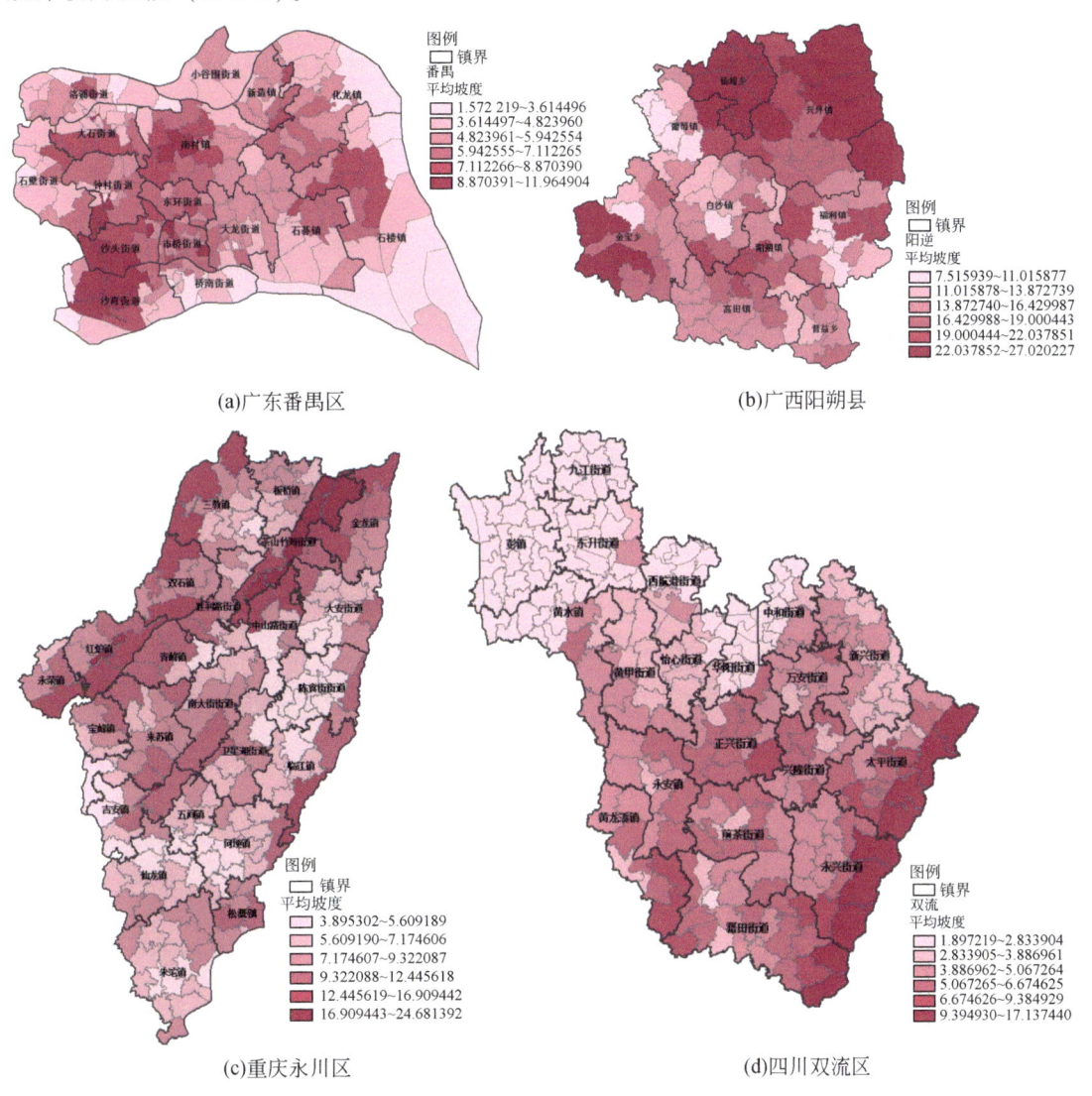

(a)广东番禺区　　(b)广西阳朔县

(c)重庆永川区　　(d)四川双流区

图 5-2　四个样本中村镇聚落平均坡度识别结果

（3）水网密度

水网密度表征了村镇聚落水资源的丰富程度以及分布状态。计算公式为

$$WD = \frac{L}{S} \tag{5-3}$$

式中，WD 为村镇聚落水网密度；L 为村镇聚落水系的长度；S 为村域面积。

广东番禺区的水网密度为最高为 4.09km/km², 总体上四周较高、中央较低，水网密度最高的村镇集聚在广东番禺区的西北侧和南侧。这些水网密度较高的村镇聚落的平均高程较低，更加便于水体的集聚分布。四川双流区的水网密度最高可达 4.27km/km², 在江安河和府河等河流附近的村镇聚落的水网密度较高。广西阳朔县的水网密度最高仅为 1.99km/km², 由于漓江从阳朔县的中央区域穿过，在漓江附近形成了较为明显的高水网密度村镇聚落集聚区。重庆永川区的水网密度最高仅为 1.51km/km², 为四个样本县域水网密度最低的区域，永川河、红旗河的流经区域形成了较为明显的带状的高水网密度村镇聚落（图 5-3）。

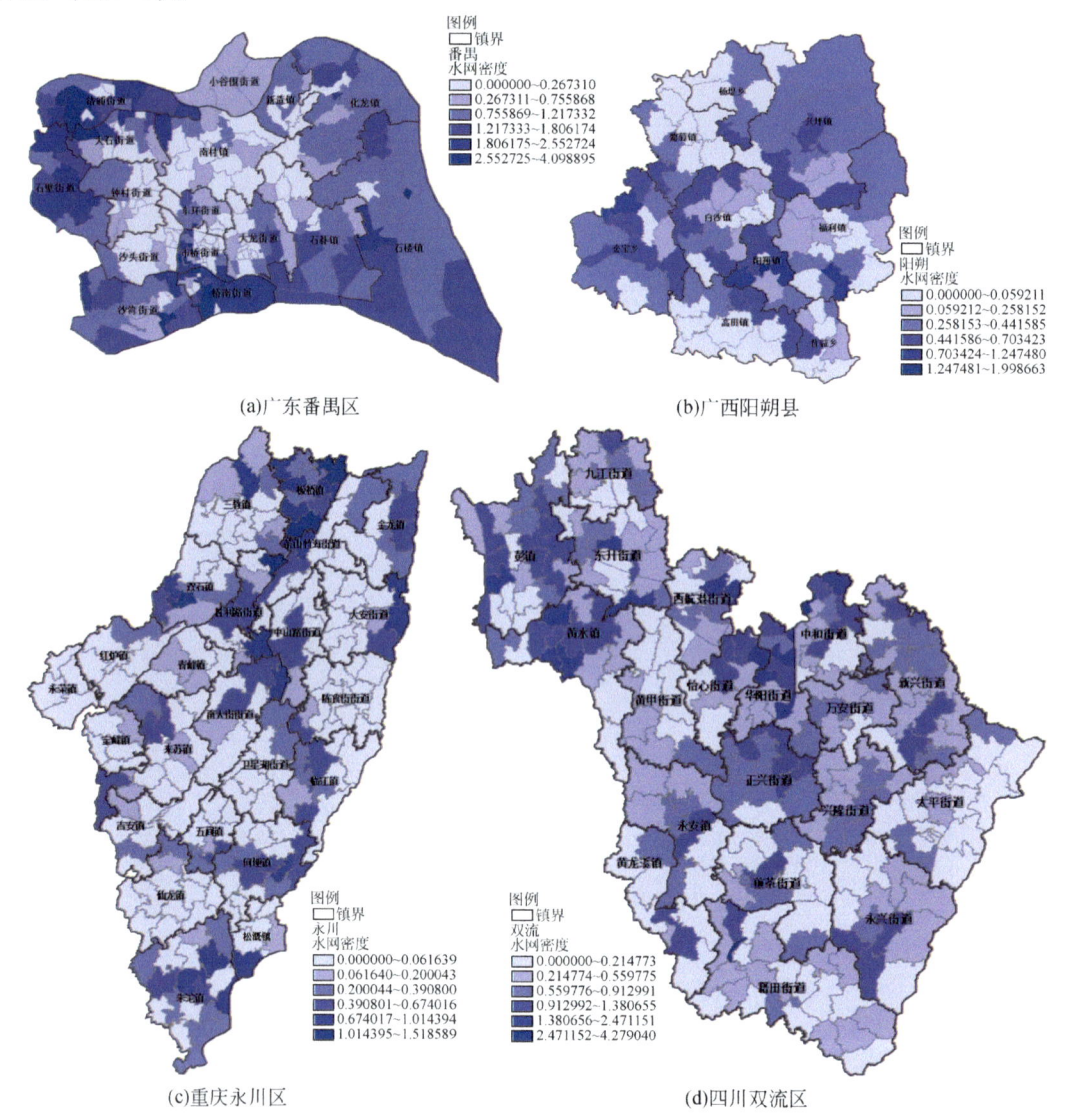

(a)广东番禺区　　(b)广西阳朔县

(c)重庆永川区　　(d)四川双流区

图 5-3　四个样本中村镇聚落水网密度识别结果

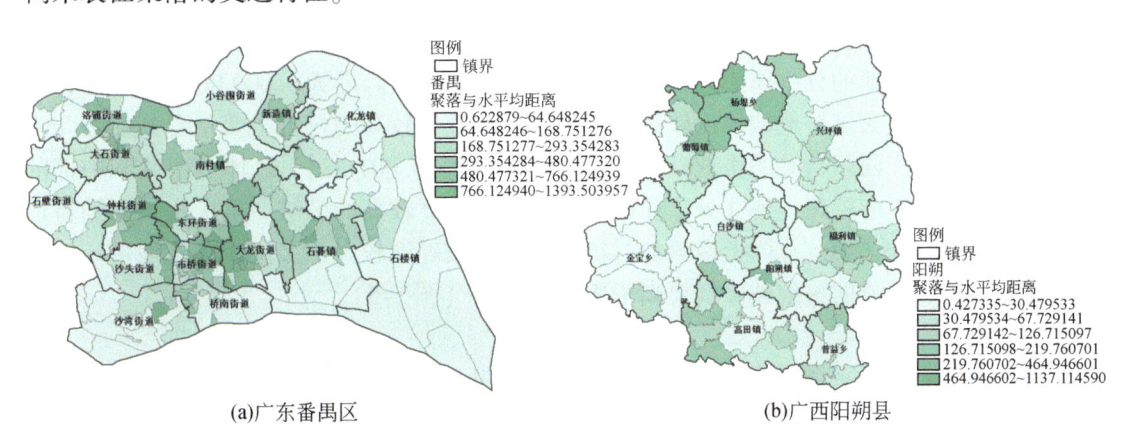

第 5 章 | 村镇聚落空间谱系的内在机理解析

(4) 聚落与水平均距离

聚落与水平均距离则反映了村镇聚落与水的空间耦合关系，在一定程度上表征了水文对村镇聚落的影响程度大小，一般来说，聚落与水平均距离越大，表明水对聚落的影响程度越大。而聚落与水系的水平距离是指在二维坐标平面上，村镇聚落点的坐标与距离水系最近点的坐标之间的欧式距离（闫丽洁等，2017）。公式如下：

$$\overline{d_i} = \frac{\sum_{i=1}^{n} \sqrt{(x_{i1} - x_{i2})^2 + (y_{i1} - y_{i2})^2}}{n} \tag{5-4}$$

式中，$\overline{d_i}$ 代表聚落距离水系的平均距离；n 代表村域内聚居点的数量；x_{i1}、x_{i2} 分别为聚居点与距离水系最近点的横坐标；y_{i1}、y_{i2} 分别为聚居点与距离水系最近点的纵坐标。

广东番禺区的聚落与水平均距离总体上呈现中央高、四周低的特点，在水网密度较低的村镇，其聚落与水平均距离也会相对较高。四川双流区的聚落与水平均距离则呈现北侧高、南侧低的特点。广西阳朔县的聚落与水平均距离为在北侧和南侧远离水的区域村镇聚落数值较高。重庆永川区的聚落与水平均距离在中部偏东的部分村镇聚落数值较高，这些村镇与大型河流的距离也较远（图 5-4）。

2. 政策经济因素

产业类型深刻影响着村镇聚落空间形态的组织逻辑，尤其进入近现代之后，少数村镇聚落出现了如村镇工业、乡村旅游等新兴的产业类型，大幅改变了村镇聚落的空间形态。但总体来看，种植业仍是我国大部分村镇聚落最主要且最悠久、最普遍的产业类型，耕地分布整体或零碎、耕地面积广大或狭小，会显著影响村镇聚落在漫长发展过程中最终演变形成的空间形态，本书具体选取了耕地破碎度和平均耕作半径这两个指标描述耕地对聚落的影响关系。交通区位与产业类型息息相关，珠三角地区的部分村镇聚落由于具有毗邻大城市的交通区位优势，得以吸引投资建设发展村镇工业，也促使村镇聚落空间形态由分散转向沿交通道路集聚，集聚的道路可以为村镇聚落带来的发展机遇。因此，村镇聚落与交通道路之间的距离也是村镇聚落空间形态研究中的重要议题。本书选取聚落与道路平均距离来表征聚落的交通特征。

(a) 广东番禺区　　(b) 广西阳朔县

| 171 |

(c)重庆永川区　　　　　　　　　　　　(d)四川双流区

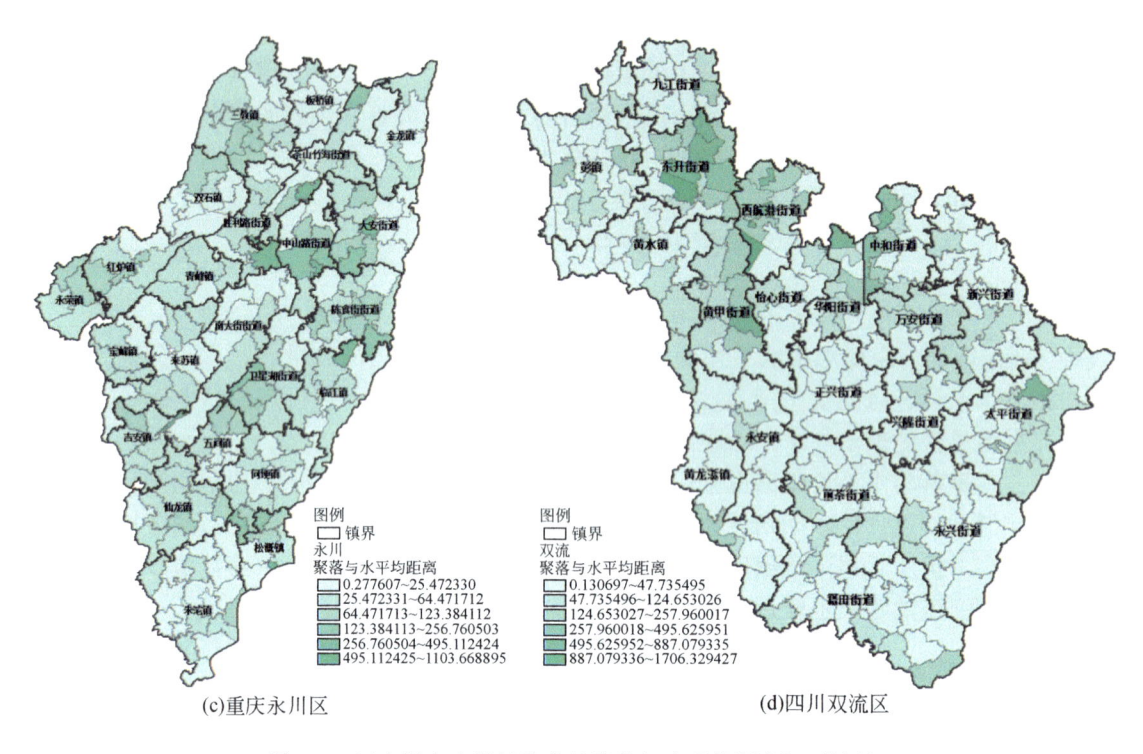

图 5-4　四个样本中村镇聚落的聚落与水平均距离识别结果

（1）耕地破碎度

耕地破碎度 F_N 指耕地被分割的破碎程度（张彭等，2022）。F_N 取值范围为 [0, 1]，其值越大，耕地破碎化程度越高，1 代表已完全破碎，0 则表示无破碎化存在，该指数从总体上反映耕地的破碎化程度（万伟华，2021）。公式如下：

$$F_N = N_F - 1 \ / \ M_{PS} \tag{5-5}$$

式中，N_F 为耕地斑块总数；M_{PS} 为平均斑块面积。

广东番禺区的耕地破碎度为 0.000 017～0.001 525，在东北侧的村镇聚落耕地破碎度较高，尽管这些耕地破碎度较高的村镇地处平原，但由于受到城镇化建设的影响，城镇建设用地的扩张对耕地的分割作用较强。四川双流区的耕地破碎度为 0.000 067～0.005 147，总体上南侧的村镇聚落耕地破碎度较高，这些耕地破碎度较高的村镇主要是受到丘陵与水流湖泊的影响。广西阳朔县的耕地破碎度为 0.000 021～0.001 385，总体上南侧和中部的村镇聚落耕地破碎度较高，往往处于丘陵地带或水网密度较高的区域。重庆永川区的耕地破碎度为 0～0.005 650，总体上南侧的村镇聚落耕地破碎度较高，多位于丘陵地带。总体上来说，永川和双流的耕地破碎度要高于阳朔和番禺（图 5-5）。

（2）平均耕作半径

耕作半径决定了一个村镇聚落所对应的耕地面积。计算耕作半径，首先需要假定任何一个聚落的所有土地都是耕地面积，忽略地形、山川、河流等地形要素，聚居点被简化为一个点。在一定的范围内，当以聚落为中心，以一定的半径所形成的区域面积与整个村镇

(a)广东番禺区　　　　　　　　　　　(b)广西阳朔县

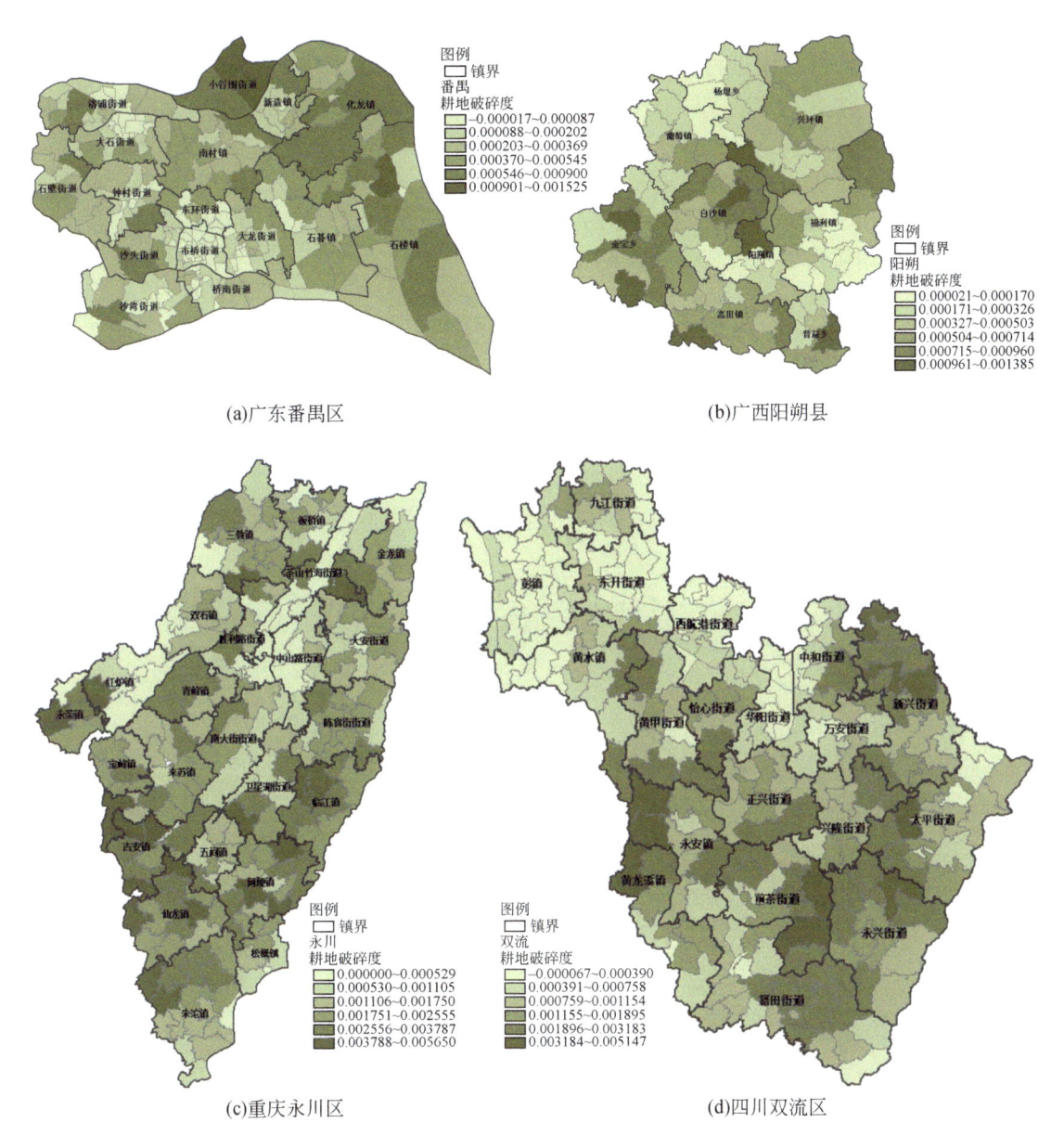

(c)重庆永川区　　　　　　　　　　　(d)四川双流区

图 5-5　四个样本中村镇聚落耕地破碎度识别结果

聚落内的耕地面积恰好相同时，就可以认为这个半径相当于整个聚落的耕作半径。公式如下：

$$M \cdot P = \pi R^2 \tag{5-6}$$

式中，R 为耕作半径；P 为人口数；M 为人均耕地面积。当人口数量 P 值一定时，耕作半径 R 和人均耕地面积 M 成正比。在实际计算过程中，只需了解聚落人均耕地面积就可以求出该聚落的耕作半径。平均耕作半径为村域内各个聚居点的耕作半径取均值。

| 村镇聚落空间谱系理论与构建方法 |

广东番禺区的平均耕作半径为 139.05~3287.55m，西北侧与南侧村镇聚落的平均耕作半径较低，中心城区附近村镇聚落平均耕作半径较高，呈现圈层式降低的特征。四川双流区的平均耕作半径为 123.73~3781.06m，北侧的村镇聚落的平均耕作半径较高。广西阳朔县的平均耕作半径为 88.81~717.12m 范围内，中部的村镇聚落平均耕作半径较高，平均耕作半径较低的村镇聚落主要是受山脉地形的影响，不便于开发过多的耕地。重庆永川区的平均耕作半径为 67.21~1190.02m，中部沿山脉的村镇聚落受地形的影响，耕地条件有限导致平均耕作半径较高（图 5-6）。

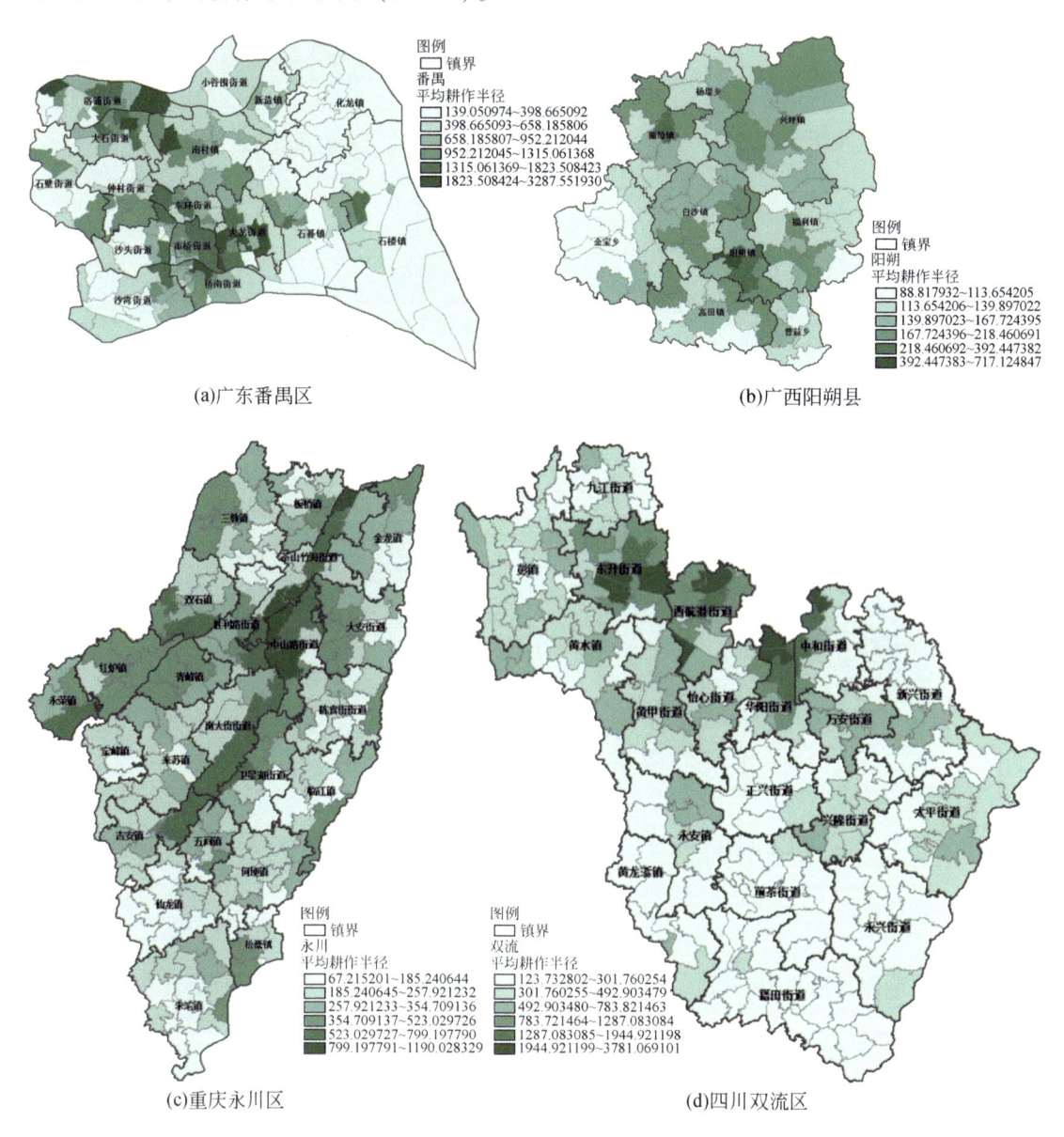

图 5-6 四个样本中村镇聚落平均耕作半径识别结果

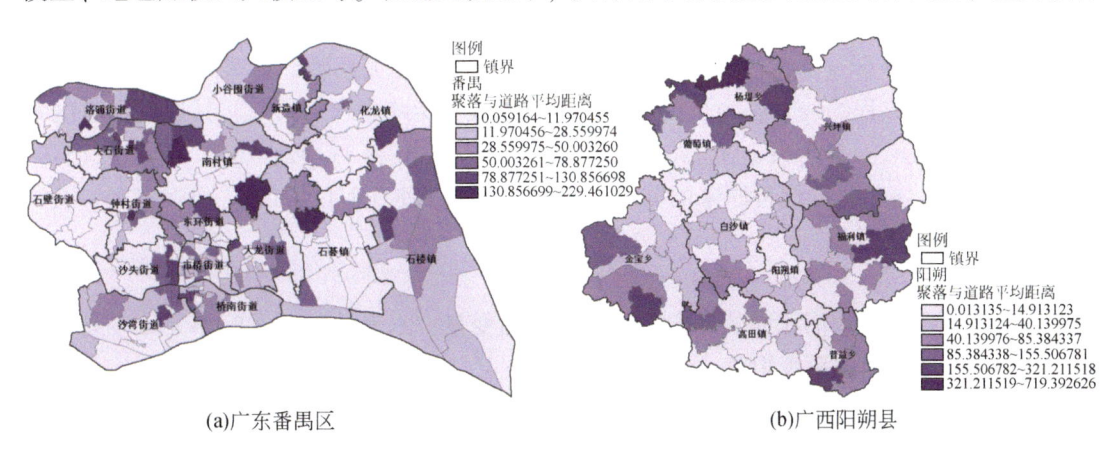

(3) 聚落与道路平均距离

聚落与道路平均距离反映了村镇聚落与道路的空间耦合关系，同样采用欧氏距离的方式，计算村镇聚落点的坐标与距离道路最近点的坐标之间的水平距离。公式如下：

$$\bar{l}_i = \frac{\sum_{i=1}^{n} \sqrt{(x_{i1} - x_{i2})^2 + (y_{i1} - y_{i2})^2}}{n} \tag{5-7}$$

式中，$\bar{l}_i$代表聚落距离道路的平均距离；n代表村域内聚居点的数量；x_{i1}、x_{i2}分别为聚居点与距离道路最近点的横坐标；y_{i1}、y_{i2}分别为聚居点与距离道路最近点的纵坐标。

广东番禺区的聚落与道路平均距离最高229.46m，平均距离较高的村镇聚落零散分布在西北侧和中部。四川双流区的聚落与道路平均距离最高328.96m，聚落与道路平均距离较高的村镇聚落零散分布在北侧靠近成都市区的附近。广西阳朔县的聚落与道路平均距离最高为719.39m，总体上西北角、西南角和东侧的部村镇聚落的聚落与道路平均距离较高。重庆永川区的聚落与道路平均距离最高为159.35m，在四个县域中最低，说明永川的道路建设水平较高，聚落与道路平均距离较高的村镇聚落零散分布在中部和南部（图5-7）。

5.2.2 多因素空间耦合模型

村镇聚落空间形态研究的主要目标之一是探究形态与外部环境的影响关系，目前相关研究已经突破了"因形论形"的量化研究阶段，深入到解析村镇聚落空间形态背后的自然、社会、经济等因素。其中，村镇聚落空间形态特征可以用形态指标来进行量化，而外部因素可代之以各种地理关系变量或经济变量，研究的主要思路是借用SPSS、地理探测器等数学模型辨析两者的相关性。村镇聚落的空间形态是受自然环境因素、政策经济因素和社会文化因素等多种因素共同影响的，在不同环境下各要素作用强度有所差异（彭一刚，1992）。因此，面向多因素的空间相关性分析是地理学和规划学在村镇聚落空间研究中经常遇到的问题，同时也涌现了很多分析模型，如最小二乘法回归模型、多元线性回归模型、地理加权回归模型等。在这些模型中，具体用于解决全局还是局部问题、主要拟合

(a)广东番禺区　　　　(b)广西阳朔县

(c)重庆永川区　　　　　　　　　　　(d)四川双流区

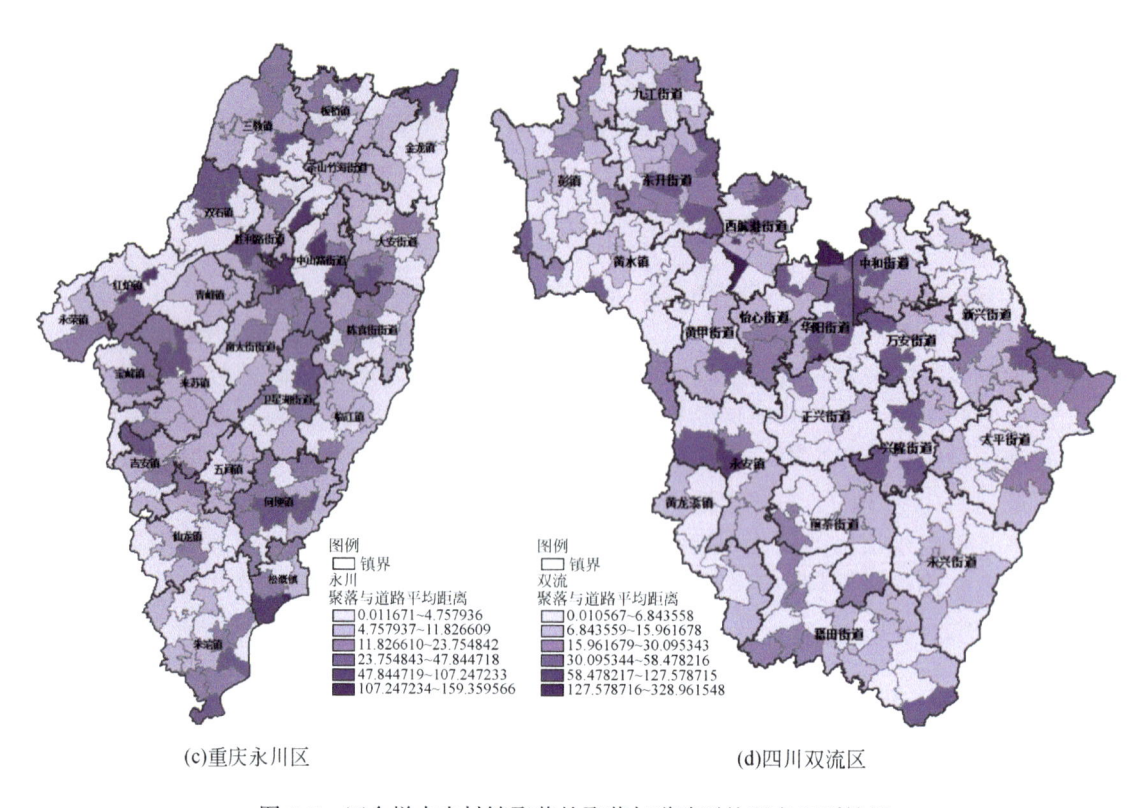

图 5-7　四个样本中村镇聚落的聚落与道路平均距离识别结果

线性关系还是非线性关系深刻影响着其应用的广度。但是在地理学中,全局或局部视角是比线性拟合还是非线性拟合更加重要的问题。而地理加权回归会为每个局部区域基于多个因子构建一个线性关系,并且局部区域的范围是通过统计显著性得到的,因此,本书采用地理加权回归模型解析村镇聚落地理现象的空间自相关现象。原始的地理加权回归公式可以表示为

$$Y_i = \alpha(u_i, v_i) + \beta_1(u_i, v_i)x_{1i} + \beta_2(u_i, v_i)x_{2i} + \cdots + \beta_n(u_i, v_i)x_{ni} + \varepsilon_i \tag{5-8}$$

式中,Y 表示因变量;$\alpha(u_i, v_i)$ 表示坐标 (u_i, v_i) 位置所在的线性方程的截距;$\beta(u_i, v_i)$ 表示坐标 (u_i, v_i) 位置处第 n 个解释变量的相关系数;ε_i 表示坐标 (u_i, v_i) 位置处所在线性方程的残差。为了更加容易用空间权重矩阵表示,可以将其进一步简化为

$$Y_i = \beta_1(u_i, v_i)x_{1i} + \beta_2(u_i, v_i)x_{2i} + \cdots + \beta_n(u_i, v_i)x_{ni} + \varepsilon_i \tag{5-9}$$

这里用 $\beta_1(u_i, v_i)$ 代替原来的截距 $\alpha(u_i, v_i)$,并使任何位置的 $x_{1i}=1$。于是,公式可以更加简洁地表示为

$$Y = X_\beta + \varepsilon \tag{5-10}$$

式中,Y 为包含 n 个数值元素的列向量,代表了因变量;X 表示 k 个空间单元 n 个解释变量的矩阵;β 即为相关系数矩阵;ε 为误差。

基于局部空间回归在因变量和多个影响因子之间构建整体研究中的局部线性关系,从而得到不同地区各个影响因子与空间形态之间耦合的相关系数,以此为基础解析村镇聚落

空间谱系的形成机理。

5.2.3 多因素空间耦合解析

本书将以重庆永川区为例，进行村镇聚落空间体系谱系和个体谱系多因子耦合模型构建的实证解析。为量化剖析自然环境维度因素、政策经济维度因素等多维因素对于永川区聚落空间谱系的影响作用，将利用地理加权回归模型对村镇聚落空间谱系特征因子进行地理加权回归分析，对于各项指标因子回归系数进行分析，借鉴 Ewing 和 Cervero（2010）提出表征影响显著的弹性系数绝对值为大于 0.39 的情况，将各因子的回归系数小于−0.39 和大于 0.39 的数值比例进行统计，按照<40%为不显著、40%~70%为显著、>70%为很显著的标准，判断各因子的影响程度，得到不同维度因子影响程度大小。

1. 村镇聚落体系谱系的多因素耦合

为精准解析村镇聚落的体系谱系的形成机理，本书通过对其等级规模、网络关系两大维度的系统测度分析，解析村镇聚落体系谱系的形态特征与内在秩序，抽离出村镇聚落体系谱系与自然地理因素、政策经济因素的深层耦合关系，总结村镇聚落体系发展的内在规律，深化对村镇聚落体系发展的理论认知。

（1）自然地理因素对体系等级规模特征呈现"中心正影响、外围负影响"的影响格局

自然地理因素对于永川体系谱系的等级规模特征的影响总体呈现出"中心正影响、外围负影响"的影响分布格局，其中，对于永川中心及其周边地区的等级规模影响正向影响作用最为强烈（以胜利路街道和中山路街道等乡镇为主），对于永川南部的等级规模特征则影响微弱，而对于永川北部则主要呈负向影响（以板桥镇为主），很明显，对于经济较为发达、城镇化水平较高的乡镇来说，平坦的地形更有利于村镇聚落的规模发展，而对于经济欠发达的乡镇来说，复杂的地形地貌则成了村镇聚落规模发展的主要限制条件（图 5-8）。

（2）政策经济因素对体系等级规模特征呈现"中心集聚、外围散点"的影响格局

政策经济因素对于永川体系谱系的等级规模特征的影响呈现出"中心集聚、外围散点"的影响分布格局。其中，对于镇中心及其周边地区影响较大（以胜利路街道、茶山竹海街道和青峰镇为主），而对于永川外围地区的乡镇则影响微弱，如永荣镇、朱沱镇、仙龙镇、金龙镇和陈食街道等。政策经济因素对于区政府所在地中山路街道存在负向影响，这主要是因为本研究对政策经济因素的选取主要以表征农业生产水平的耕地半径、耕地破碎度等指标为主，而中山路街道作为区政府所在地，城镇化水平较高，基本以第二、三产业为主，导致农业对其规模特征的影响呈现负向的结果。

政策经济因素对永川村镇体系等级规模特征的影响明显要高于自然地理因素的影响，具体从政策经济因素与不同等级规模特征因子的回归结果来看，政策经济因素对不同因子的影响差异不大，但相对来说，对位序–规模特征的影响仍是最小的，对首位比重特征的影响与自然地理因素则呈现相异的格局，对朱沱镇、仙龙镇、吉安镇等乡镇的首位比重特征基本无影响（图 5-9）。

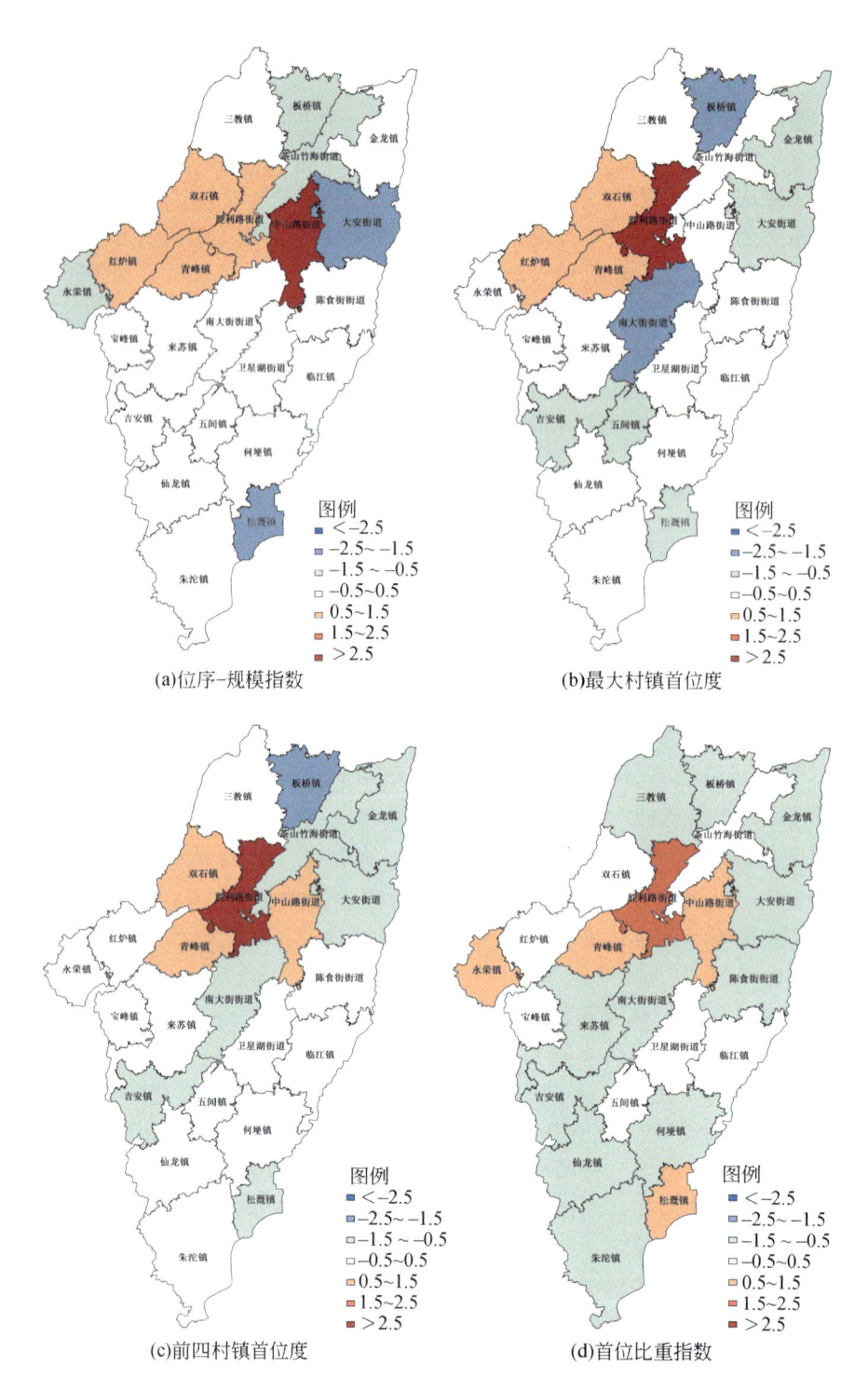

(a) 位序-规模指数　　　　　　　　　(b) 最大村镇首位度

(c) 前四村镇首位度　　　　　　　　　(d) 首位比重指数

图 5-8　自然地理因素与体系等级规模特征回归分析

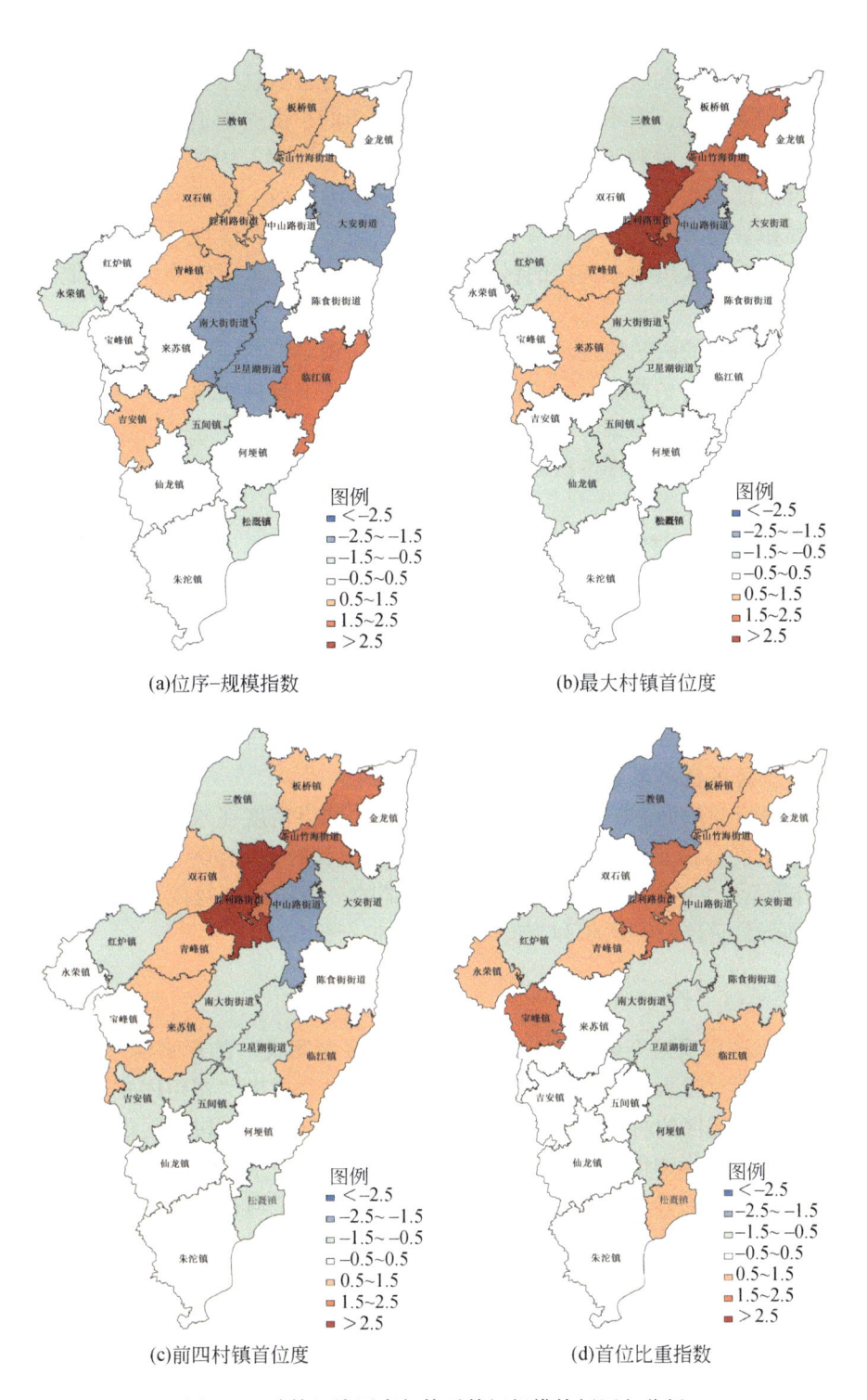

| 第 5 章 | 村镇聚落空间谱系的内在机理解析

(a) 位序-规模指数

(b) 最大村镇首位度

(c) 前四村镇首位度

(d) 首位比重指数

图 5-9 政策经济因素与体系等级规模特征回归分析

（3）自然地理因素对体系网络关系特征呈现"两头集聚，中部微弱"的影响格局

自然地理因素对于永川体系谱系的网络关系特征的影响总体呈现出"两头集聚，中部微弱"的影响分布格局，对永川区政府所在地及周边的中山路街道、胜利路街道、南大街街道等影响并不明显，而对于永川南北两端乡镇的影响则较为强烈，其中对于南部吉安镇、仙龙镇和北部茶山竹海街道、大安街道的影响最为强烈。网络关系维度的指标测度重点在于考量村镇聚落节点与主导联系共同构成的网络结构的科学性与合理性，出现上述现象的原因可能是由于永川中心地区的村镇聚落往往因城镇化水平较高，自然地理因素对聚落的影响相对较弱。

以相对平均强度的回归结果为例，重庆永川区的相对平均强度在吉安镇、双石镇、青峰镇、宝峰镇存在相对平均强度高值样本体系，而这其中与自然地形因素具有较强正相关的有吉安镇、双石镇、宝峰镇，并大体沿山脉的东北-西南走向呈现"东西高、中部低"的空间分布特征，这是因该样本区县中部的山脉众多，而区内主要的国省道均从东西两侧穿过造成的（图5-10）。

（4）政策经济因素对体系网络关系特征呈现"中部微弱，外围强烈"的影响格局

政策经济因素对于永川体系谱系的网络关系特征的影响存在"中部微弱，外围强烈"的影响特征分布，在永川中部的中山路街道和卫星湖街道受到的影响较为微弱，而外围各镇普遍受到政策经济因素的影响，研究表明对于平均路径长度、相对度数中心势两大指数的正向影响较为强烈，说明政策经济因素对于永川中心外围乡镇的空间整合具有重要影响作用，很明显，政策经济因素对体系网络特征的影响要高于自然地理因素的影响，并且对平均路径长度特征的影响最为显著。

以网络密度因素的回归结果为例，重庆永川区的网络密度在永荣镇、青峰镇、宝峰镇出现3个网络密度高值镇，其均只划分为4~5个下级行政单元；其余镇街则大体呈现"中部高、外围低"的空间分布特征，这是因中部的一些镇街本身面积较小、管辖村级行政单元较少而导致道路路网面积和密度较低造成的（图5-11）。

2. 村镇聚落个体谱系的多因素耦合

（1）自然地理因素对个体规模尺度特征呈现"多组团式"的影响格局

自然地理因素对于永川区村镇规模尺度的影响整体呈现出"多组团式"的影响分布格局，对于永川中心城区的村镇规模尺度影响较为强烈，其中以对村域建设用地面积的影响作用最为强烈（显著影响作用覆盖85%以上的村镇），这与永川区内独特的自然山水环境之间有着密不可分的关系。下文将对规模尺度维度特征因子与自然地理综合因素的回归结果进行详细解析，分析其与地理环境内在深层次的耦合机制。

由于该区地貌复杂多样，城市建设用地分布较为分散，自然地理因素与建设用地面积有着较高的回归系数，自然地理因素影响较大的村镇聚落基本位于永川区境内山脉沿线，如陈食街街道、临江镇、五间镇、来苏镇等，永川区中心城区周边村镇聚落的建设用地面积大小呈现与自然地理因素无关的状态。而自然地理因素对永川村镇聚落建设用地密度的影响要小于对建设用地面积的影响，但整体上呈现相似的影响状态，即自然地理因素对村镇聚落建设用地面积有促进作用的，对建设用地密度同样也有促进作用。但在有些村镇聚

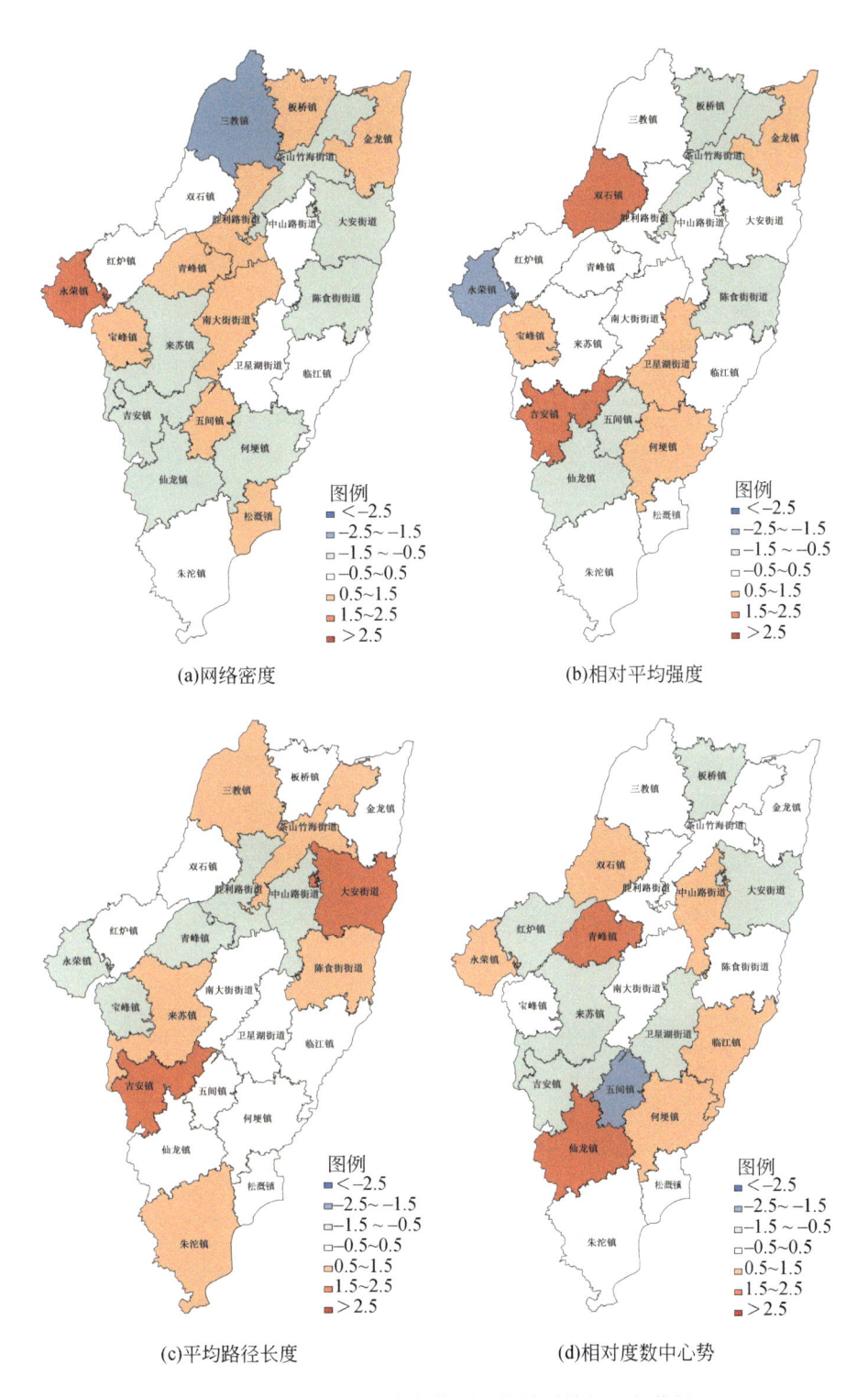

| 第 5 章 | 村镇聚落空间谱系的内在机理解析

(a) 网络密度

(b) 相对平均强度

(c) 平均路径长度

(d) 相对度数中心势

图 5-10　自然地理因素与体系网络关系特征回归分析

(a) 网络密度

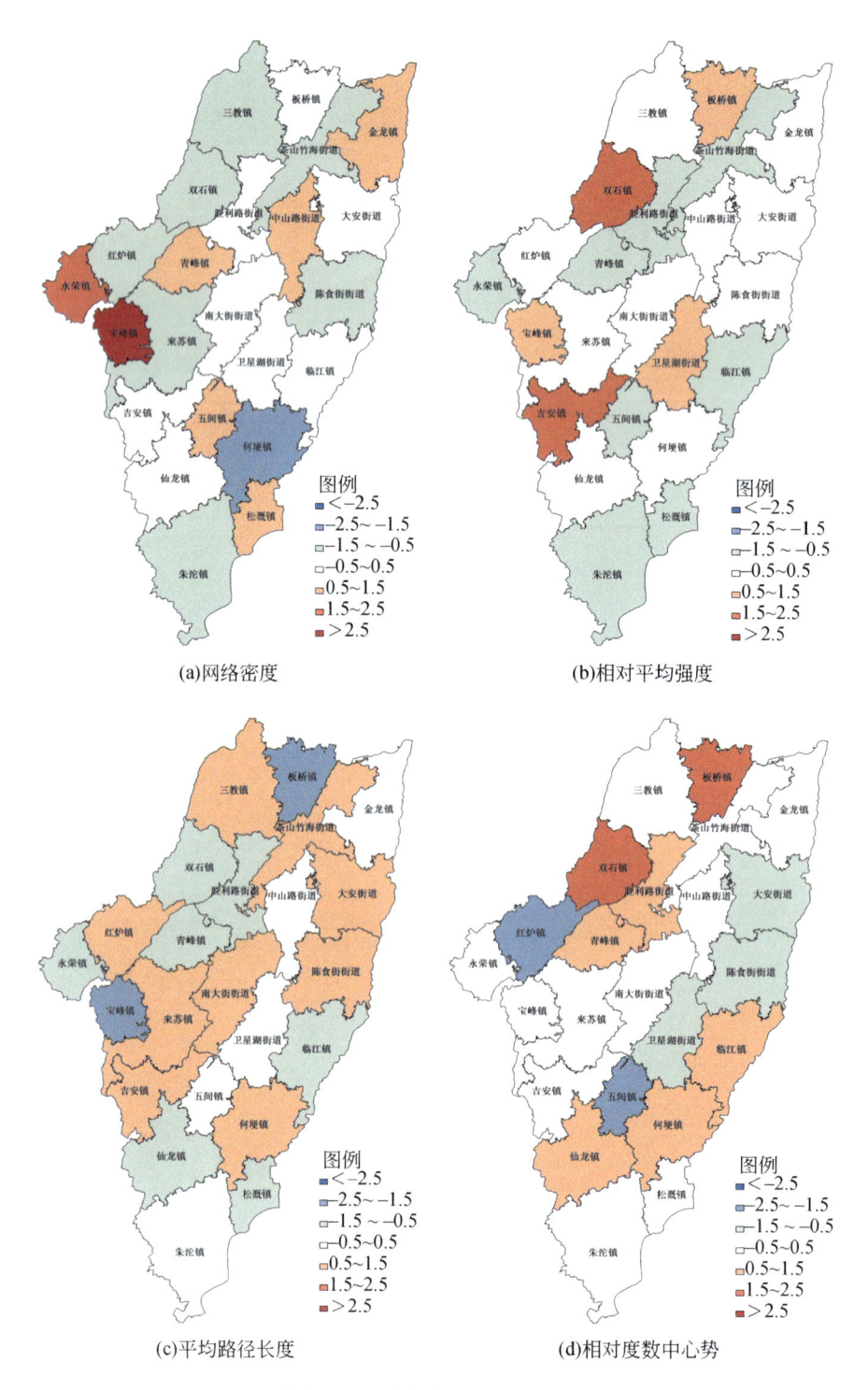

(b) 相对平均强度

(c) 平均路径长度

(d) 相对度数中心势

图5-11　政策经济因素与体系网络关系特征回归分析

落呈现相反的状态，如永荣镇村镇、南大街部分村镇等，这反映了在某些自然地理条件较差的镇区，建设用地发展受到限制，呈现出面积小、密度高的多点集中分布特征。位序-规模指数和自然地理因素回归系数较高的地区除了在市中心周围，其余地区呈"大分散"特征。聚落中心指数与自然地理的主要相关地集中在永川区中心周边的村镇，永川区南部聚落中心指数则与自然地理因素关系不大，说明永川区中心周边的村镇较高的首位度与条件良好的自然地理有着紧密的关系，而其他地区首位度低的原因可能由政策经济和社会文化因素导致。

通过单一解释变量的地理加权回归分析，永川区中心地区的建设用地面积受自然地理的正面影响明显高于区北部地区，而在南部坡度较高的地区，如最南端的朱沱镇、松溉镇，地形为低山和丘陵，其平均坡度因素对建设用地面积产生了一定负面影响。平均高程、水网密度对于位序规模指数和聚落中心指数的影响作用高度相似，皆对永川区中心地区产生了较高的正向作用，而对于永川区西南部则产生了负向作用，在这两种因素的共同作用下，使得区中心的首位度进一步得到加强。而自然地理因素对永川区南部地区几乎不产生影响的原因，从分指标的分析中可以推断，是因为唯一产生影响平均坡度和水网密度因素产生的正负作用相互抵消，使得自然地理的综合耦合影响几近于无。平均高程、水网长度对永川区中心地区的建设用地密度均有正面作用，而水网密度和坡度则相反，对于永川区中心地区建设用地密度产生了负相关性，而对区南部片区产生了正相关性，说明水网较为密集的地区一定程度上会使村镇聚落建设用地密度提高（图5-12）。

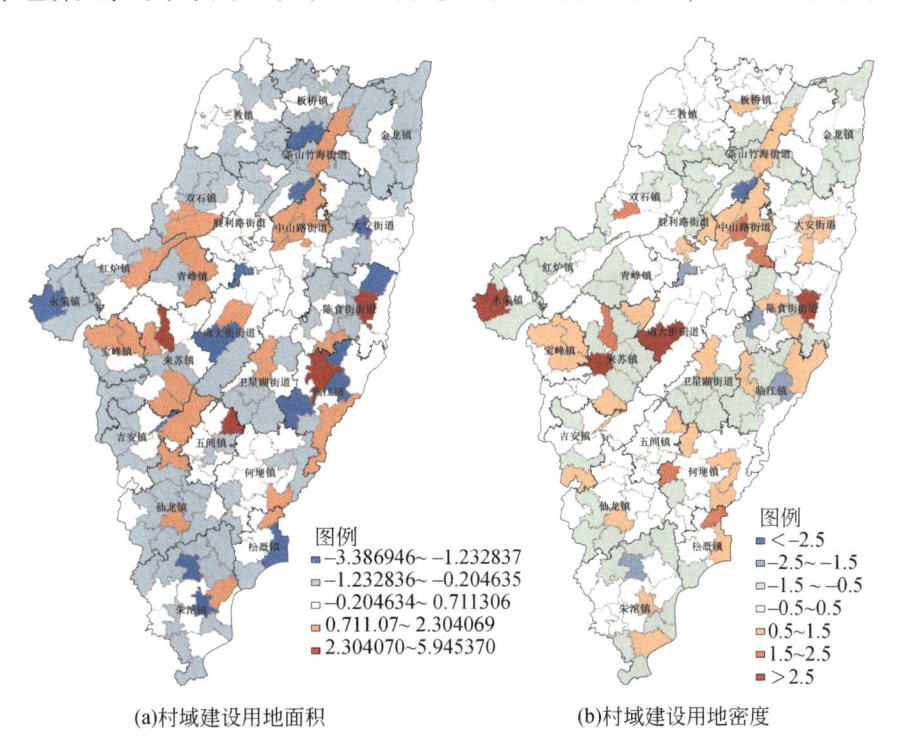

（2）政策经济因素对个体规模尺度特征呈现"中部显著，南北偏弱"的影响格局

政策经济因素对于永川区中部地区的规模尺度影响较为明显，而对于南部与北部地区

(a)村域建设用地面积　　(b)村域建设用地密度

(c)位序-规模指数　　　　　　　　　(d)聚落中心指数

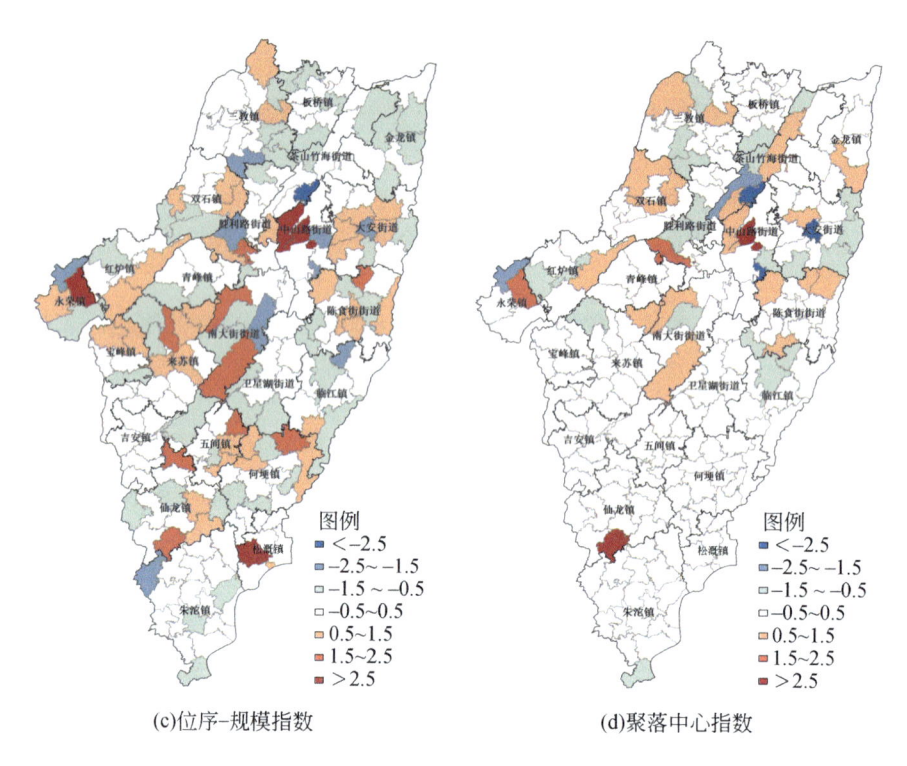

图 5-12　自然地理因素与个体规模尺度特征回归分析

的规模尺度影响偏弱。其中，对于村域建设用地面积、村域建设用地密度、位序-规模指数的影响作用较为强烈（显著影响作用覆盖75%以上的村镇），这与永川区独特的耕地特点、道路网络结构以及背后深层次的政策经济原因息息相关。下文将对规模尺度维度特征因子与政策经济综合因素的回归结果进行详细解析，分析其与政策经济内在深层次的耦合机制。

由于永川区各镇之间内政策经济发展水平的差距，交通服务强度也不同，城市建设用地分布不均，陈食街街道、临江镇、五间镇、来苏镇和区政府所在地中山路街道的建设用地面积与政策经济的回归系数较高，其镇区建设用地的发展受良好的政策、交通条件影响明显，村域建设用地密度也有同样的规律，但所受政策经济因素影响也同样要低于自然地理因素的影响，对于个别村域建设用地面积受政策经济因素正向影响，但村域建设用地密度受政策经济因素负向影响的村镇聚落，如永荣镇等，反映了这些村镇聚落村域建设用地面积受政策经济因素限制，导致其建设用地向集约化高密度的方向发展。政策经济因素对村镇位序-规模指数的影响也较大，其影响格局呈现多点式的分布态势，聚落中心指数受政策经济影响程度与自然地理环境类似，除中心及其周边地区村镇的与政策经济因素有着紧密的关系，其他地区特别是永川南部受政策政策经济影响微乎其微。

为揭示村域建设用地面积、村域建设用地密度、位序-规模指数和聚落中心指数与政策经济的回归结果，通过单一解释变量回归研究发现耕地破碎度、平均耕作半径与路网密度三类因子都对永川区东北部（主要包括区中心地区、松溉镇、朱沱镇等镇）的村域建设用地面积、村域建设用地密度产生了明显的正向影响，这可能是由于永川区东部与西部的政策经济水平不同导致的。永川区内聚落位序–规模指数与路网密度、道路连通度基本成正比，而耕地破碎度、平均耕作半径、路网密度、路网长度和聚落与道路平均距离等因子对于聚落中心指数的影响作用高度相似，即对于永川区中心城区附近的村镇聚落正向影响作用显著，而对于其他地区的村镇聚落皆为负向影响或影响较小，这也最终导致了其影响格局呈现中心显著、外围偏弱的格局（图5-13）。

（3）自然地理因素对个体空间结构特征呈现"分散式"的影响格局

对于空间结构维度下聚集维数、空间关联维数、用地多样性与自然地理的回归结果，形成了"多组团式"的村镇聚落格局特征，其主要原因是由于山地地形的因素，用地条件的局限，使得村镇聚落选址在适宜发展区域，形成了较为集聚的分布模式。各镇区内的聚落分布比较集聚，聚落空间相互作用也越强，而各回归系数较高的镇区之间则呈现"大分散"特征，在图中分布较为均匀。为揭示聚集维数、空间关联维数、用地多样性与自然地理的回归结果总体比较均质分布的原因，研究发现，在经济条件越好的村镇聚落，自然地理因素对用地多样性有一定的正向影响，反之，经济条件相对较差的村镇聚落，自然地理因素越复杂，用地多样性也越低。平均高程、水网长度对永川区中心地区的建设用地密度均有正面作用，而水网密度和坡度则相反，对于永川区中心地区建设用地密度产生了负相关性，而对区南部片区产生了正相关性，说明水网较为密集的地区一定程度上会使村镇聚落建设用地密度提高。而每一类单因子对于聚集维数、空间关联维数的影响情况都不相同，甚至可以说差异较大，如水网长度、聚落与水平均距离的回归结果是从区北向区南对于聚集维数的正向影响逐渐降低转至负向影响，而水网密度、平均高程的回归结果则完全相反，平均坡度的回归结果则是另一种模式，多种不同模式最终耦合的结果造就了"大分散"特征（图5-14）。

（4）政策经济因素对个体空间结构特征呈现"小聚集、大分散"的影响格局

政策经济因素对于永川区村镇个体空间结构的影响作用基本符合西南山地地区聚落"小聚集、大分散"的典型特征，受到山地地形因素的影响，永川村镇聚落的街巷网络整体密度相对较低，较低的路网密度使得聚落的集聚无法达到较高的水平，而是沿主要道路分散分布。因此，聚集维数、空间关联维数与政策经济的回归系数较高的村镇聚落在永川区内呈现"大分散"特征。通过多因素地理加权回归的单因子分析，发现这一现象的背后，永川东北部地区的聚集维数受到平均耕作半径显著的正向影响，说明在东北部地区（金龙镇、大安街道、板桥镇等）平均耕作半径较大，地广人稀的耕作条件使得，村镇聚落聚集较为紧密。路网长度、路网密度对于聚集维数、空间关联维数的影响作用类似，其影响带的分布皆呈现出东西斜向态势，这与永川区内的道路交通走向存在一定的关系。而路网长度、聚落与道路平均距离因子则对区内东部（包括临江镇、松溉镇和朱沱镇一部分）的用地多样性产生了明显的正面作用，其原因可能是由于此三镇东临长江，聚落发展相对较为成熟，表现为其道路路网和用地类型比较复杂的特征（图5-15）。

（5）自然地理因素和政策经济因素对个体形状分异呈现显著影响的格局

自然地理与政策经济双重维度对于永川村镇形状分异维度特征因子均具有较明显的影响作用（显著影响作用覆盖80%以上的村镇），这说明永川村镇形状分异特征因子同时受

(a) 村域建设用地面积

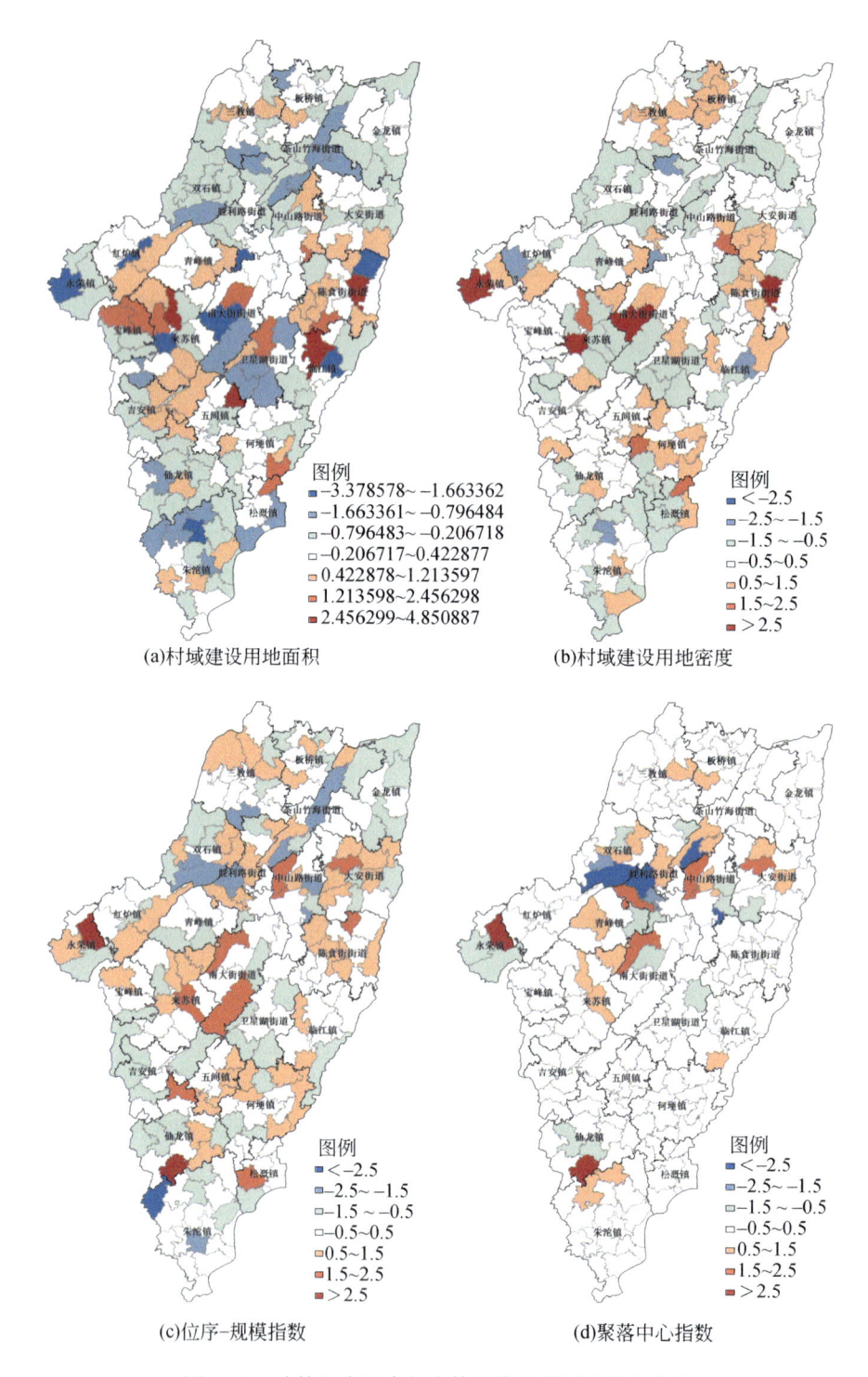

(b) 村域建设用地密度

(c) 位序-规模指数

(d) 聚落中心指数

图 5-13 政策经济因素与个体规模尺度特征回归分析

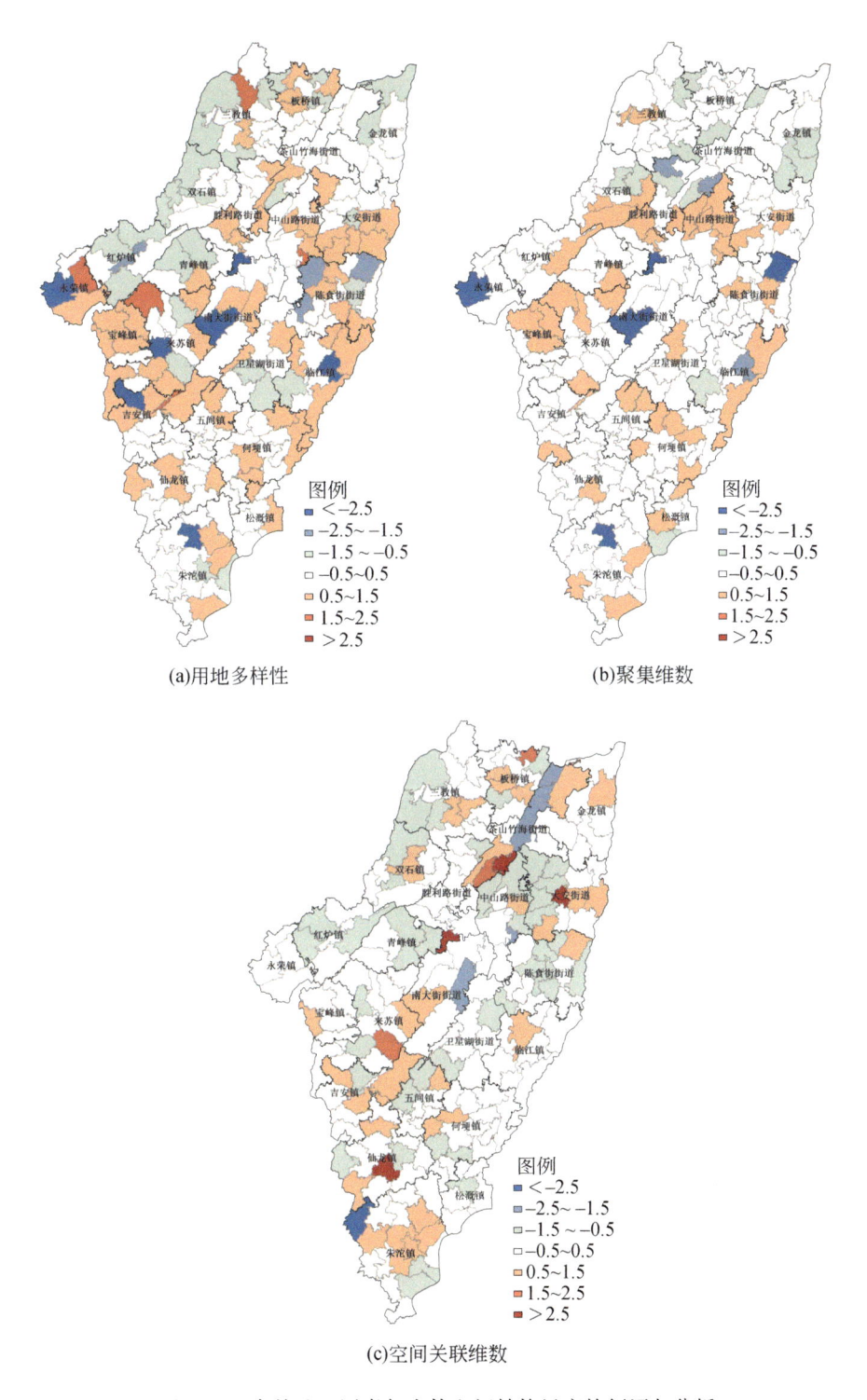

| 第 5 章 | 村镇聚落空间谱系的内在机理解析

(a) 用地多样性

(b) 聚集维数

(c) 空间关联维数

图 5-14 自然地理因素与个体空间结构尺度特征回归分析

(a) 用地多样性　　　　　　　　　(b) 聚集维数

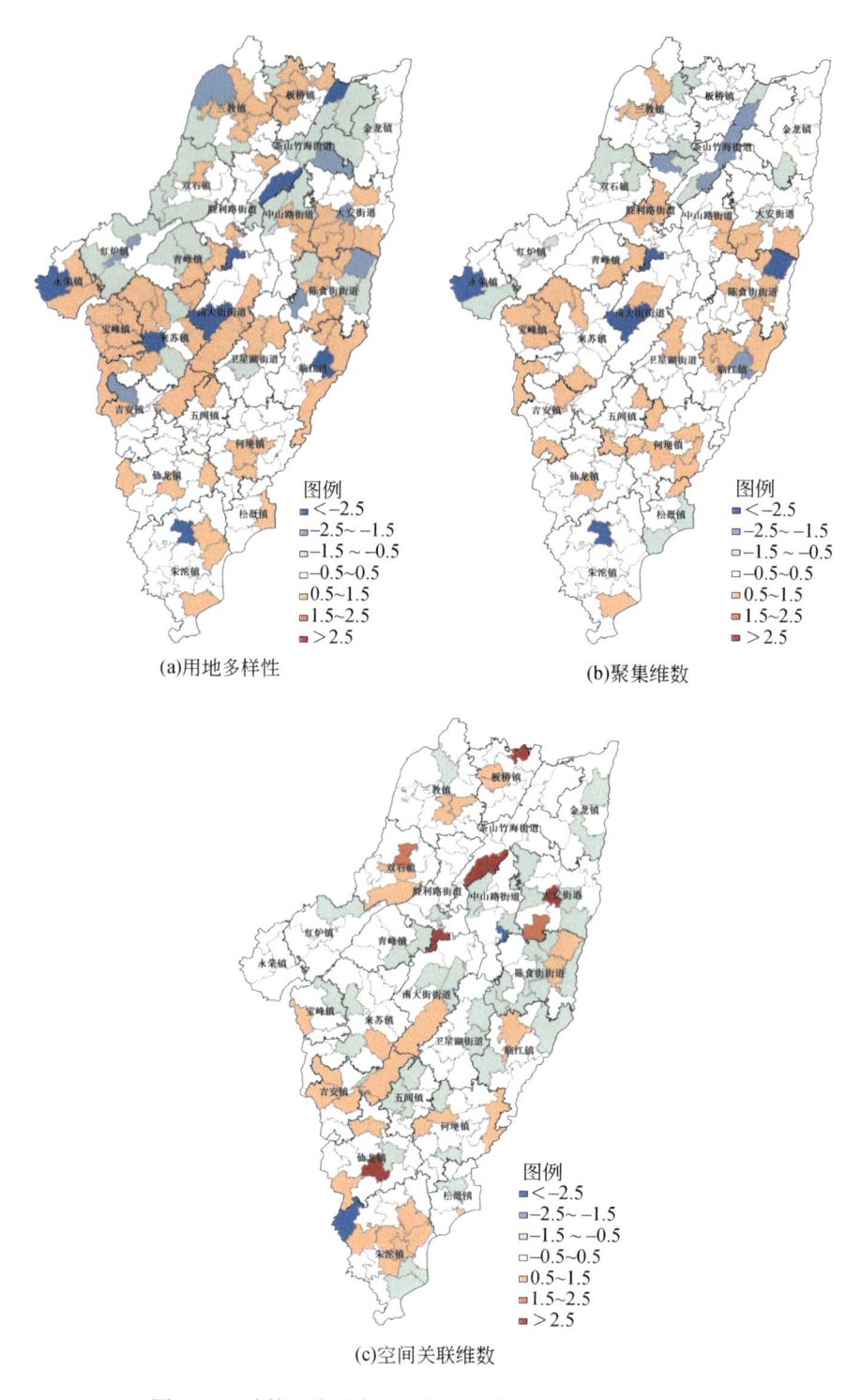

(c) 空间关联维数

图 5-15　政策经济因素与个体空间结构尺度特征回归分析

第 5 章 | 村镇聚落空间谱系的内在机理解析

到二者的共同影响，其综合影响情况也呈现高影响率、高覆盖率的情况，对于形状分异的正向影响总体小于负向影响。下文将对形状分异维度特征因子与自然地理、政策经济综合因素的回归结果进行详细解析，分析其与两者之间内在深层次的耦合机制。

对于形状分异维度下形状指数面积加权平均数、形状分维关联指数与自然地理的回归结果，由于永川区中部城区、场镇中心及其周边地区聚落经济水平较高，自然地理条件对形状指数面积加权平均数、形状分维关联指数均有正向的促进作用，即地理环境越适宜发展，村镇聚落的形状越不规则、复杂程度越高；而在经济条件相对较差的区域，如板桥镇、朱沱镇、金龙镇等，自然地理条件对村镇聚落形状的影响则有负向的影响作用，即地理环境村镇聚落的形状具有限制作用（图 5-16）。

(a) 形状指数面积加权平均数   (b) 形状分维关联指数

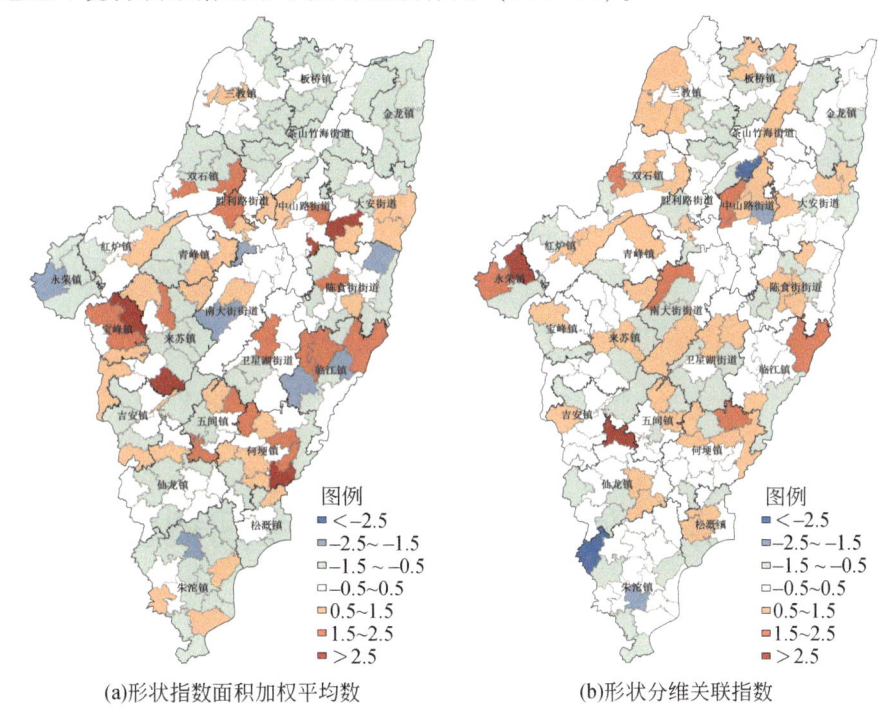

图 5-16   自然地理因素与个体形状分异特征回归分析

而对于聚落形状特征与政策经济的回归分析结果，由于永川区中心城区及其周边地区聚落需要承载较多的经济活动，聚落边界与周围环境互动性较强，造成村镇聚落形态不规则、复杂程度高，政策经济因素对这些地区的村镇聚落具有明显的正向促进作用；而政策经济水平相对较低的区域，如永川区北部的金龙镇、双石镇、板桥镇、茶山竹海街道等地区，政策经济水平对村镇聚落形状具有抑制作用，可以理解为，尽管这些地区的经济较发达，但复杂的地理环境会迫使这些村镇聚落不得不在有限的适宜建设用地进行集约化发展，从而使得村镇形状趋于规则化（图 5-17）。

| 189

(a)形状指数面积加权平均数   (b)形状分维关联指数

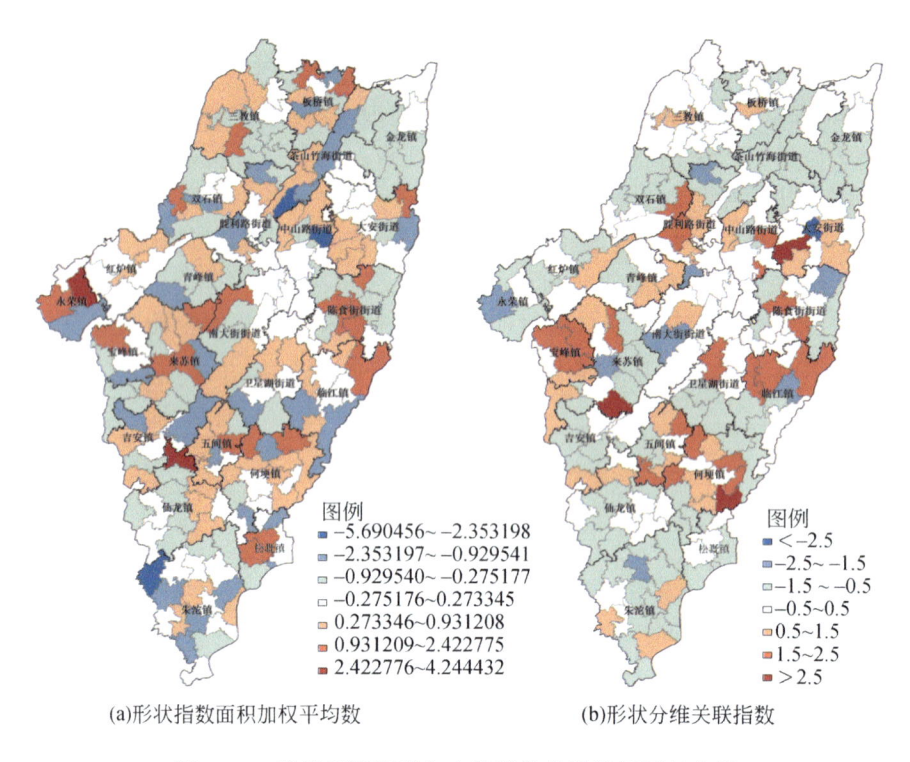

图 5-17 政策经济因素与个体形状分异特征回归分析

5.3 村镇聚落空间谱系的多因素空间耦合机理解析

如前所述，影响村镇聚落空间谱系形成与发展的因素是多元的，且彼此之间相互联系。总体而言，自然地理、经济发展和政策规划是村镇聚落空间谱系发生分异的三项最主要因素（图 5-18）。其一，自然地理是空间谱系分异的基础力。村镇聚落在营建之初会充分考虑自然地理来进行择址，村镇聚落进一步发展也会依托或受制于自然地理。其二，经济发展是空间谱系分异的支撑力。生产力是社会发展的根本动力，有经济发展作为支撑，村镇聚落才能积累资源以备在物质空间上扩张与发展。其三，政策规划是空间谱系分异的引导力。政策规划作为一种自上而下的驱动机制，可以对村镇聚落施加强力引导，不同地区政策规划不同，从而导致村镇聚落空间谱系的进一步分异。以下分别从自然地理、经济发展和政策规划三个方面具体论述。

5.3.1 自然地理是空间谱系分异的基础力

自然地理是影响村镇聚落空间谱系分异的基础力。自原始社会的居民聚居点的选址起，自然地理对村镇聚落空间的选址与发展方式的影响一直占据着很大的比重，传统的村镇聚落空间形态无不体现着对自然地理条件的适应。即使在工业化、快速城镇化发展

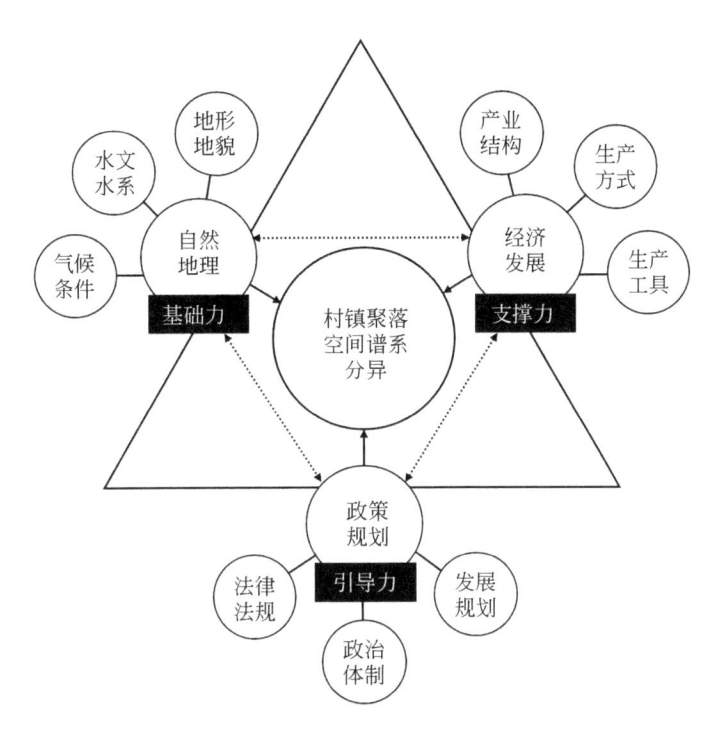

图 5-18 村镇聚落空间谱系分异机制

的时代，自然地理仍然是利于或者制约村镇聚落空间发展的基础原因。农耕时期土地承载对聚落的生存影响极为关键，以农作为主的村镇聚落中居民往往随耕而居，随着耕作条件的提升，耕作半径逐步增大，单个聚落规模有所增长，村镇聚落持续向外拓张，受不同自然地理条件影响，逐步分异形成多元的村镇聚落空间谱系。尽管随着社会经济环境的变化，自然地理因子在村镇聚落演化过程中的作用将被弱化，但是对村镇聚落空间谱系的影响也是必然存在的。

前文综合村镇聚落空间谱系与自然地理因素的空间耦合结果，可以发现地形地貌、水文条件等因素对于村镇聚落的空间分布、体系结构、个体形态等都具有不同程度的影响，并且，不同区域背景下，各因子作用力和影响力也存在一定的差异，如重庆永川、广西阳朔等山地区域的村镇聚落所受地形地貌等条件的影响明显要大于平原地区的村镇聚落。其中，地形地貌是制约城乡聚落空间发展的关键因素，地势较为平坦的平原地区容易发育城乡聚落，并且反映到聚落的规模、尺度等特征上来。而地势起伏地区则会制约城乡聚落的规模、结构和布局。复杂的地形往往不便耕种与交通出行，其聚落空间分布往往较为分散且规模较小。而河流水系等水资源环境是村镇聚落空间发展的必要条件，在水网密布的地区，村镇聚落空间的演变更是随着水体空间变化进行其分布、结构、形态的适应与调整。一般来说，在水系较为发达的地区，水文特征与地貌形态耦合塑造了村镇聚落的生产生活环境，通过聚落居民的适应性选择形成了聚落对自然地理环境的响应机制，其中河流水系发育形成的阶地型地貌特征或冲刷平原对村镇聚落的空间分布及谱系形成具有促进作用，但河流水系的侵蚀发育与隐藏的灾害风险对村镇聚落空间谱系分异具有显著的拮抗作用。

5.3.2 经济发展是空间谱系分异的支撑力

经济发展是影响村镇聚落空间谱系分异的支撑力。经济发展有关社会生产力的提升，马克思和恩格斯指出发展社会生产力的重要性，指出生产力是社会发展的根本动力。经济发展使得村镇聚落可以通过生产工具、建造技术和工艺的提升，越来越具备改变自然地形条件造成的限制的能力，打破了村镇聚落顺应自然的空间格局，通过调整土方等方式使得村镇聚落在择址和肌理形态形成上有了更多的可能选择，可以促成村镇空间谱系走向多元化。

在农耕时期技术水平不高的条件下，粮食产量较低，可开垦土地及人均需求量较少，一定范围的耕作及水源条件只能满足一定数量村民的生活，耕作半径控制着聚落的规模和形态。同时也因为耕作半径和农田分布，聚落居民根据生产需求住房建设在农地周边，形成"农业生产+居住"的格局，自发的建造行为形成自由零散的聚落空间形态。随着机械化水平越高、耕作工具及交通工具越先进，耕作半径也随之越大，耕地破碎度降低，使得一定自然条件下村镇聚落可集聚生活的规模容量增大，耕聚比逐渐增大。聚落的建设也可以实现与农田形成更大的距离，因而形成根据生活需求的便利形成聚落的分布格局及肌理形态。20 世纪 80 年代以来，非农产业迅速发展，以及农业机械化、规模化的进一步加深，村镇职能空间逐渐分异，非农生计方式使村镇聚落建设与农作空间脱离，宅居个体在规模和形制上发生变化，为村镇聚落的集中化及社区化转变提供了可能，由原来的随田散居形式转变为集中成片发展，从无序变为有序。在不同程度的经济发展水平背景下，村镇聚落空间形态发生不同程度的变化，村镇聚落空间谱系分异也愈发明显。随着城乡一体化推进，城镇化水平的提高奠定了村镇聚落空间发展潜力条件，城镇化水平的提高推动城市与乡村的联动发展，极大地改变了村镇土地利用方式，给农民带来经济收益的同时带来了人口相对集聚，为聚落的拓展提供了现实基础，各类产业园区的建立、产业聚集发展等过程也会使原有聚落不断迁出、合并，不同程度的土地整合和利用水平也会对村镇聚落空间谱系分异产生明显影响。

总之，在经济发展水平的影响下，村镇聚落特征在转型过程中发生变化的程度是比较明显的，速度也相对较快，并且也是支撑村镇聚落空间谱系产生分异的主要推动力，由于经济因素本身以及作用过程的不稳定性、复杂性与区域不平衡性，村镇聚落空间形态也会发生不同程度的变化，从而使得村镇聚落空间谱系分异也愈发明显。

5.3.3 政策规划是空间谱系分异的引导力

政策规划是影响村镇聚落空间谱系分异的引导力。政策规划反映了政府运用法律、行政、制度、经济调控等手段，对村镇聚落空间谱系的形成与发展施加影响。政策规划在一定程度上是一种自上而下的驱动机制，对村镇聚落影响主要集中于村镇土地资源利用、土地资源管理、耕地保护、城乡规划、村庄集镇规划及管理等方面，可以在一定期限对村镇空间聚落施加强有力的引导，不同地区的政策规划有所不同，从而可以导致村镇聚落空间谱系分异。

在我国的制度环境中，政府在引导村镇聚落空间形态变迁过程中占据了重要地位。中华人民共和国成立后，逐步形成计划经济体系并形成了"政社合一"的集体组织人民公社。这一时期，政府和集体组织掌握了土地资源的主导权，村镇空间发展以支援城市发展、农业产业为主。1978年，我国开始经济体制改革，市场经济开始出现并日趋活跃，村镇集体经济市场规模逐渐壮大。政府对村镇企业给予优惠政策支持，其发展所需的土地、劳动力等重要生产要素被迅速商品化后为市场吸收，村镇企业开始出现并蓬勃发展，村镇建设用地需求旺盛。这一时期，村镇工业快速发展，农业空间由于开发利用成本低而被建设空间大量侵占，村镇聚落空间形态发生了不同程度的变化。20世纪90年代初，我国开始实行国民经济账户体系，GDP成为我国最为重要的经济指标，以市场需求为主导的土地财政主导了土地资源要素分配。一些经济基础较为薄弱的村镇开始依赖粗放低端产业开发，承接了部分发达地区淘汰的高耗能、高污染、高耗材产业。1994年出台的《基本农田保护条例》，以立法手段正式实施了基本农田保护制度，严禁不按规定更改耕地功能用于进行建设活动，限制了村镇建设空间的扩大。2011年，国务院印发《关于加强环境保护重点工作的意见》，明确提出"在重要生态功能区、陆地和海洋生态环境敏感区、脆弱区等区域划定生态红线"，并实行永久保护，村镇建设空间的无序扩张得到进一步的限制（陈静等，2022）。以上政策规划都对我国村镇聚落空间谱系的发展施加了深刻影响。此外，政策规划同时还可以对村镇产业结构体系进行调控。改革开放以来，通过一系列的政策扶持，村镇企业尤其是江苏、浙江等沿海省份的村镇企业得到广泛发展。但是在广大中西部的村镇地区，村镇产业专业化程度非常低，村镇产品无差异化生产，在价格和成本上的竞争很激烈，村镇居民增收难度较大。因此，中西部村镇地区居民空间行为可选择性较小，至今维持着较为传统的村镇聚落空间结构。由此可以看出，政策规划的引导对村镇聚落空间谱系的分异产生了重要的作用，由于不同区域实行的政策制度和规划条件不一，造成村镇聚落空间谱系的进一步差异化与多元化。

第 6 章　结　语

6.1　研究创新与贡献

本书从乡村振兴战略的需求出发，针对既有传统规划对村镇聚落空间研究的局限性，紧握数字化技术革新带来的时代机遇，进行了村镇聚落体系谱系的数字化建构方法研究。本书主要的创新点与贡献可以总结为以下三点。

6.1.1　村镇聚落空间特征的数字化指标测度框架

在体系层面，本书借鉴城镇体系规划"三结构一网络"的经典理论，并在归纳总结了其优势与局限的基础上，建构了多维度、分层次测度评价村镇聚落体系空间特征的理论框架模型，实现了对村镇空间结构整体秩序数字化测度与市场经济视角下关键空间影响要素测度的兼顾，在研究维度与量化技术两大方面均有所创新，并最终提出了在体系内在特征与外部区位特征两大研究范畴下涵盖四大研究维度数字化指标测度框架。在个体层面，根据村镇聚落个体空间结构特征解析，选取规模程度、空间结构、形状分异三大维度对村镇聚落个体空间形态进行数字化测度，体系和个体共同构成村镇聚落体系空间特征测度指标框架。

6.1.2　村镇聚落空间谱系的数字化建构技术路径

既有研究对于村镇聚落形态类型的划分往往缺乏良好的系统性架构，且非全流程的量化建构，不利于形成系统层次分明、科学客观、适用于不同分类精度且能统一对比的类型库。本书一方面引入了谱系学理论，在不同维度类型划分的基础上，基于其重要性的差异分析获得不同维度类型的层次关系，从而实现了多维度、分层次的村镇聚落空间谱系建构；另一方面，本书提出了全流程数字化的村镇聚落空间谱系建构技术路径，通过村镇聚落空间关键特征识别、村镇聚落空间特征的数字化测度解析、村镇聚落空间特征类型的数字化划分、村镇聚落空间谱系的数字化建构，构成了标准统一的研究路径，同时，该技术路径具有良好的适应性与兼容性，在实例应用中可以根据研究案例的范围与具体特征差异，分精度地实现统一的谱系建构，为充分挖掘与比较跨区域甚至全国性村镇聚落空间形态的特征规律提供的韧性的研究路径，例如，随着研究范围的扩大、样本案例差异的增加，可以降低分类精度，从更宏观的视角进行类型规律研究；而当聚焦到更小的研究范围、更类似的样本案例时，可以适当提高分类精度，以更精细的类型划分来深入挖掘其特征规律。

6.1.3 村镇聚落体系谱系类型的内在机理关系解析

本书在村镇聚落空间谱系数字化建构的基础上，针对实证研究中所识别划分的华南-西南地区共45类体系谱系类型以及30类个体谱系类型，进行了谱系类型不同维度的特征解读。又进一步对华南、西南两大区域及具体案例区县进行了细化的机理关系研究及成因挖掘，从而发现了不同自然地理以及政策经济环境下的村镇聚落空间谱系多维特征之间内在关系异同及其背后关键影响因素的差异。本书的谱系内在机理关系解析结论能够为未来的村镇聚落体系规划、农村居民点布局规划以及村镇空间优化发展提供有效的实践启示。

6.2 规划实践启示

基于本书的研究思路与核心结论，本节进一步凝练了相关的村镇聚落规划实践启示，涵盖了从研究阶段颗粒度适当的实例调研、全要素的整体地域把握、分尺度的精度分级兼容，到规划阶段整体性的空间格局优化、侧重性的关键要素突破，以及实施阶段长效性的规划机制保障，共提出了六点村镇规划实践启示。

6.2.1 颗粒度适当的实例调研——村镇聚落空间发展的整体规律挖掘

随着乡村振兴等相关政策的提出，以及《城乡规划法》对城镇体系规划、城市规划、镇规划、乡规划、村庄规划等规划编制工作的重视，对于与乡村空间发展紧密相关的县域城镇体系规划、镇规划、乡规划、村庄规划等内容，在城乡规划领域也日益成为研究工作的热点。而相关规划的编制离不开对于乡村空间、村镇聚落发展规律的调查研究这一基础前提，只有挖掘村镇空间发展的基本规律，明确规划村镇所处的具体发展阶段，才能为自组织发展特征相对显著的村镇空间，作出顺应其自然发展历程的合理规划干预与引导。在实际的村镇调研中，需要以空间发展为核心，兼顾其社会经济文化等因素的影响，对村镇聚落的发展实际进行全面的调查，但在具体的调研颗粒度、精细度上可以与城市调研有所区分。村镇聚落的空间要素复杂程度与城市相比相对简单，而乡村空间的规模与城市相比也是更为广大的，因此，为了实现村镇聚落空间发展的整体规律挖掘，要适当地设定调研颗粒度，为大规模的整体研究提高可行性。研究中诸如空间发展特征的量化测度、相关影响因素的关联分析等环节的研究尺度与要素颗粒度都应适度而恰当，既不能过于粗糙而宽泛，也不适于面面俱到地过分苛求高精度，诸如精细化的实地考察等传统方式只适于作为研究的补充验证或是后续环节的具体深化，否则将难以在整体层面形成宏观的规律认知，而这恰恰是村镇发展研究所必须的关键前提，才能从整体上避免规划编制中出现经验主义的主观臆断，从而作出不符合其实际发展规律的负面决策与干预。若能够首先进行颗粒度适当的实例调研，在把握村镇聚落发展整体规律的基础上进行规划编制，就能从宏观上抓住其在现阶段面临的主要矛盾，因势利导地重点突破村镇空间发展的主要瓶颈。

6.2.2 全要素的整体地域把握——村镇聚落空间谱系的建构与特征对比

对于村镇聚落空间的实例调研，如果仅针对单一个案区域进行，则难以形成全面的空间发展规律认知，需要进行大规模、广覆盖的村镇聚落整体地域空间特征研究，进而为不同村镇聚落的发展特征提供纵横向对比的基准与方法路径。这种整体地域空间特征研究还应当是对全空间要素的整体把握，不管是居民直接生活的村庄建设空间中的人工要素，还是作为生态屏障与农业生产空间中的山水林田湖草等自然要素，均应当纳入调研范围。随着大数据时代的到来，数字化技术的发展与成熟使得这一设想有了实现的可能，基于数字化技术的村镇聚落空间谱系构建就是很好的方向之一。这能够强调定量研究量化村镇空间的全要素多维度空间特征，并更加客观地获得不同维度特征之间的内在作用关系，为深度解析其空间发展规律提供技术方式。在全面数字化建构村镇聚落空间谱系后，能够进一步对比我国不同地文区域、不同地貌环境下广大乡村空间的发展特征，不仅可以通过共时态的特征差异推导其背后的历时态演化规律，还为分类分级地进行精准规划引导提供基础参考。例如，本书就从空间结构的视角出发，进行了村镇聚落空间体系谱系的建构，相关特征与规律的结论能够为村镇体系规划的实践编制带来有效的借鉴。

6.2.3 分尺度的精度分级兼容——村镇聚落空间谱系建构的技术韧性

在进行村镇聚落空间谱系建构的实际研究中，应当提高数字化技术的韧性，即研究架构的技术路径应当具备分尺度的精度分级兼容能力。只有如此，才能使得统一的技术路径方法得以广泛适用于不同研究地域范围、空间特征差异情况的具体研究中，从而实现不同尺度下谱系类型分级结果的衔接与对应，能够做到在不同研究范围的具体研究中凭借技术路径的统一与韧性，既实现单一研究中的空间特征规律深入挖掘，又做到不同研究间研究结论在统一的研究架构下的对应与汇总比较。这就要求村镇聚落空间谱系建构的数字化技术路径，能够在实例应用中根据研究案例的范围与具体特征差异，实现可分精度的、有应用韧性的统一谱系建构，例如，随着研究范围的扩大、样本案例差异的增加，可以依据研究的统一技术路径自动实现分类精度的降低，从更宏观的视角进行类型规律研究；而当聚焦到更小的研究范围、更类似的样本案例时，又可以自行适当提高分类精度，以更精细的类型划分来深入挖掘其特征规律。

6.2.4 整体性的空间格局优化——城镇体系规划的结构性重组与提升

在正确空间规律认知的基础上，对于村镇聚落的规划干预与促进引导，首先应当从结构性的整体优化入手。即统筹城乡空间，进行现存空间发展问题的精准挖掘，并顺应其相对稳定的内生发展规律，进行城乡空间结构的整体升级。这一工作常常以城镇体系规划为抓手进行，其涉及的结构重组与优化可以分为三大方面。

一是从上级行政因素出发，提高村镇体系的统筹管理效率。在我国，行政区划的单元划分是城乡空间建设、规划落实的基本单元，如果能在适当的发展阶段打破不合理的行政壁垒，无疑能为城乡统筹发展带来新的体制活力，大大有利于进行空间发展的整体结构性优化，例如，本书案例之一的四川双流区就曾在2019年进行过大量的行政区划变更，以撤镇设街道、乡镇合并管理等方式，提高了镇级行政单元划分的统筹性，有利于进行跨镇区的整体优化重组。但该方式受国家行政因素的影响较为显著，并不一定适用于所有地区，但是通过打破行政壁垒的方式进行统筹规划发展确是促进形成区域合力、协同高效发展的重要手段。

二是从乡镇/街道的等级规模结构优化出发，优化大中小乡镇的比例配置。对于县域城镇空间发展而言，其大致会经历均质离散态、局部聚集态、扩散聚集态、成熟均衡态的四大阶段历程。对处于不同阶段的乡镇体系应当因势利导地进行等级规模结构优化。例如，对于大部分处于由均质离散态向局部聚集态发展的乡镇/街道，应当充分发挥规模聚集优势对空间、社会、经济带来的促进作用，可以核心强化场镇城关镇中心、积极培育有潜力的高级别重点镇、适度发展其他低级别一般镇；对于相对更加成熟的由扩散聚集态向成熟均衡态发展的乡镇/街道，则应当重点削弱不平衡不充分的发展差异，可以巩固提升场镇城关镇中心、核心强化培育更多有潜力的高级别重点镇，大力均衡发展其他一般镇，以实现从聚集拉动快速发展到统筹均衡高质量发展的跨越性转变。

三是从村镇空间结构的整体统筹出发，对村镇聚落发展进行分类分级引导。这是在确定村镇体系整体空间发展重心方向的前提下，既保证城乡空间实际发展需要，又保育好生态空间屏障与透气性生态支撑，以此为分类引导的原则，对不同地理区位、现状条件、发展潜力的村镇聚落进行适当的城镇化发展、空间集聚统筹发展、生态保育控制发展、撤并迁址流转发展等分级发展强度引导。同时，还要做好强调功能特色的错位差异化发展道路规划，避免同质竞争带来的负面作用，实现高质量的城乡统筹发展。

6.2.5 侧重性的关键要素突破——针对村镇聚落主导影响因素的规划干预

整体性优化是宏观上的结构性控制，而侧重性的关键要素突破则是真正打破不同村镇空间发展的主要瓶颈的工作实施重心。基于村镇聚落空间体系谱系的建构与内在机理关系解读，可以总结出不同发展阶段的村镇聚落其空间发展过程的关键主导影响因素。

诚然，提升各类影响因素对村镇聚落发展的促进作用均是有效的，但各方面设施建设与规划落实只能是循序渐进的，并不能一蹴而就。那么，只有进行有重点的针对性干预，才能更高效地发挥规划作用、促进村镇发展。例如，对于进入相对成熟发展阶段的村镇、平原地区的村镇，其村镇聚落体系谱系不同维度协同优化发展的主导因素以交通条件最为关键，此时，就更应当重点完善交通设施的科学规划与高效建设，为村镇发展创造有力的交通基础支撑；又如，对于仍处于初级聚集态发展阶段的村镇、山地丘陵地区的村镇，交通条件对其制约程度不明显，单纯重点加大交通设施的建设力度所能起到的促进作用将不甚明显，此时其村镇聚落体系谱系不同维度协同优化发展的主导因素是空间因素本身，如对于山地地区是为地形因素、水网地区可能为水文条件，这就应当更加因地制宜地分析其背后的内在作用机制，在现有的空间腹地条件下进行能够提升空间发展质量的相关设施规划与建设，如致力于提升各类功能服务设施的配套完备程度就是方向之一。

6.2.6 长效性的规划机制保障——城乡空间全生命周期的动态发展监测

最后，村镇聚落的高质量发展还离不开长效机制的建设。不论是前期调查研究与谱系建构中的发展特征挖掘，还是规划实践中的结构优化与重点突破，均不是一劳永逸的，都会随着时间的推移、村镇的发展而发生变化。那么，对于城乡空间全生命周期的动态发展监测将成为其长效发展的重要保障。一方面，在研究阶段，主要可以实现研究技术机制的创新，如数字化村镇聚落空间谱系的建构能够借助技术力量集成于数字交互仿真平台，在相关数据实时更新的情况下实现谱系的智能识别与构建，可以基于发展特征变化的动态挖掘与智能评价为村镇发展提供有力的基础研究支撑。另一方面，在规划编制阶段，则需要更多的政策机制创新，如建立科学的规划评估制度、问题反馈收集制度，并辅以有效的政策激励，形成服务于现代城乡发展与治理、打破行政壁垒而协同缔造的一系列政策模式，为城乡聚落的健康可持续发展保驾护航。

参考文献

艾南山.1995.我国村镇体系的时空特点与乡村区域经济的发展.国土经济,(2):23-28.

白小虎,陈海盛,王宁江.2018.基于分形模型的浙江省城市群空间结构实证研究.管理现代化,38(1):83-85.

蔡晓梅,刘美新.2019.后结构主义背景下关系地理学的研究进展.地理学报,74(8):1680-1694.

曹海婴.2018.争议的公共性:一种谱系学视角的城市空间解读.合肥工业大学学报(社会科学),32(3):122-128.

常青.2016.我国风土建筑的谱系构成及传承前景概观——基于体系化的标本保存与整体再生目标.建筑学报,(10):1-9.

常青.2017.论现代建筑学语境中的建成遗产传承方式—基于原型分析的理论与实践.中国科学院院刊,32(7):667-680.

陈静,梁鑫,徐爽,等.2022.于"市场扩张-社会保护"双向运动理论的村镇空间演变及其优化机制研究.湖南师范大学自然科学学报,5(2):22-33.

陈述彭.2001.地学信息图谱探索研究.北京:商务印书馆.

陈述彭,岳天祥,励惠国.2000.地学信息图谱研究及其应用.地理研究,(4):337-343.

陈蔚珊,柳林,梁育填.2016.基于POI数据的广州零售商业中心热点识别与业态集聚特征分析.地理研究,35(4):703-716.

陈彦光,周一星.2002.城市等级体系的多重Zipf维数及其地理空间意义.北京大学学报(自然科学版),(6):823-830.

程开明,庄燕杰.2012.城市体系位序-规模特征的空间计量分析——以中部地区地级以上城市为例.地理科学,32(8):905-912.

董朝阳,薛东前.2022.中国村镇建设用地演化及其与人口关联关系.地理与地理信息科学,38(5):96-103.

董钰,姜岩,冯锐,等.2022.西安市历史村镇空间分布特征及影响因素研究.资源开发与市场,38(4):435-442.

段进.2006.城市空间发展论(第2版).南京:江苏科学技术出版社.

段进,季松,王海宁.2002.城镇空间解析:太湖流域古镇空间结构与形态.北京:中国建筑工业出版社.

段进,揭明浩.2009.空间研究4:世界文化遗产宏村古村落空间解析.南京:东南大学出版社.

段进,殷铭,陶岸君,等.2021."在地性"保护:特色村镇保护与改造的认知转向、实施路径和制度建议.城市规划学刊,(2):25-32.

丰顺,刘沛林.2022.儒家思想视角下传统宗族聚落空间营造及其现代启示——以湖南省岳阳市张谷英村为例.经济地理,42(6):206-214.

冯·贝塔朗菲.1987.一般系统论:基础、发展和应用.北京:清华大学出版社.

冯艳芬,梁中雅,王芳.2018.基于土地利用角度的镇域乡村性时空变化研究——以广州市番禺区和从化区为例.地理科学,38(9):1499-1507.

傅肃性. 2002. 遥感专题分析与地学图谱. 北京：科学出版社.

高烨昕, 郭晓佳. 2021. 基于产业集聚的城市等级规模结构研究——以山西省为例. 山西师范大学学报（自然科学版）, 35（4）：59-65.

高志强, 易维. 2012. 基于 CLUE-S 和 Dinamica EGO 模型的土地利用变化及驱动力分析. 农业工程学报, 28（16）：208-216.

戈登·威利. 2018. 聚落与历史重建——秘鲁维鲁河谷的史前聚落形态. 上海：上海古籍出版社.

葛韵宇, 李方正. 2020. 基于主导生态系统服务功能识别的北京市乡村景观提升策略研究. 中国园林, 36（1）：25-30.

顾朝林. 1992. 中国城镇体系——历史·现状·展望. 北京：商务印书馆.

顾朝林, 庞海峰. 2009. 建国以来国家城市化空间过程研究. 地理科学, 29（1）：10-14.

顾朝林, 张勤. 1997. 新时期城镇体系规划理论与方法. 城市规划学刊,（2）：14-26.

顾朝林, 甄峰, 张京祥. 2000. 集聚与扩散：城市空间结构新论. 南京：东南大学出版社.

郭焕成. 1988. 乡村地理学的性质与任务. 经济地理,（2）：125-129.

郭连凯, 陈玉福. 2017. 平原农区农村聚落合理用地规模测算研究：以山东省禹城市为例. 生态与农村环境学报, 33（1）：47-54.

郭鹏宇, 丁沃沃. 2017. 走向综合的类型学——第三类型学和形态类型学比较分析. 建筑师,（1）：36-44.

郭晓东, 马利邦, 张启媛. 2013. 陇中黄土丘陵区乡村聚落空间分布特征及其基本类型分析——以甘肃省秦安县为例. 地理科学, 33（1）：45-51.

郭瑛琦, 齐清文, 姜莉莉, 等. 2011. 城市形态信息图谱的理论框架与案例分析. 地球信息科学学报, 13（6）：781-787.

哈肯. 1988. 信息与自组织—复杂系统的宏观方法. 郭治安等译. 成都：四川教育出版社.

赫云, 李倍雷. 2019. 中国传统艺术母题与主题谱系. 民族艺术,（3）：128-138.

胡昕宇, 杨俊宴. 2014. 特大城市中心区阴影区的边界界定及空间特征. 东南大学学报（自然科学版）, 44（5）：1093-1098.

胡玉敏, 踪家锋. 2010. 中国城市规模的 Zipf 法则检验及其影响因素. 未来与发展, 31（1）：39, 64-67.

胡最. 2020. 传统聚落景观基因的地理信息特征及其理解. 地球信息科学学报, 22（5）：1083-1094.

胡最, 刘沛林. 2008. 基于 GIS 的南方传统聚落景观基因信息图谱的探索. 人文地理, 23（6）：13-16.

胡最, 刘沛林, 申秀英, 等. 2010. 传统聚落景观基因信息单元表达机制. 地理与地理信息科学, 26（6）：96-101.

黄亚平, 朱雷洲, 郑加伟, 等. 2021. 华中地区田园综合体类型谱系及规划策略. 规划师, 37（2）：13-20.

黄勇, 张美乐, 李林, 等. 2017. 基于复杂网络城镇建设用地空间结构连通特征分析——以重庆黔江区为例. 城市发展研究, 24（8）：57-63.

金其铭. 1982. 农村聚落地理研究——以江苏省为例. 地理研究,（3）：11-20.

金其铭. 1988. 农村聚落地理. 北京：科学出版社.

孔亚暐, 张建华, 闫瑞红, 等. 2016. 传统聚落空间形态构因的多法互证——对济南王府池子片区的图释分析. 建筑学报,（5）：86-91.

李伯华, 刘沛林, 窦银娣. 2014. 乡村人居环境系统的自组织演化机理研究. 经济地理, 34（9）：130-136.

李红波, 张小林, 吴江国, 等. 2014. 苏南地区乡村聚落空间格局及其驱动机制. 地理科学,（4）：

438-446.

李立.2007.乡村聚落：形态，类型与演变——以江南地区为例.南京：东南大学出版社.

李培鑫，张学良.2019.长三角空间结构特征及空间一体化发展研究.安徽大学学报（哲学社会科学版），43（2）：148-156.

李骞国，石培基，刘春芳，等.2015.黄土丘陵区乡村聚落时空演变特征及格局优化——以七里河区为例.经济地理，35（1）：126-133.

李琬，孙斌栋，刘倩倩，等.2018.中国市域空间结构的特征及其影响因素.地理科学，38（5）：672-680.

李旭，崔皓，李和平，等.2020.近40年我国村镇聚落发展规律研究综述与展望——基于城乡规划学与地理学比较的视角.城市规划学刊，（6）：79-86.

李云强，齐伟，王丹，等.2011.GIS支持下山区县域农村居民点分布特征研究——以栖霞市为例.地理与地理信息科学，27（3）：73-77.

李震，顾朝林，姚士媒.2006.当代中国城镇体系地域空间结构类型定量研究.地理科学，26（5）：544-550.

李智，张小林，李红波.2019.县域城乡聚落规模体系的演化特征及驱动机理——以江苏省张家港市为例.自然资源学报，34（1）：140-152.

励惠国，岳天祥.2000.地学信息图谱与区域可持续发展虚拟.地球信息科学学报，2（1）：48-52.

林孝松，徐州，余情.2018.基于分形理论的巫山县农村居民点空间特征研究.国土资源科技管理，35（1）：82-92.

刘妙龙，陈雨，陈鹏，等.2008.基于等级钟理论的中国城市规模等级体系演化特征.地理学报，63（12）：1235-1245.

刘沛林.2014.家园的景观与基因——传统聚落景观基因图谱的深层解读.北京：商务印书馆.

龙瀛，金晓斌，李苗裔，等.2014.利用约束性CA重建历史时期耕地空间格局——以江苏省为例.地理研究，33（12）：2239-2250.

马晓冬，李全林，沈一.2012.江苏省乡村聚落的形态分异及地域类型.地理学报，67（4）：516-525.

尼采.1992.论道德的谱系.上海：三联书店.

钮心毅，王垚，丁亮.2017.利用手机信令数据测度城镇体系的等级结构.规划师，33（1）：50-56.

欧阳勇锋，黄汉莉.2012.试论乡村文化景观的意义及其分类、评价与保护设计.中国园林，28（12）：105-108.

潘裕娟，曹小曙.2010.乡村地区公路网通达性水平研究——以广东省连州市12乡镇为例.人文地理，25（1）：94-99.

庞永师，蒋雨含，刘景矿，等.2016.基于系统动力学的"城中村"改造策略.系统工程，34（1）：54-63.

彭建，陈云谦，胡智超，等.2016.城市腹地定量识别研究进展与展望.地理科学进展，35（1）：14-24.

彭一刚.1992.传统村镇聚落景观分析.北京：中国建筑工业出版社.

浦欣成.2012.传统乡村聚落二维平面整体形态的量化方法研究.杭州：浙江大学博士学位论文.

浦欣成.2013.传统乡村聚落平面形态的量化方法研究.南京：东南大学出版社.

秦诗文，杨俊宴，廖自然.2020.基于多源数据的城市中心体系识别与评估——以南京为例.南方建筑，（1）：11-19.

秦志琴，张平宇.2011.辽宁沿海城市带结构优化研究.人文地理，26（2）：31-36.

单勇兵，马晓冬，仇方道.2012.苏中地区乡村聚落的格局特征及类型划分.地理科学，32（11）：

1340-1347.

尚正永.2015.城市空间形态演变的多尺度研究.南京：东南大学出版社.

申秀英,刘沛林,邓运员.2006.景观"基因图谱"视角的聚落文化景观区系研究.人文地理,21（4）：109-112.

沈克宁.2010.建筑类型学与城市形态学.北京：中国建筑工业出版社.

施坚雅.1998.中国农村的市场和社会结构.北京：中国社会科学出版社.

施耀忠,陈学武,刘小明.1995.公路网规划的技术评价指标与评价标准研究.中国公路学报,（S1）：120-124.

史宜,杨俊宴,秦诗文,等.2022.村镇聚落体系谱系的数字建构与特征解析——以广州番禺区为例.规划师,38（10）：124-132.

宋家泰,顾朝林.1988.城镇体系规划的理论与方法初探.地理学报,（2）：4-14.

宋晓英,李仁杰,傅学庆,等.2015.基于GIS的蔚县乡村聚落空间格局演化与驱动机制分析.人文地理,30（3）：79-84.

苏飞,张平宇.2010.辽中南城市群城市规模分布演变特征.地理科学,30（3）：343-349.

谭瑛,陈潘婉洁.2018.数·形·理：城市山水脉络信息图谱的建构三法.中国园林,34（10）：88-92.

童磊.2016.村落空间肌理的参数化解析与重构及其规划应用研究.杭州：浙江大学博士学位论文.

万伟华.2021.基于县域尺度的浙江省耕地破碎化空间分异研究.环境生态学,3（11）：15-21,48.

汪洋,赵万民.2014.山地人居环境空间信息图谱——理论与实证.西部人居环境学刊,29（5）：112-113.

王放.2002.中国城市规模结构的省际差异及未来的发展.人口研究,（3）：50-55.

王姣娥,金凤君.2005.中国铁路客运网络组织与空间服务系统优化.地理学报,（3）：371-380.

王金平,汤丽蓉.2021.晋系风土与风土建筑.建筑遗产,（2）：1-11.

王静文,毛其智,杨东峰.2008.句法视域中的传统聚落空间形态研究.华中建筑,（6）：141-143,174.

王静文,韦伟,毛义立.2020.叙事空间视角下桂北传统聚落之研究.建筑师,（1）：78-84.

王丽洁,聂蕊,王舒扬.2016.基于地域性的乡村景观保护与发展策略研究.中国园林,32（10）：65-67.

王林,曾坚.2021.鲁西南地区村镇聚落空间分异特征及类型划分——以菏泽市为例.地理研究,40（8）：2235-2251.

王声跃,王荟.2015.乡村地理学.昆明：云南大学出版社.

王树声.2016.中国城市山水风景"基因"及其现代传承——以古都西安为例.城市发展研究,23（12）：1-4,28.

王文卉,朱雷洲,黄亚平,等.2022.宜城市村镇聚落形态测度及空间体系结构研究.西部人居环境学刊,37（1）：109-116.

王翼飞,袁青.2021.基于形态基因库的乡村聚落空间风貌传承与优化研究——以黑龙江省乡村聚落为例.规划师,37（1）：84-92.

王颖,张婧,李诚固,等.2011.东北地区城市规模分布演变及其空间特征.经济地理,31（1）：55-59.

王昀.2009.传统聚落结构中的空间概念.北京：中国建筑工业出版社.

王兆峰,李琴,吴卫.2021.武陵山区传统村落文化遗产景观基因组图谱构建及特征分析.经济地理,41（11）：225-231.

王正伟，马利刚，王宏卫，等 . 2020. 干旱内流区绿洲乡村聚落空间格局及影响因素分析——以塔里木河流域为例 . 长江流域资源与环境，29（12）：2636-2646.

吴江国，张小林，冀亚哲，等 . 2013. 江苏镇江地区聚落体系的空间集聚性多级分形特征——以团聚状聚落体系为例 . 长江流域资源与环境，22（6）：763-772.

吴康，方创琳，赵渺希 . 2015. 中国城市网络的空间组织及其复杂性结构特征 . 地理研究，(4)：115-132.

吴良镛 . 2003. 人居环境科学导论 . 北京：中国建筑工业出版社 .

吴彤 . 2001. 自组织方法论 . 北京：清华大学出版社 .

谢新杰，马晓冬，韩宝平，等 . 2011. 苏北沿故黄河地区乡村聚落的格局特征与类型划分 . 国土与自然资源研究，(5)：82-86.

邢谷锐，徐逸伦，郑颖 . 2007. 城市化进程中乡村聚落空间演变的类型与特征 . 经济地理，(6)：932-935.

邢李志 . 2012. 基于复杂网络理论的区域产业结构网络模型研究 . 工业技术经济，31（2）：19-29.

熊万胜 . 2021. 聚落的三重性：解释乡村聚落形态的一个分析框架 . 社会学研究，36（6）：23-44，226-227.

徐粤，林国靖 . 2019. 粤语方言区风土建筑谱系分类与基质研究 . 建筑遗产，(2)：12-23.

亚里士多德 . 1984. 工具论 . 广州：广东人民出版社 .

闫丽洁，石忆邵，鲁鹏，等 . 2017 环嵩山地区史前时期聚落选址与水系关系研究 . 地域研究与开发，36（2）：169-174.

杨保清，晁恒，李贵才，等 . 2021. 中国村镇聚落概念识别与区划研究 . 经济地理，41（5）：165-175.

杨丹，叶长盛 . 2016. 基于 CA 模型的珠江三角洲基塘景观破碎化分析及其模拟 . 湖北农业科学，55（15）：3932-3937.

杨贵庆 . 2014. 我国传统聚落空间整体性特征及其社会学意义 . 同济大学学报（社会科学版），25（3）：60-68.

杨贵庆，庞磊，宋代军，等 . 2010. 我国农村住区空间样本类型区划谱系研究 . 城市规划学刊，(1)：78-84.

杨俊宴，史北祥 . 2014. 城市中心区边界范围量化界定方法研究 . 西部人居环境学刊，(6)：17-21.

杨忍，刘彦随，龙花楼，等 . 2016. 中国村庄空间分布特征及空间优化重组解析 . 地理科学，36（2）：170-179.

杨希 . 2020. 近 20 年国内外乡村聚落布局形态量化研究方法进展 . 国际城市规划，35（4）：72-80.

禹文豪，艾廷华 . 2015. 核密度估计法支持下的网络空间 POI 点可视化与分析 . 测绘学报，44（1）：82-90.

曾鹏，陈芬 . 2013. 我国十大城市群等级规模结构特征比较研究 . 科技进步与对策，30（5）：42-46.

查凯丽，刘艳芳，孔雪松，等 . 2018. 村镇路网通达性与空间出行研究——以武汉市李集镇为例 . 长江流域资源与环境，27（12）：2663-2672.

翟洲燕，常芳，李同昇，等 . 2018. 陕西省传统村落文化遗产景观基因组图谱研究 . 地理与地理信息科学，34（3）：87-94，113.

张杰，吴淞楠 . 2010. 中国传统村落形态的量化研究 . 世界建筑，(1)：118-121.

张宁芮 . 2021. 基于 POI 数据的乡镇卫生院可达性评价及布局规划策略研究——以江苏省常州市为例 . 城市建筑，18（24）：23-28，44.

张彭，张超，李春泽，等 . 2022. 基于地形的耕地破碎度指数设计与应用 . 中国农业大学学报，27（9）：226-236.

张荣天, 张小林, 李传武. 2013. 镇江市丘陵区乡村聚落空间格局特征及其影响因素分析. 长江流域资源与环境, 22 (3): 272-278.

张守忠, 李玉英. 2008. 1985年以来黑龙江省城市体系等级规模结构研究. 现代城市研究, (10): 54-59.

张彤. 2003. 整体地区建筑. 南京: 东南大学出版社.

张小林. 1999. 乡村空间系统及其演变研究: 以苏南为例. 南京: 南京师范大学出版社.

张小林, 金其铭, 陆华. 1996. 中国社会地理学发展综述. 人文地理, (S1): 118-122.

张杨, 史斌. 2020. 丘陵山地乡村聚落的空间图式研究——以川东地区为例. 小城镇建设, 38 (7): 72-78.

张鹰, 陈晓娟, 沈逸强. 2015. 山地型聚落街巷空间相关性分析法研究——以尤溪桂峰村为例. 建筑学报, (2): 90-96.

赵烨, 王建国. 2018. 基于形态完整性的传统乡村聚落规划研究——聚落性能化提升规划技术的应用. 城市规划, 42 (11): 33-40, 53.

郑冬子, 郑慧子. 2010. 区域的观念——时空秩序与伦理. 北京: 科学出版社.

周国华, 贺艳华, 唐承丽, 等. 2011. 中国农村聚居演变的驱动机制及态势分析. 地理学报, 66 (4): 515-524.

周江评, 崔功豪, 张京祥, 等. 2001. 城镇交通网络信息图谱研究刍议. 地理研究, (4): 397-406.

周薇, 刘芳, 赵睿, 等. 2020. 基于熵权-TOPSIS的山区乡村地区交通通达性空间格局研究. 西部交通科技, (9): 133-137.

周一星, 于海波. 2004. 中国城市人口规模结构的重构. 城市规划, 28 (6): 49-55.

周一星, 张莉, 武悦. 2001. 城市中心性与我国城市中心性的等级体系. 地域研究与开发, (4): 1-5.

周易知. 2019. 闽系核心区风土建筑的谱系构成及其分布、演变规律. 建筑遗产, (1): 1-11.

周易知. 2020. 两浙风土建筑谱系与传统民居院落空间分析. 建筑遗产, (1): 2-17.

朱文孝, 苏维词, 李坡. 1999. 贵州喀斯特山区乡村分布特征及其地域类型划分. 贵州科学, (2): 120-126.

朱彬, 马晓冬. 2011. 苏北地区乡村聚落的格局特征与类型划分. 人文地理, 26 (4): 66-72.

朱倩琼, 郑行洋, 刘樱, 等. 2017. 广州市农村聚落分类及其空间特征. 经济地理, 37 (6): 10.

朱旭辉. 2015. 珠江三角洲村镇混杂区空间治理的政策思考. 城市规划学刊, (2): 77-82.

庄至凤, 姜广辉, 何新, 等. 2015. 基于分形理论的农村居民点空间特征研究——以北京市平谷区为例. 自然资源学报, 30 (9): 1534-1546.

Alderson A S, Beckfeld J. 2007. Globalization and the world city system: preliminary results from a longitudinal dataset. In: Taylor P J, Derudder B, Saey P, et al. Cities in Globalization: Practices, Polices and Theories. London: Routledge.

Auerbach F. 1913. Das gesetz der bevolkerungsk on centration. Petermanns Geographische Mitteilungen, (59): 73-76.

Berberoğlu S, Akin A, Clarke K C. 2016. Cellular automata modeling approaches to forecast urban growth for adana, Turkey: a comparative approach. Landscape and Urban Planning, 153 (9): 11-27.

Bourne L S. 1971. Internal structure of the city: readings on space and environment. Oxford: Oxford University Press.

Bourne L S. 1982. Internal structure of the city: readings on urban form, growth, and policy. Historian, 26 (1): 1-18.

Castells M. 1996. The rise of the network society. Cambridge, MA: Blackwell.

参 考 文 献

Chen F. 2012. Interpreting urban micromorphology in China: case studies from Suzhou. Urban Morphology, 16 (2): 133.

Ewing R, Cervero R. 2010. Travel and the built environment: a meta-analysis. Journal of the American Planning Association, 76 (3): 265-294.

Foley D L. 1964. An Approach to Metropolitan Spatial Structure. Philadelphia: University of Pennsylvania Press.

Foucault M. 1984. Nietzsche, Genealogy, History. In: Rabinow P. The Foucault Reader. New York: Pantheon House.

Gallarati M. 2017. Built landscape typological components. INTBAU International Annual Event. Springer, Cham, 1045-1057.

Galster G, Peacock S. 1986. Urban gentrification: Evaluating alternative indicators. Social Indicators Research, 18: 321-337.

Geertz C. 1973. The Interpretation of Cultures. New York: Basic books.

Hoard M, Homer J, Manley W, et al. 2005. Systems modeling in support of evidence-based disaster planning for rural areas. International Journal of Hygiene & Environmental Health, 208 (1): 117-125.

Larkham P J. 2006. The study of urban form in Great Britain. Urban Morphology, 10 (2): 117-141.

McGarigal K, Marks B J. 1995. Fragstats: spatial pattern analysis program for quantifying landscape structure. Gen. Tech. Rep. PNW-GTR-351. Portland, OR: U.S. Department of Agriculture, Forest Service, Pacific Northwest Research Station.

Meitzen A. 1963. Siedelung und agrarwesen der Westgermanen und Ostgermanen, der Kelten, Rufmer, Finnen und Slawen. Von August Meitzen: Scientia Verlag.

Newman M. 2003. The structure and function of complex networks. SIAM Review, 45 (2): 167-256.

Roberts B K. 1979. Rural settlement in Britain. London: Hutchinson.

Simpson E H. 1949. Measurement of diversity. Nature, 163: 688.

Webber M M. 1964. The Urban Place and the Nonplace Urban Realm. Philadelphia: University of Pennsylvania Press.

Zhou G H, He Y H, Tang C L, et al. 2010. Rural settlement patterns in new era. Progress in Geography, 29 (2): 186-192.